高等教育高职高专系列教材
广东省一流高职院校建设计划成果

印前处理与制版

李大红　主　编
李　伟　王永环　副主编
魏　华　官燕燕　黄英达　编　著
李小东　龚修端　主　审

中国轻工业出版社

图书在版编目（CIP）数据

印前处理与制版 / 李大红主编. —北京：中国轻工业出版社，2023.8

高等教育高职高专“十三五”规划教材

ISBN 978-7-5184-2125-1

Ⅰ.①印… Ⅱ.①李… Ⅲ.①印前处理－高等职业教育－教材 ②印版制版–高等职业教育–教材 Ⅳ.①TS80

中国版本图书馆CIP数据核字（2018）第226329号

责任编辑：杜宇芳　　责任终审：劳国强　　整体设计：锋尚设计

策划编辑：杜宇芳　　责任校对：晋　洁　　责任监印：张　可

出版发行：中国轻工业出版社（北京东长安街6号，邮编：100740）

印　　刷：三河市万龙印装有限公司

经　　销：各地新华书店

版　　次：2023年8月第1版第3次印刷

开　　本：787×1092　1/16　印张：10.25

字　　数：300千字

书　　号：ISBN 978-7-5184-2125-1　定价：49.80元

邮购电话：010-65241695

发行电话：010-85119835　传真：85113293

网　　址：http://www.chlip.com.cn

Email：club@chlip.com.cn

如发现图书残缺请与我社邮购联系调换

231187J2C103ZBW

总　序

依据生产服务的真实流程设计教学空间和课程模块，通过真实案例和项目激发学习者在学习、探究和职业上的兴趣，最终促进教学流程和教学方法的改革，这种体现真实性的教学活动，已经成为现代职业教育专业课程体系改革的重点任务，也是高职教育适应经济社会发展、产业升级和技术进步的需要，更是现代职业教育体系自我完善的必然要求。

近年来，东莞职业技术学院深入贯彻国家和省市系列职业教育会议精神，持续推进教育教学改革，创新实践“政校行企协同，学产服用一体”人才培养模式，构建了“学产服用一体”的育人机制，将人才培养置于“政校行企”协同育人的开放系统中，贯穿于教学、生产、服务与应用四位一体的全过程，实现了政府、学校、行业、企业共同参与卓越技术技能人才培养，取得了较为显著的成效，尤其是在课程模式改革方面，形成了具有学校特色的课程改革模式，为学校人才培养模式改革提供了坚实的支撑。

学校的课程模式体现了两个特点：一是教学内容与生产、服务、应用的内容对接，即教学课程通过职业岗位的真实任务来实现，如生产任务、服务任务、应用任务等；二是教学过程与生产、服务、应用过程对接，即学生在完成真实或仿真的“产服用”典型任务中，也完成了教学任务，实现教学、生产、服务、应用的一体化。

本次出版的系列重点专业建设教材是“政校行企协同，学产服用一体”人才培养模式改革的一项重要成果，它打破了传统教材按学科知识体系编排的体例，根据职业岗位能力需求以模块化、项目化的结构来重新架构整个教材体系，较于传统教材主要有三个方面的创新：

一是彰显高职教育特色，具有创新性。教材以社会生活及职业活动过程为导向，以项目、任务为驱动，按项目或模块体例编排。每个项目或模块根据能力、素质训练和认知目标的需要，设计具有实操性和情境性的任务，体现了现代职业教育理念和先进的教学观。教材在理念上和体例上均有创新，对教师的“教”和学员的“学”，具有清晰的导向作用。

二是兼顾教材内容的稳定与更新，具有实践性。教材内容既注重传授成熟稳定的、在实践中广泛应用的技术和国家标准，也介绍新知识、新技术、新方法、新设备，并强化教学内容与职业资格考试内容的对接，使学生的知识储备能够适应社会生活和技术进步的需要。教材体现了理论与实践相结合，训练项目、训练素材及案例丰富，实践内容充足，尤其是实习实训教材具有很强的直观性和可操作性，对生产实践具有指导作用。

三是编著团队“双师”结合，具有针对性。教材编写团队均由校内专任教师与校外行业专家、企业能工巧匠组成，在知识、经验、能力和视野等方面可以起到互补促进作用，能较为精准地把握专业发展前沿、行业发展动向及教材内容取舍，具有较强的实用性和针对性，从而对教材编写的质量具有较稳定的保障。

东莞职业技术学院重点专业建设教材编委会

前 言

随着印刷技术的发展，我国越来越多的印刷企业已经投入使用数字化印刷工作流程，相关领域的专业人才供不应求。为了满足这一需求，使学生全面掌握印前处理和制版相关技能、掌握数字化工作流程，编者组织团队编写了本教材。

本书包括六个模块，分别为：印前文件处理、印前拼版处理、打样、RIP 加网处理、印版输出质量控制、海德堡印通流程的应用。

以海德堡印通流程为基础，本书涵盖了从图文处理到 CTP 制版整个流程的操作。通过本教材的学习，不仅能够系统掌握印前图文处理的知识，还能掌握海德堡数字化工作流程的使用技能，为从事相关工作打下良好的基础。因此，本书不管是对高职高专的学生，还是企业从业人员，在实际工作中都有一定的参考作用。可供印前图文信息处理、印刷技术、包装工程、数字印刷及相关专业教学使用，也可供印前设计公司、图文制作公司、印刷企业等专业人士参考。

本书在编写过程中，得到了东莞职业技术学院李小东副教授的指导，得到了李伟、魏华老师的全力配合和帮助，在此表示深深的感谢。感谢海德堡印刷设备（北京）有限公司深圳分公司软件工程师王永环先生，深圳市金宣发包装制品有限公司印前部经理黄英达先生，在百忙之中共同制作和修改案例设计。

由于编者水平有限，书中难免存在疏漏和不足，恳请广大读者批评指正！

编者

2018 年 7 月

目　录

印前文件处理

模块二　印前拼版处理

模块三　打样

模块四　RIP加网处理

印版输出质量控制

模块六　海德堡印通流程的应用

印前文件处理

项目一 印前基础知识

项目描述和要求

1. 了解印前基本流程。
2. 了解印前常用文件格式。

1. 印前基本流程

随着电脑技术的不断普及，印前技术发生了翻天覆地的变化，其主要特征是：以数字形式描述页面信息，以电子媒体或网络传递页面信息，以激光技术记录页面信息。与前十年相比，只有少数印刷企业在使用照排机输出菲林、手工晒版等制版工艺，大多数的印刷企业已经使用以电脑直接制版（CTP）流程为主要方式的数字化印前处理流程。

在数字化流程中，图文信息的收集、检查、处理就显得格外重要。印前的工作大部分都是通过数字化流程去完成的，以下是数字化印前流程所包含的主要工序：①客户文件的接收和检查；②文件的处理制作以及PDF文件的生成；③拼大版作业；④分色加网设置；⑤蓝纸的输出与检查；⑥数码稿的输出；⑦锌板输出与检查。

2. 印前常用文件格式

印前处理中会处理各种不同的作业活件，这些作业活件的来源有多种：一种是接受客户送来的、已通过组版软件处理好的文件，要求转换成页面语言输出；一种是客户已转换成页面语言，直接输出即可；还有一种是客户只带来了设计的意图，需要设计人员设计制作，然后再出片、制版和印刷。

生产过程中所遇到的文件多由组版软件生成。由于软件的种类与版本很多，转换生成的页面语言不能保证做到完全一致，也难以做到与RIP完全匹配，很容易在输出时出现如字体或图形的丢失、不匹配或文件传送错误等问题。在印前处理中要灵活的运用各种文件格式，才能按客户要求完成输出。

文件格式是可以使用多种系统来存储计算机文件中的数据。不同的文件类型，如位图、矢量图、声音及文本等，均使用不同的格式。文件格式往往是用以该格式保存文件时所添加给文件的扩展名来表示的。在印前处理中，常用的文件格式有以下几种：

（1）EPS文件格式 Encapsulated Postscript，是Postscript图形文件格式的一种，包含了

Postscript指令，加以文字以描述图像的。EPS格式的稳定程度高，在图形文件格式中占有重要地位。图像修改软件及其他绘图、排版软件都可将图形文件储存为EPS，分为PIXEL-BASED及TEXT-BASED。Photoshop所存的是PIXEL-BASED，而绘图及排版软件如Illustrator及Freehand所存的是TEXT-BASED。

（2）EPS DCS文件格式 Desktop Color Separation，是EPS格式的一种，在Photoshop内可以储存这格式。图形文件储存DCS后，会有5个图形文件出现，包括有C.M.Y.K各版以及预视的72Dpi影像图形文件，即所谓“Master file”。

（3）TIFF文件格式 Tagged Image File Format，由Aldus公司开发，是一个压缩图像格式，不仅是MAC，连IBM PC相容电脑排版软件也广泛采用，所以在Photoshop内储存TIFF时可以选择IBM或MAC。其主要是描述图像的资料，包括黑白，彩色及灰度的图像。

（4）JPEG文件格式 Join PhotoGraphic Experts Group，是Apple公司其中一项重要发明，JPEG是一种高度压缩格式。在Photoshop中，当你选JPEG时，可以选择压缩后图形文件的质素，有最高、高、中、低四种选项。

（5）Scitex CT文件格式 Scitex是一家以色列公司，主要产品包括一系列的高档印前系统，如输出机，扫描仪及高解像度彩印机等。Scitex CT是专为Scitex的产品与影像资料能直接互通的图形文件格式，通常使用在灰阶或CMYK模式的影像。

（6）PostScript文件格式 PostScript是于1985年由Adobe公司推出，是一种页面描述语言，主要用来描述文字及图形。在输出彩印或菲林时，设计人除了可以将图形文件交与输出中心之外，也可选择储存为一个POSTSCRIPT的图形文件，当然，只有采用POSTSCRIPT语言的图形文件设备才可支持POSTSCRIPT的图形文件，储存为POSTSCRIPT档的最大好处是，输出中心不能更改图形文件的内容，但这也可以说是缺点，因为如果图形文件输出有问题，输出中心便不能检查图形文件，输出中心只能将图形文件直接下载到输出机。

（7）PDF文件格式 Adobe Portable Document Format，PDF是目前用途最广泛的文件格式，由Adobe发明，目的方便不同平台的文件沟通。这种文件格式与操作系统平台无关，也就是说，PDF文件不管是在Windows，Unix还是在苹果公司的Mac OS操作系统中都是通用的。这一特点使它成为在Internet上进行电子文档发行和数字化信息传播的理想文档格式。越来越多的电子图书、产品说明、公司文告、网络资料、电子邮件开始使用PDF格式文件。PDF格式文件目前已成为数字化信息事实上的一个工业标准。

Adobe公司设计PDF文件格式的目的是为了支持跨平台上的多媒体集成信息出版和发布，尤其是提供对网络信息发布的支持。为了达到此目的，PDF具有许多其他电子文档格式无法相比的优点。PDF文件格式可以将文字、字型、格式、颜色及独立于设备和分辨率的图形图像等封装在一个文件中。该格式文件还可以包含超文本链接、声音和动态影像等电子信息，支持特长文件，集成度和安全可靠性都较高。

PDF文件使用了工业标准的压缩算法，通常比PostScript文件小，易于传输与储存。它还是页独立的，一个PDF文件包含一个或多个“页”，可以单独处理各页，特别适合多处理器系统的工作。此外，一个PDF文件还包含文件中所使用的PDF格式版本，以及文件中一些重要结构的定位信息。正是由于 PDF文件的种种优点，它逐渐成为出版业中的新宠。

（8）Gif文件格式 GIF的格式全名为Graphic Information Format。在20世纪80年代由COMPUSERVE（世界上其中最大的BBS）引进，用的是记录一些重要的图像资料如尺寸、颜色和缩码等，另外把一些不同大小及解析度的数位影像作更改，便它们可以互相兼容使用。而储存的GIF图形文件本身则以LEMPEL-ZIV的演算法压缩（称为Image Block），这是一种高效率的压缩方法，绝不会产生资料误差。

项目二　文件的接收和检查

项目描述和要求

1. 了解文件的接收标准。
2. 掌握文件的检查的内容及方法。

1. 文件的接收标准

我们在印前中接触到的形形色色的文件，基本有以下几种：纯文字稿，例如黑白说明书；矢量图形稿，例如单张大海报；点阵图像，例如服装画册或摄影作品；当然，还有上述几种元素的叠加，有图像、图形、文字、表格，这就是一个综合的版面文件或者叫版式文件。

文件的接收是所有工作的起点，印前制作工作的内容，就是针对客户的文件进行的处理，准备文件的人各种各样，传输的渠道又五花八门，因此我们接收到的文件很多都是“问题”文件，与其在事后进行修正，不如在事前进行预防。Linotype-Hell（连诺海尔，世界知名的印前设备发展及制造商）做过的一份抽样调查显示，在印刷企业接收到的印前文件中，只有10%是可以直接使用的，其他的90%是需要大量修正或者完全不能使用。因此，事先准备好一份与客户沟通的文件标准，可以节省后续很多的处理时间。

文件的接收标准包括以下几个方面：

① 文件的传输渠道。是电子邮件FTP，或者是QQ。

② 可以处理的文件的格式及版本。是接受哪种文件格式？同时，软件各个版本的兼容性问题，还要明确说明接收的版本。

③ 文件的尺寸和出血。如果是单页文件，需注意页面是否包含出血尺寸及出血接受标准最小值。

④ 刀线。文件是否需要分层放置，刀线颜色是否需要设为专色。

⑤ 文件的颜色模式。常用的有RGB模式和CMYK模式。

⑥ 字体是否需要转曲。

⑦ 链接图的图像精度需要多高，是否需要嵌入。

⑧ 最小可印刷的文字与线条是多大。

⑨ 最小印刷网点与最大的印刷网点。

⑩ 最高印刷墨量。

⑪ 模切间距的标准。

⑫ 陷印。

⑬ 输出精度、正常出版线数及最高出版线数。

⑭ 条形码的缩放要求，条宽缩放量。

⑮ 印刷机的基本参数及网点扩大率标准。

以上都是根据印刷公司的实际情况进行设定，将公司的标准提供给客户，客户按照收到的标准去准备文件，双方在一开始就明确各自的要求，这样在后续的生产中才能减少异常的产生。

2. 文件检查的内容

印前预检（Preflight）是指对客户提供的各种印前文件在输出前进行必要的检查，通过预检环节，在早期发现文件中的输出陷阱，及时修正错误，避免由于印前制作不规范等原因导致严重的印刷质量事故，造成无谓的损失，因此印前文件预检环节是整个印刷生产流程中重要的组成模块，国际主流的G7、PC、PSO、PSA和GMI等认证一般都会把该工艺环节作为考核重点，可见其重要性。

印前预检包括印前原始格式文件预检（如Photoshop、Illustrator、InDesign CorelDRAW、QuarkXPress等）和印前输出格式PDF文件预检（如Acrobat、PitStopPro、印能捷、海德堡等工作流程等）两种。

（1）原始格式的文件预检　因为软件、系统、作业手法、经验的等因素的不同，印前接收的文件是存在差异的。检查文件时，不能盲目的去检查，这样容易造成遗漏。必须按照标准，制作一个文件检查点检表，如图1-1所示，针对每一个软件的特点从各个方面逐一进行检查。

印前原始文件主要分四个方面去检查：

① 版面

a. 注意工单上修改注意事项。

b. 开纸尺寸、拼版方式（正反、自反）拼版方向等符合工单要求。

c. 附加信息无缺漏（工单号、角线、套位标、防混色块、色标、日期等）。

② 内容

a. 货号内容正确；文字图形图片无缺漏；位置无移动，正反自反内容对应无误。

b. 刀线跟样版或文档，粗细为0.1mm，刀线压着后面无其他线条。

c. 角线、套准标记正确添加。

d. 出血足够（正常6mm），离位间出血有无压到另一成品内。

e. 图像精度足够，色彩模式CMYK、无烂图、细线条等。

f. 图形、图像无压文字。

g. 无缺字体、无乱字乱码、无跑位文字、无缺链接图。

h. 黑色字、反白字不太小、线条不太细。

i. 阴影、渐变 、模糊等效果方向经旋转后无变动。

j. 图案拼贴经移动旋转等操作后无走位。

③ 颜色

a. 文件分色正确，无多余颜色。

b. 牙口字、角线为拼版色。

c. 刀模线为专色。

印前检查事项

工作单号：________________

版面检查

□看工单上修改注意事项	排版方式：□正反版 □自反版 □反牙口 □其他______
□纸张尺寸足够	刀模正确：□新刀模 □旧刀模 □有更改 □啤二次 □刀模编号______
□成品离位按要求	□附加信息齐全（工单号、客户、角线、套位标、防混标识、色标、日期）
□拼版方向正确	

内容检查

□货号内容正确	□文字图形图像无缺漏	□文字图形图像位置无移动
□正反自反内容对应无误	□刀线压着后面无其他线条	□刀线粗细为0.1mm
□刀线不啤到字	□线条不太细	□黑色字、反白字不太小
□角线、套准标记正确添加	□出血足够，不少于1.5mm	□无缺链接图
□图像精度足够	□图像不起马赛克	□图像色彩模式CMYK
□无烂图、细线条等	□图形、图像不压文字	□不缺字体
□无乱字乱码	□无跑位文字	□离位间无一边出血压着另一边成品内
□阴影、渐变、模糊等效果方向经旋转后无变动		□图案拼贴经移动旋转等操作后无走位
刀线正确：□跟样版 □跟文档 □有更改 □其他______		

颜色检查

□文件分色正确	□无多余颜色	□是否有旧参考颜色	□牙口字、角线为拼版色
□刀模线专色	□无四色黑文字	□无四色黑图形	□无四色黑条码
□文件色彩模式为CMYK			

叠印检查

□按要求做四色、专色爆边叠印	□100%黑色正常叠印	□无白色叠印	□无彩色叠印
□黑色阴影需叠印（特殊情况除外）	□无大色块黑色叠印	□刀模线专色叠印	
□上面有白色字或图形且下方有其他色的黑色色块不叠印		□无黑色叠印在银色的专色上	

其他检查事项：____

____

确认签名：____________

图1-1 原始格式的文件预检内容

d. 文件色彩模式为CMYK。

e. 无四色黑文字、图形、条形码。

④ 叠印

a. 按要求做四色、专色叠印、透穿。

b．100%黑色正常叠印。

c．无白色、彩色叠印。

d．黑色阴影需叠印（特殊情况除外）。

e．无大色块黑色叠印。

f．上面有白色字或图形，且下方有其他色的黑色色块不叠印。

g．在金属专色上，无黑色叠印。

h．刀模线专色叠印。

（2）PDF文件的检查　PDF预检不只针对客户提供的文件，在印前流程中，前面使用到的各种印前软件所制作处理的文件，最终都要生成PDF文件，因此也需要对生成的PDF文件进行预检。

印前PDF预检要检测的主要内容有以下几个方面。

① 文件规范性检查。文件规范性检查，主要包括检查PDF文件的版本和生成PDF的规范标准。一般要求PDF文件在PDF 1.5版本以上。用于印刷输出的PDF文件，最好选用符合印刷专用的PDF/X的规范标准。

一般不要求检查规范标准，只要保证文档能够正确输出，规范不一定完全符合标准，因为规范标准的要求相对较严，达到的不多，也没有必要完全达到。

② 页面检查。对于一个电子文档中的页面来说，主要检查页面的总数、页面尺寸、页面方向、空白页面、页面参数设置等内容。

对于输出而言，检查文档中的页面总数，可以避免出现漏页等问题，也可以为后续的拼大版提供信息。

对于页面尺寸，不一定要求每个页面的尺寸大小完全一样，但是各个页面的尺寸有不一样大小，应该对输出操作人员进行提示。

关于文档中页面的方向，是可以忽略的。但对于同一个文档，如果页面方向不一致，不一定要做出改动，但必须向输出人员进行相应的提示警告。

对于文档中的空白页，输出人员也应该有了解，要有提示警告。

页面参数设置，检查页面的出血设置等参数，这些参数将会影响到印刷品的质量，对这些参数的检查是印前检查必需的内容。

③ 渲染检查。渲染检查主要是针对页面使用的图形、图像和文字等元素以及透明度特性、自定义的转换曲线设置、图形中所使用的最细小线条宽度等内容的检查。

对于透明度设定，在页面制作时，可以通过透明度参数简单地制作效果，但在输出和印刷过程中，不存在透明特性处理，因此必须对这个透明效果，在输出之前进行统一转换以便能够印刷出同样视觉效果的产品。

对于图形的线条而言，如果过分细小的线条，在输出时可以保证完整效果，但由于印刷是一个油墨转移的过程，不可避免地在印刷时会出现细小线条丢失的问题。因此，对于超过一定数值的细线，进行检查并在输出之前设置警告提示是完全有必要的。

④ 图像元素检查。对于PDF文档页面中所使用的图像元素，检查图像的分辨率和图像的色彩模式，是保证图像被成功输出和印刷的重要基础；而检查图像文件是否适合印刷输出，检查图像文件格式的压缩特性对图像质量的影响，是保证图像输出和印刷质量的另一个基础。

一般要求，用于印刷的页面中，彩色图像的分辨率至少要达到300dpi以上，而单色图像分辨率要达到1200dpi。值得注意的是，图像分辨率不是越高越好，过高的分辨率对提高图像输出效果没有丝毫帮助，反而会在文件输出过程中，加大计算机的负担成为输出的问题或错误。

为了适应印刷要求，彩色图像的模式，一般使用CMYK模式；图像文件的格式，一般选用TIFF格式或者EPS格式。

⑤ 文字检查。对于页面中的文字，需要检查文字所使用的字体是否被嵌入到PDF文档中以及字体的类型等内容。在使用字体嵌入技术以前，因制作方面和输出方使用的字体不同，经常给文档输出造成困难。现在通过将制作时使用的字体字库文件，嵌入到PDF文档中，在输出时直接从本文档内调用字体支持输出，完美地解决了这个问题。但是字体是否成功嵌入，嵌入时选用的是全部嵌入还是子集化嵌入以及字体的类型等，都会影响PDF文档的修改和输出。因此，了解文档中字体的这些情况是完全必要的。对于PDF文档，将文字进行转曲线处理，也是一个较好的保证输出质量的方法。

⑥ 印刷适性检查。在这个方面，主要是检查文档中的颜色处理和一些与印刷相关的设置问题。

颜色处理检查主要包括CMY三色问题检查，主要查找没有黑版（K）的原因。文档中对专色处理，也是颜色检查的重要内容。

与印刷相关的设置，主要包括叠印处理和陷印设置的检查。叠印和陷印处理，是彩色套印的一种特别设置，对文档中叠印和陷印进行检查，是保证印刷效果的重要环节。

印前预检可检查的内容繁多复杂，远远超过上面所列出的6项内容。但是，就印前输出而言，对PDF文档进行以上6个方面的检查，是保证正确输出和印刷的重要步骤。

3. PDF文件的检查步骤

① 打开Acrobat软件，在文件菜单中选择打开，选择需要打开的文件。

② 在文件菜单中选择属性，打开"文档属性"检查产生PDF的创建时间、修改时间、软件及PDF版本、文档路径、文件大小、页面尺寸、文件页面数等，如图1-2所示。

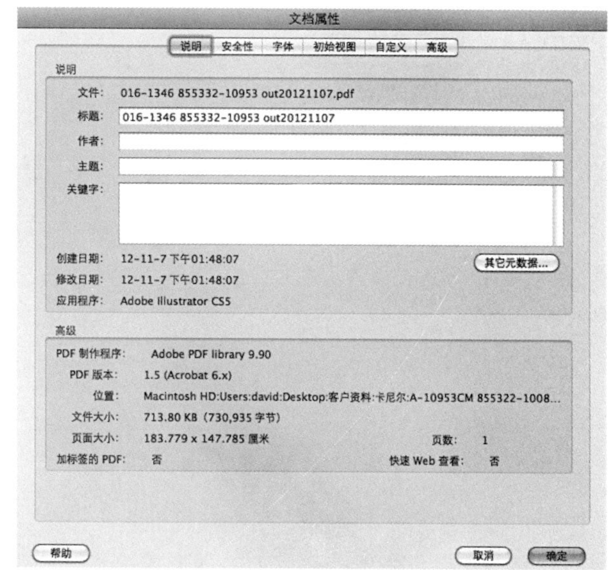

图1-2 在Acrobat中检查文档属性

③ 自动预检。依次选中“工具>印刷制作>印前检查”工具，如图1-3所示，使用Acrobat的“印前检查”功能，分析指定文档的内容，并将分析结果与印前预检配置文件中定义的参数值进行比较。印前检查将查找文档中与所选配置文件之间有无不同之处，将结果在印前预检报告中列出。

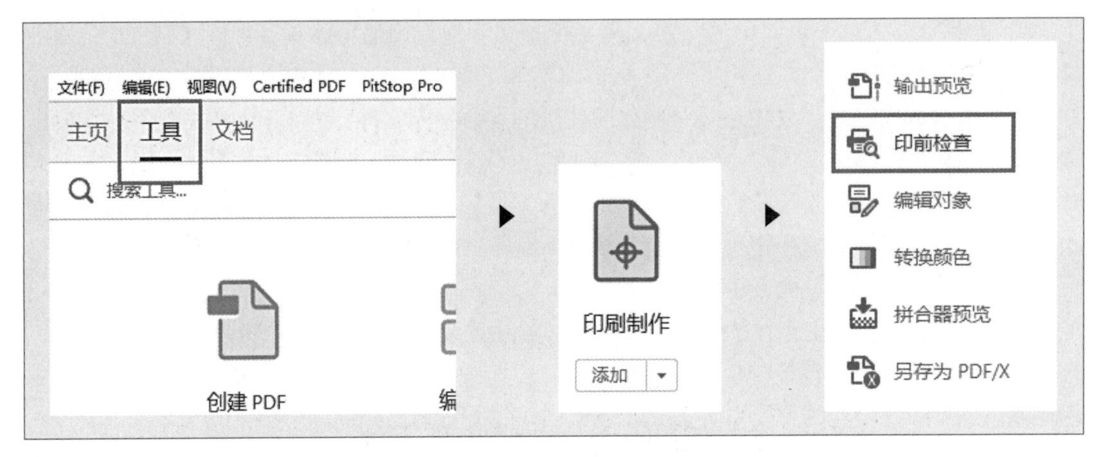

图1-3　在Acrobat中进行自动预检

在对话框中选择一个预检pdf 的配置文件，进行文档的检查操作。预检pdf 配置文件，就是一个集成了文档检查项目命令的文件。Acrobat在安装完成后，就提供了一些常用的预检配置文件作为默认选项，用户可以选择这些预检配置文件，对文档进行预检。为了确保可以正确预检pdf文档，用户可以自定义预检配置文件，也可以对预检配置文件按需进行编辑，如图1-4所示。

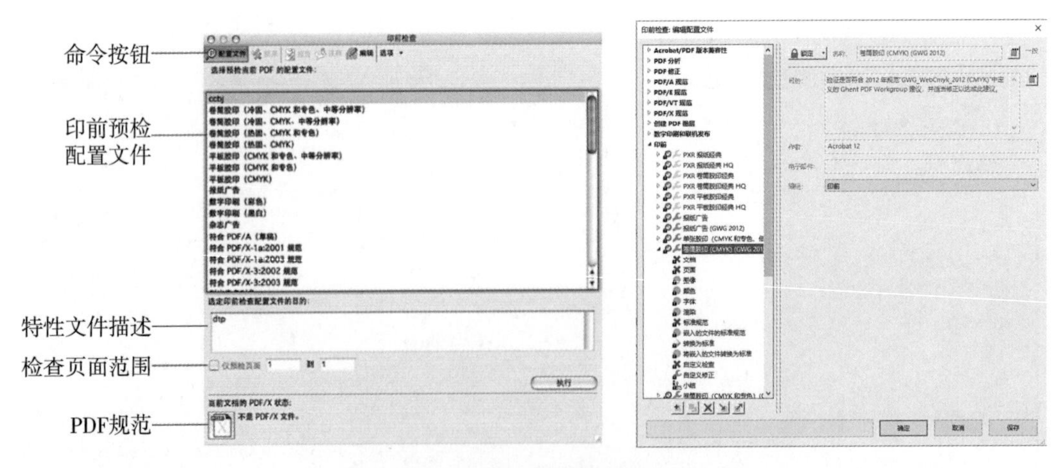

图1-4　自定义预检配置文件

印前预检完成后，Acrobat会根据预检的实际结果，生成一个预检报告，如图1-5所示。在这个“预检结果”报告中，会以列表的形式，对文档中不匹配的项目进行显示，分别显示出“错误”、“警告”等内容，并详细显示出每个问题的具体细节。

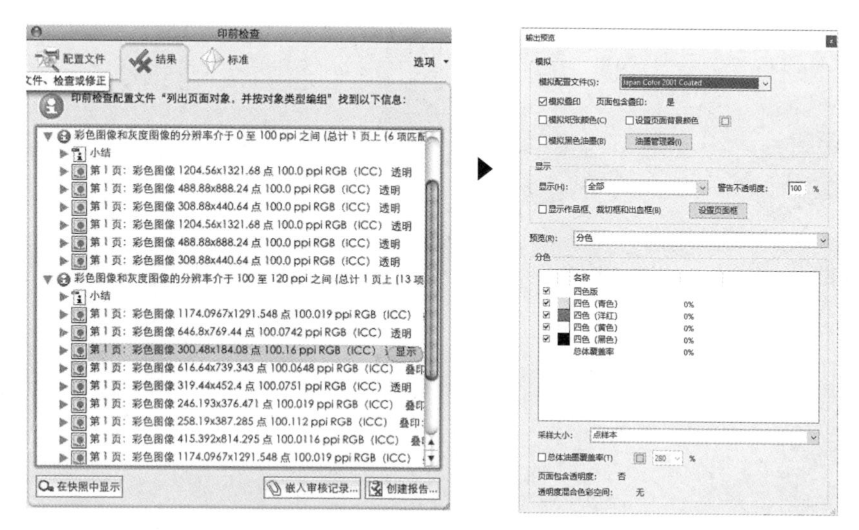

图1-5　生成预检报告

④ 依次选择“工具”，“印刷制作”，“输出预览”工具，预览文件的颜色属性，检查文件的颜色情况。

项目三　出血位的修改

项目描述和要求

1. 了解文件出血位的相关知识。
2. 掌握各种形状刀模出血位的修改方式。

项目内容和步骤

任务一　出血位的基本知识

任务二　出血位的修改案例

任务一　出血位的基本知识

出血位指印刷时，为保留画面有效内容而预留出的、方便裁切的部分。出血是一个常用的印刷术语，是指在裁切位加一些图案的延伸，专门给各生产工序在其工艺公差范围内使用，以避免裁切后的成品露白边。

当裁切刀沿成品尺寸裁切时，由于裁切刀裁切时的精度问题，没有出血的图片很可能留下飞白，造成废品，如图1-6所示。

出血线在设置时有一定的规范要求，下面是具体的设置方法。

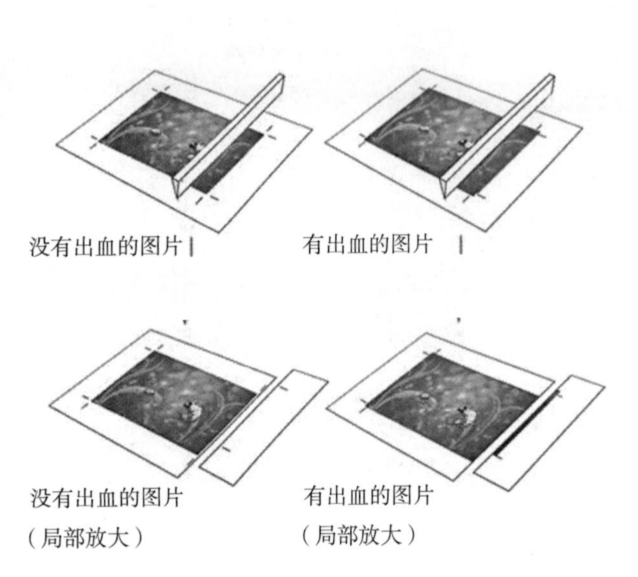

图1-6　出血线与裁切刀

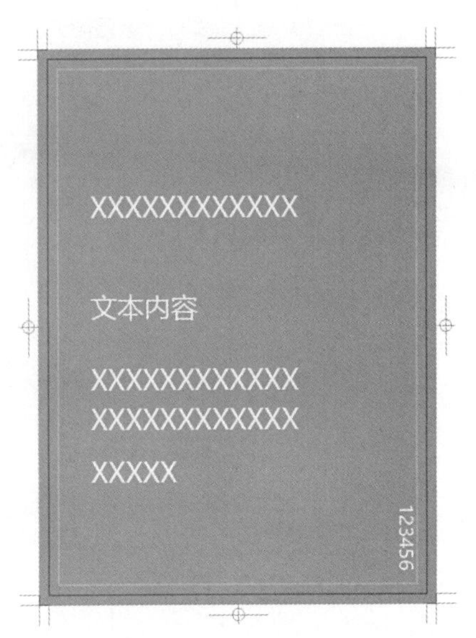

图1-7　出血的设置

出血位的常用制作方法为：按文件的原来的颜色，沿实际尺寸增加3mm的边。这种“边”按尺寸内颜色的自然扩大最为理想，如图1-7所示。

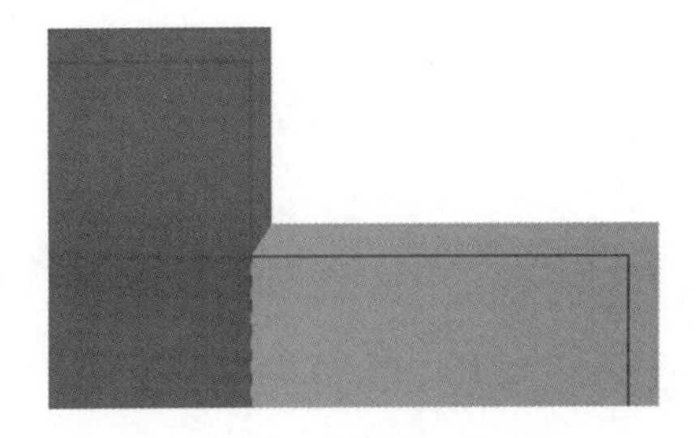
图1-8　斜切角加出血法

在实际的生产中，还会经常遇到不规则裁切线的情况，如图1-8所示，如果按照普通的扩大方法，其中一个色位在裁切时如果偏移了，就会在盒子的另一面形成多余的色块。此时，我们需要用到斜切角加出血法，即在两个色块交接的位置，让色块形成一个斜角，每边加一半的内容。这样即使在裁切时偏位了，另一面形成的色块也不明显。

对于内出血线上的内容，应向内移动，使其位于出血线以外。

应注意的是，出血线与印刷物尺寸线之间并不一定都是3mm，也可以加大到5mm或缩小至1mm，这由印刷品的尺寸和具体的工艺要求决定。留出血线不仅可以使画面更加美观，而且便于印刷，具有十分重要的意义。

任务二　出血位的修改案例

案例一　卡牌出血的修改

（1）打开文件“案例1.1.ai”，查看文件发现文件四周色位大小与刀线相符，也就是没有留出血位，因此我们需要对文件进行修改。

（2）打开图层面板，先将刀线层进行锁定，防止在修改途中选择错误内容，如图1-9所示。

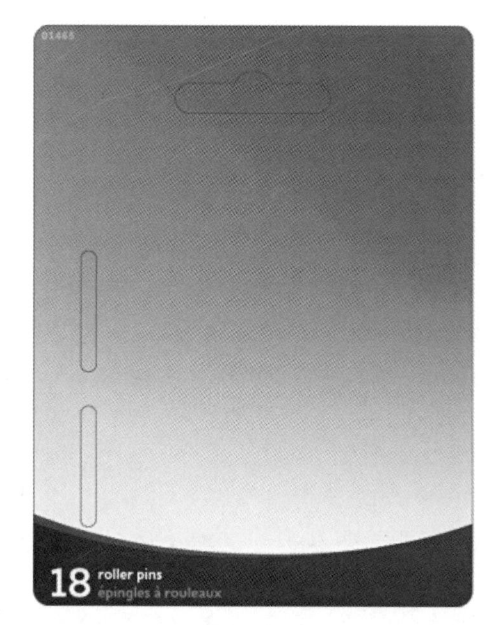

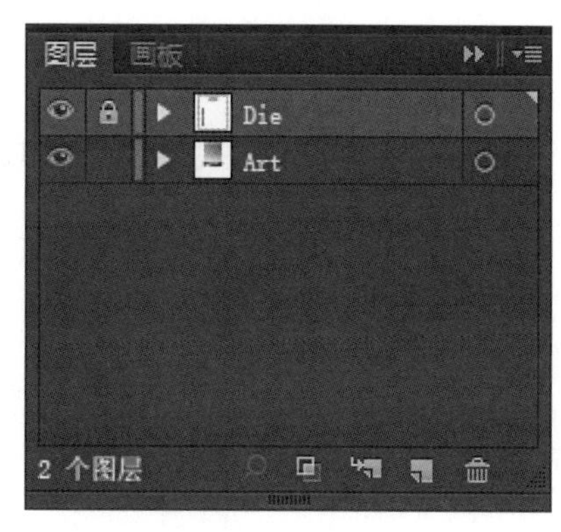

图1-9　锁定刀线层

（3）选择底色并双击，可以看出，底色部分是使用剪切蒙版进行裁切的。

（4）通过“编组选择工具”选择该剪切蒙版，查看剪辑模板的尺寸，如图1-10所示。

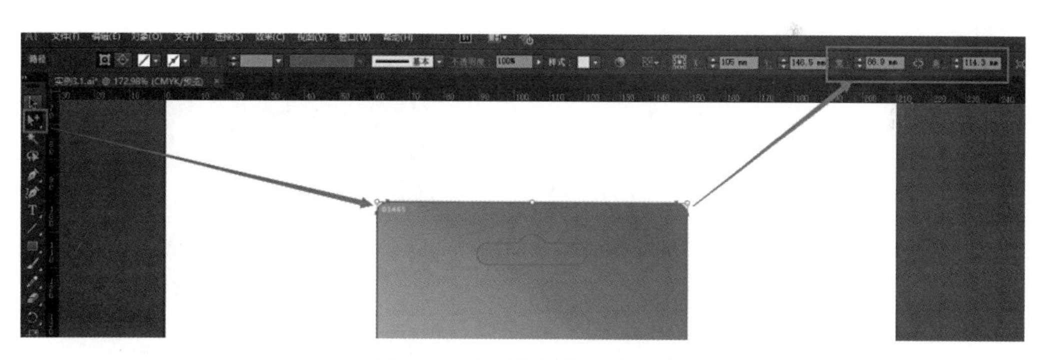

图1-10　查看剪辑模板的尺寸

（5）将长宽各加大6mm，使底色每边都比刀线尺寸大3mm，注意尺寸的参考点设置为居中，如图1-11所示。

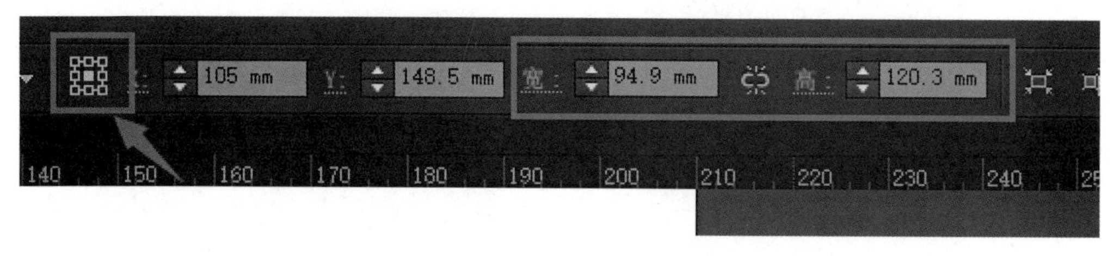

图1-11　长宽各加大6mm

另外，要注意使用的是“编组选择工具”来选择剪切蒙版，如果使用了“选择工具”进行选择和修改尺寸，底色会变形放大。

（6）观察和测量左上角的文字，发现其距离刀线只有不到2mm，选择该文字，将其向右向下移动，将距离加大到3mm或以上，如图1-12所示。

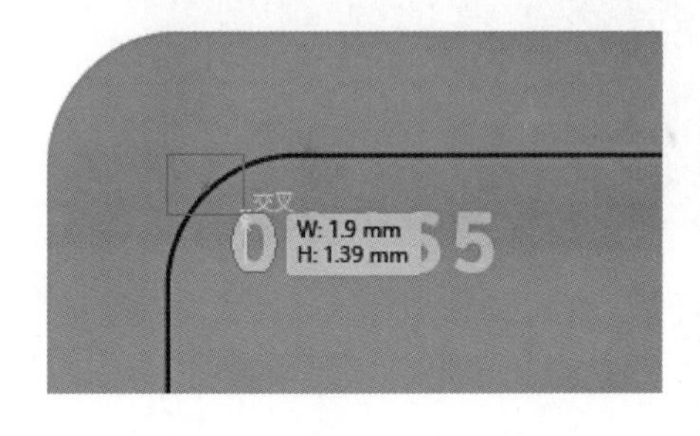

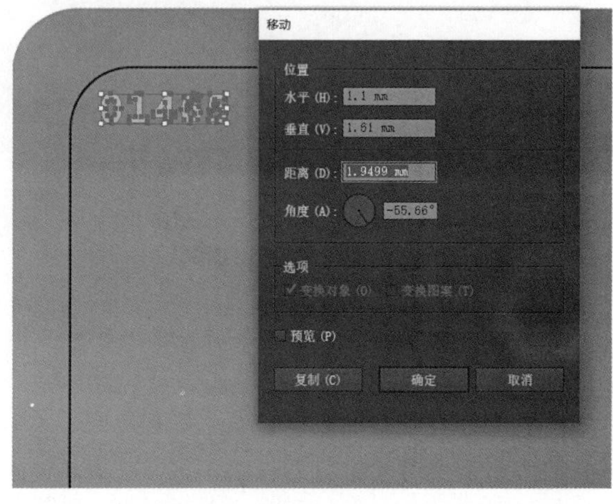

图1-12 检查并修改文字位置

案例二 彩盒出血的修改

（1）打开“案例1.2.ai”，查看发现文件部分已经做好了出血，但存在问题需要修改。

（2）打开图层面板，首先将尺寸标注层关闭，按照先左右，再上下，最后中间的顺序，逐一查看刀线位置与底部色块的情况，如图1-13所示。

（3）看左边的位置，左边橙色已经延伸到了刀线的外面，橙色出血位置无需修改。但是黑色线条没有相应延伸出来，需要将其加长，如图1-14所示。

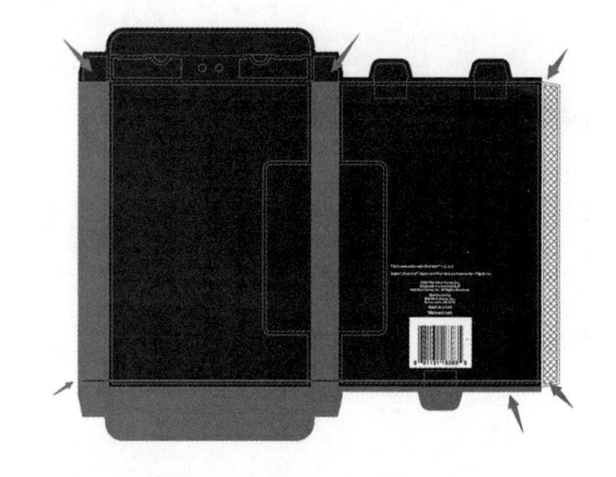

图1-13 刀线位置与底部色块

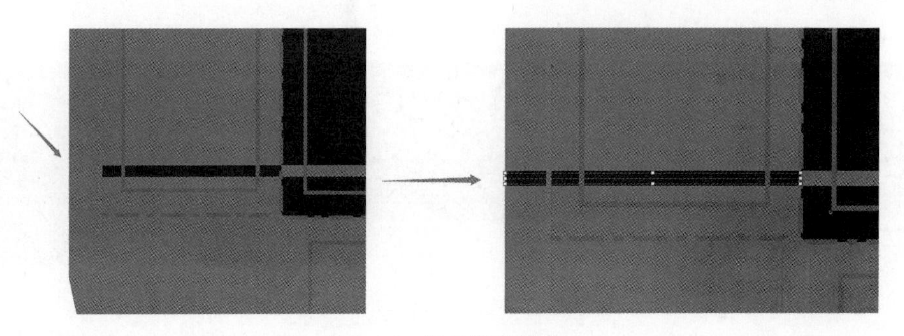

图1-14 加长黑色线条

（4）看右边的色块，位置只到贴位的内侧，因此也要向外延伸，注意因为此处是盒子的贴位，因此色位不要铺满粘贴位，只需要在超出粘贴位内侧3mm即可。下部的橙色线条也要修改，如图1-15所示。

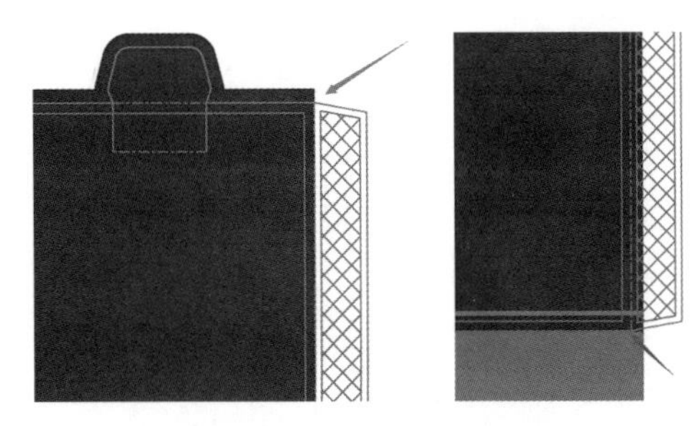

图1-15　修改橙色线条

（5）查看上方两个防尘翼，为了防止在模切时位置偏移，黑色出现在盒子侧面，需要将橙色向上延伸，如图1-16所示。同时，为了防止橙色偏移到盒顶位置上，要将刚才延伸出来的橙色位置做一个斜角修位，如图1-17所示。

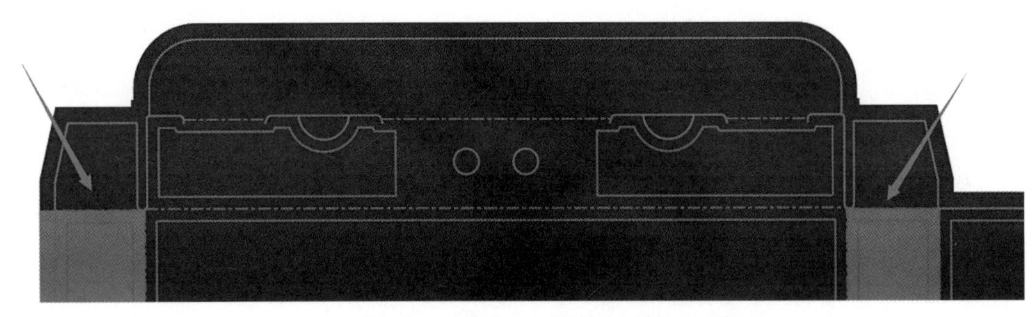

图1-16　修改防尘翼处橙色线条

（6）查看图案右下部盒子的背面，将此次黑色延伸到刀线外3mm，注意盒子正面的色位不需要修改，保持与刀线平齐，如图1-18所示。

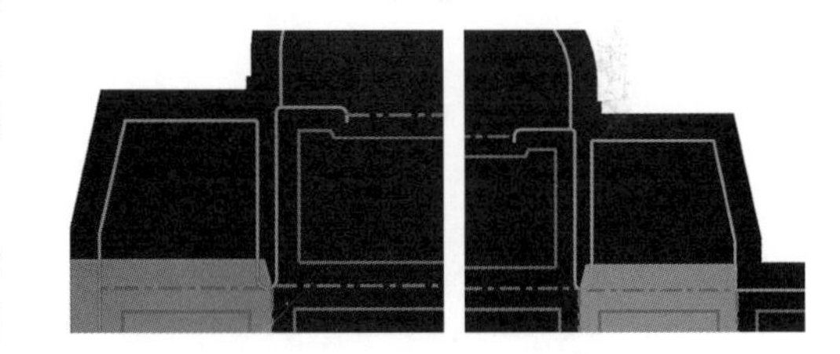

图1-17　斜角修位的制作

（7）检查盒子中间的橙色与黑色交界处是否与刀线平齐、是否有露白线的现象，如图1-19所示。本例中间色位是平齐的，因此无需修改。在色位要求比较严格的精品盒中，有时还需要将正面与背面的色位向中间延伸0.5mm，防止侧面的颜色偏移到正背面。

图1-18　黑色色块的出血设置

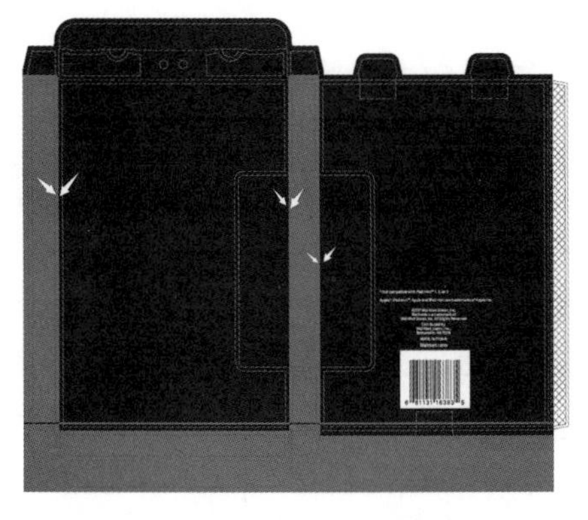

图1-19　检查有无刀线、露白线等情况

项目四　字体的应用

项目描述和要求

1．了解字体的知识。
2．掌握字体操作应用。
3．了解各种软件的字体转曲方式。

项目内容和步骤

任务一　字体的基本知识
任务二　字体缺失的检查方法
任务三　文字转曲

任务一　字体的基本知识

文字的输入与排版是印前工作中的重要环节。在印前设计制作过程中，通常需要将文字原稿按照设计要求，组织成规定的版式，书籍、杂志等书版式印刷物都是以文字排版为基础的。

字体就是文字的风格，是文字的外衣。字体的艺术性体现在其完美的外在形式与丰富的内涵之中，如图1-20所示。字体是文化的载体，是社会的缩影。

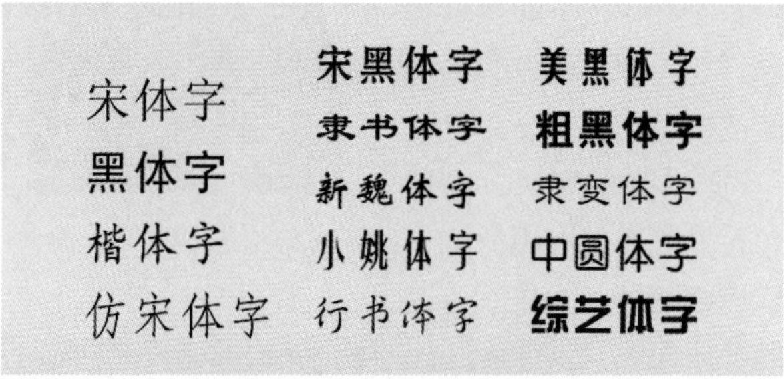

宋体字　黑体字　楷体字　仿宋体字
宋黑体字　美黑体字
隶书体字　粗黑体字
新魏体字　隶变体字
小姚体字　中圆体字
行书体字　综艺体字

图1-20　字体的不同内涵

供排版、印刷用的规范化文字形态，叫做印刷字体。它包含了汉字字体、民族文字字体和外文字体。常用的汉字字体有下面几类：

（1）宋体　宋体最初用于明朝刊本，是现在最通行的一种印刷字体。其特点是字形方正，笔画横平竖直，横细竖粗，棱角分明，结构严谨，整齐均匀，它的笔画虽有粗细，但很有规律，使人在阅读时有一种醒目舒适的感觉，目前常用于排印书刊报纸的正文。

（2）黑体　黑体又称方体、等线体。其特点是字面呈正方形，字形端庄，笔画横平竖直等粗，粗壮醒目，结构紧密。它适用于作标题或重点按语，因色调过重，不宜排版正文。

（3）楷体　楷体又称活体。其特点是字形端正，笔迹挺秀美丽，字体均整，用笔方法与手写楷书基本一致，初学文化的读者易字辨认，所以广泛用于印刷小学读本、少年读物，通俗读物等。

（4）仿宋体 仿宋体又称真宋体。其特点是宋体结构，楷体笔画，笔画横直粗细匀称，字体清秀挺拔，常用于排印诗集短文、标题、引文等，杂志中也有用这种字体排整段文章的。

（5）美术字 美术字是一种特殊的印刷字体。为了美化版面，将文字的结构和字形加以形象化。一般用于书刊封面或标题。这些字一般字面较大，可以增加印刷品的艺术性。这类字体的种类非常广泛，如汉鼎、文鼎、创艺、方正等字库中的字体。

字体的大小按照国际标准，用“磅”作为单位，磅值相对于毫米的换算可以使用“磅数/2.845=毫米数”的公式来进行换算，比如72磅的大字约为25.3mm左右。同样的，也可以反过来使用，测量出的字的大小乘于2.845来推算出磅数。

任务二 字体缺失的检查方法

虽然许多公司一般都备用有比较多的字库，但随着电脑的不断升级，设计人员对字体的偏爱以及新颖字体的不断推出，仅凭常备的字库，无法适应不同客户的需求。

字体缺失时，文字的显示不正确，如果用于输出，则会造成输出文字乱码或无法输出等情况。一般的印前设计软件，在系统缺字体时，都会提示缺失的相应字体以及位置。下面介绍几种常用软件检查字体缺失的方法：

（1）Illustrator检查字体 在使用Illustrator处理文件的过程中，如果要检查缺失的字体，可以通过菜单点击“文字”，“解决缺失字体”调出缺失字体处理面板，也可以直接点击“查找字体”菜单。文档中的字体所列出来，字体的后面若有警告的符号，说明该字体缺失。选上该缺失的字体，点击查找，软件即会定位到缺失字体的位置。

（2）PDF文件格式的字体 在最初的文本文件（txt）中只有内码和ASCII码，这样的文件在没有相应字库的电脑中因文字不能处理而出现乱码。PDF文件可把所用到的字，连同其字体，放到同一个文档中，这样无论电脑中有无需要的字库，也不管操作系统设置的是哪国的语言，就都能正确显示，从而杜绝了乱码。

检查PDF文件的字体，主要是要检查字体是否已经内嵌，因为大多数阅读PDF格式文件的软件，并不像设计软件一样，在打开文件时提示是否缺失字体，就需要特别去检查。以Adobe Acrobat软件为例：用Acrobat打开“案例1.3.pdf”，点击“文件”，“属性”（快捷方式Ctrl+D）。如图1–21可以看到，在字体Helvetica后面有“已嵌入”字样，说

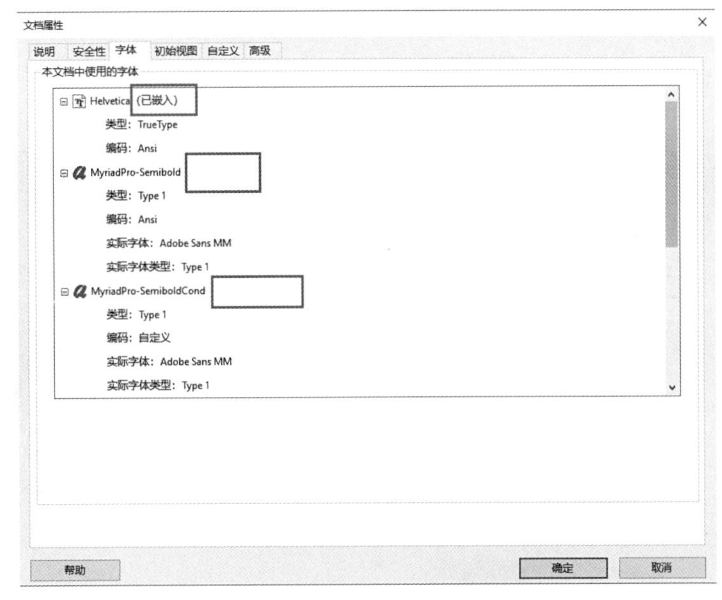

图1–21 在Adobe Acrobat中打开属性面板

明该字体已嵌入到文件中，在其他没有安装此字体的系统中打开这个PDF，文字都不会有变化。而其他字体的后面没有显示，说明这些字体并没有嵌入到文件中，若在没有安装这些字体的电脑中打开该文件，软件会使用相近的字体去替代，显示的效果跟实际设计时的效果不相符。

任务三 文字转曲

转曲（Convert to Curves）也称为创建轮廓（Creat Outlines），指的是将对象特有的属性去除，转换成能任意造型或识别的普通对象，可以提高文件的共通性。转曲是印刷设计的重要概念。

文字是矢量化的编码，有可编辑属性，创建轮廓就是转为路径图形，有路径属性但去除可编辑属性。字体一旦转曲，就不能进行字体调整，文字转曲后会变成节点图形文件，所以不能再去修改文字的内容了。

如果设计图稿中，字体的使用种类比较多，为了防止在其他系统安装字体的遗漏，或者因为系统的不同造成字体的显示错误，可以在设计完成后，将里面所有用到的文字“转曲”。注意转曲的前提是系统已经正确安装需要转曲的字体，否则字体无法转曲或者转曲后的字体跟原来设计意图不符。

案例三 PDF文件的字体转曲

PDF是可以将字体嵌入到文件中的，如客户提供的PDF文件字体已经嵌入，我们就无需担心输出问题，但是，有时候我们需要将这个文件导入到illustrator中去修改部分效果，这个时候，如果系统没有安装pdf所使用的字体，软件也会报缺失字体。这时就需要使用illustrator软件的拼合透明度功能，将文件的字体转曲，步骤如下：

（1）用Acrobat打开“案例1.4.pdf”，点击属性查看文件字体，可以发现字体已嵌入，如图1–22（a）所示。

（2）用illustrator直接打开该文件，软件报缺失字体错误，如图1–22（b）所示。

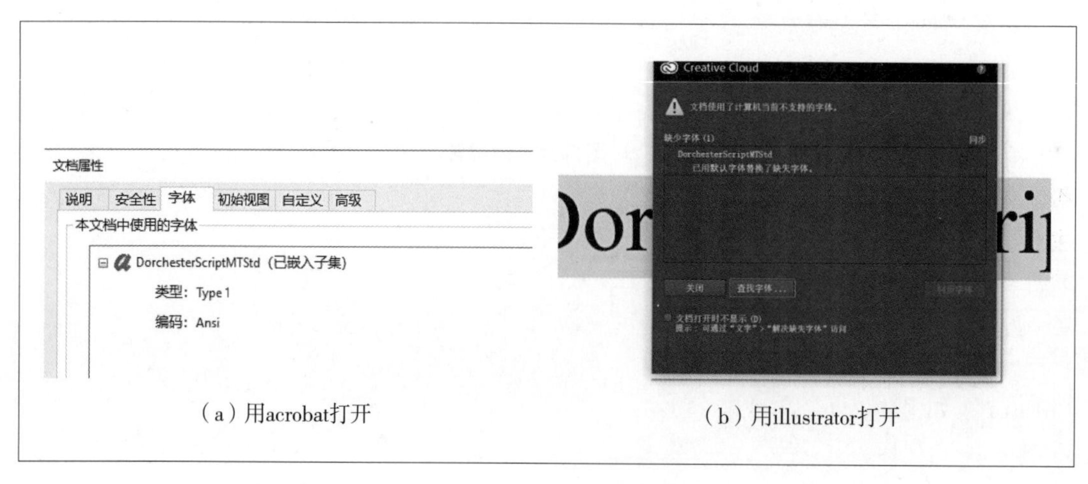

（a）用acrobat打开　　（b）用illustrator打开

图1–22 打开属性面板

（3）在illustrator中新建一个文件，点击“文件”、“置入”，将“案例1.4.pdf”以链接的方式置入到新文件中，如图1–23所示。

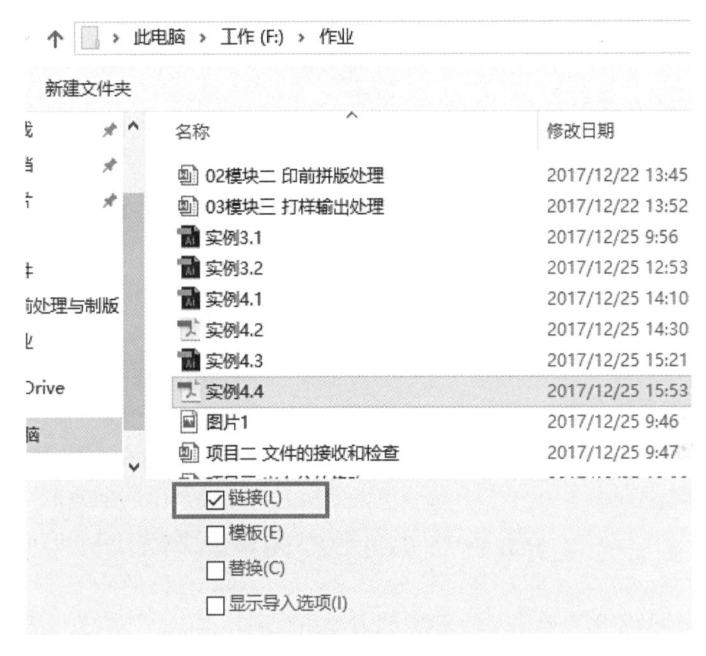

图1–23　以链接的方式置入

（4）点击菜单“对象”、“拼合透明度”，“勾选”将所有文本转换为轮廓”，如图1–24所示。

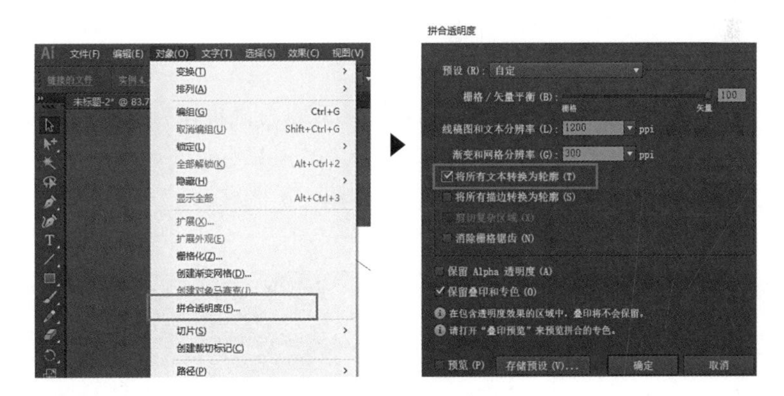

图1–24　设置转曲

（5）点击确定，可以看见字体已经转曲，如图1–25所示。

DorchesterScriptMTStd

图1–25　转曲后的文字

项目五 图形、图像的处理

项目描述和要求

1. 了解图形和图像构成的要素。
2. 掌握矢量图的处理方式。
3. 掌握点阵图的处理方式与分色方法。

项目内容和步骤

任务一 图形和图像基本知识
任务二 修改图像分辨率
任务三 调整图像颜色模式
任务四 灰平衡与灰成分替代

任务一 图形和图像基本知识

随着多媒体技术的不断发展，图形和图像在我们日常生活中无处不见。图形和图像既有区别又有密切联系，理解图形和图像的区别如图1–26所示，对我们利用计算机处理图形和图像以及各种文件格式之间的转化，更好的使用图形和图像有着重要的意义。

图形，指的是矢量图，简单的说，就是缩放不失真的图像格式。矢量图是通过多个对象的组合生成的，对其中的每一个对象的记录方式，都是以数学函数来实现的，也就是说，矢量图实际上并不是像位图那样记录画面上每一点的信息，而是记录了元素形状及颜色的算法，当你打开一幅矢量图的时候，软件对图形相对应的函数进行运算，将运算结果（图形的形状和颜色）显示出来。无论显示画面是大还是小，画面上的对象对应的算法是不变的，所以，即使对画面进行倍数相当大的缩放，其显示效果仍然相同（不失真）。

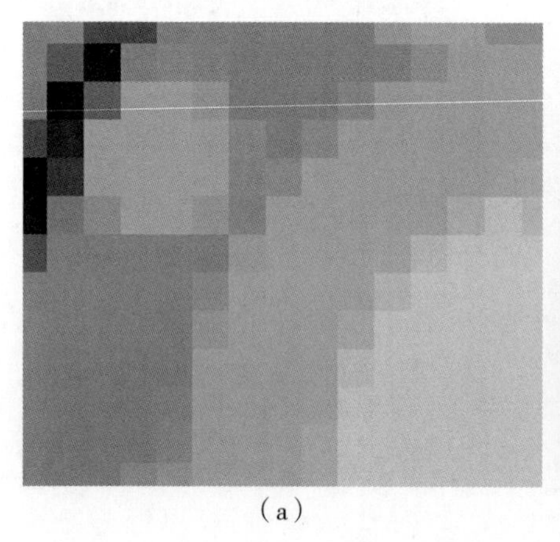
（a）

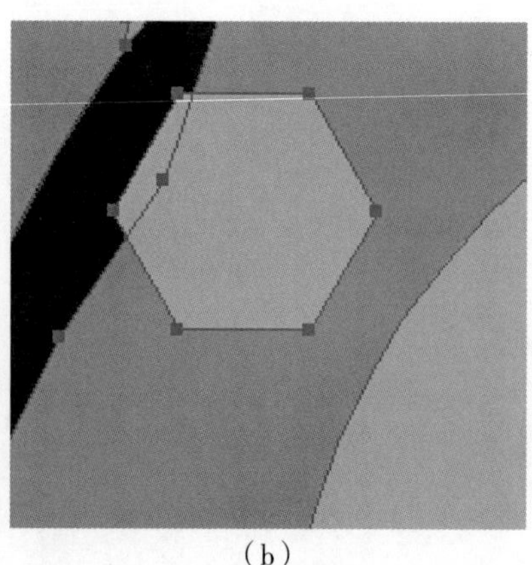
（b）

图1–26 图像与图形的区别
（a）图像 （b）图形

矢量图是根据几何特性来绘制图形，矢量可以是一个点或一条线，矢量图只能靠软件生成，文件占用内在空间较小，因为这种类型的图像文件包含独立的分离图像，可以自由无限制的重新组合。它的特点是放大后图像不会失真，和分辨率无关，适用于图形设计、文字设计和一些标志设计、版式设计等。常用软件有：CorelDraw 、Illustrator、CAD等。

既然每个对象都是一个自成一体的实体，就可以在维持它原有清晰度和弯曲度的同时。这意味着它们可以按最高分辨率显示到输出设备上。

图像，指的是位图，也叫做点阵图、栅格图像、像素图，简单的说，就是最小单位由像素构成的图，缩放会失真。位图是由像素阵列的排列来实现其显示效果的，每个像素有自己的颜色信息，在对位图图像进行编辑操作的时候，可操作的对象是每个像素，我们可以改变图像的色相、饱和度、明度，从而改变图像的显示效果。

位图是像素集合，一般用于照片品质的图像处理，是由许多像小方块一样的像素组成的图形。由像素的位置与颜色值表示，能表现出颜色阴影的变化。也就是说，位图就是以无数的色彩点组成的图案，当你无限放大时你会看到一块一块的像素色块，效果会失真。常用于图片处理、影视婚纱效果图等，如常用于图片处理，如照片，扫描稿等，常用的工具软件Photoshop，Painter等。

Photoshop主要处理的是位图图像。当您处理位图图像时，可以优化微小细节，进行显著改动，以及增强效果。当放大位图时，可以看见赖以构成整个图像的无数单个方块。扩大位图尺寸的效果是增多单个像素，从而使线条和形状显得参差不齐。然而，如果从稍远的位置观看它，位图图像的颜色和形状又显得是连续的。由于每一个像素都是单独染色的，您可以通过以每次一个像素的频率操作选择区域而产生近似相片的逼真效果，诸如加深阴影和加重颜色。缩小位图尺寸也会使原图变形，因为此举是通过减少像素来使整个图像变小的，同样，由于位图图像是以排列的像素集合体形式创建的，所以不能单独操作（如移动）局部位图。

任务二　修改图像分辨率

“Pixel”（像素）是由Picture 和Element这两个字母所组成的，是用来计算数码影像的一种单位，如同摄影的相片一样，数码影像也具有连续性的浓淡阶调，我们若把影像放大数倍，会发现这些连续色调其实是由许多色彩相近的小方点所组成，这些小方点就是构成影像的最小单位“像素”。

图像分辨率指图像中存储的信息量，是每英寸图像内有多少个像素点，分辨率的单位为ppi（Pixels Per Inch），通常叫做像素每英寸。图像分辨率一般被用于Photoshop中，用来改变图像的清晰度。

设备分辨率（DeviceResolution）又称输出分辨率，指的是各类输出设备每英寸上可产生的点数，如显示器、喷墨打印机、激光打印机、绘图仪的分辨率。这种分辨率通过dpi来衡量，PC显示器的设备分辨率在60~120dpi，打印设备的分辨率在360~2400dpi。

网线数是指印刷品在每一英寸内印刷线条的数量（lines per inch，简称lpi，即每英寸行数），换句话说，“网线数”也就是印刷网线的密度。人眼能分辨出来最小的线宽是178l/in，即水平或垂直方向上每英寸的网线数量178个，大于178人眼无法分辨出来，小于178人眼就比较容易分辨出来，一般印刷品的加网线数控制在175lpi，即接近人眼分辨率，这样肉眼很难分辨出印刷网点的细节，如用放大镜观察印刷品，印刷品的图像是由网点组成，如果是四色印刷，可以看到网点由CMYK四种颜色组成，在不借助放大镜的情况下，175lpi是最低的肉眼观察分辨率，但是印刷品的加网线数并不是固定不变的，也可以用150lpi，为了追求更高的效果和层次感，可以用300lpi以上，加网线数越高视觉效果越好，同时表明印刷质量越高，印刷成本相应更高，反之，过低的lpi数值，成本低，印刷质量差。

图像分辨率ppi与加网线数lpi的联系：一般是2×2个以上的像素生成1个网点，即lpi是dpi的二分之一左右。印刷175lpi的分辨率需要350dpi左右的文件支持。

案例四　图像分辨率的查看与更改

（1）用Illustrator打开“案例1.5.ai”，用选择工具选择左边的图像，左上角即显示该图像的颜色模式和分辨率，如图1-27所示。

（2）继续查看右边的图像，发现这幅图像的分辨率只有240 ppi，如图1-28所示。

图1-27　查看左图图像颜色模式和分辨率

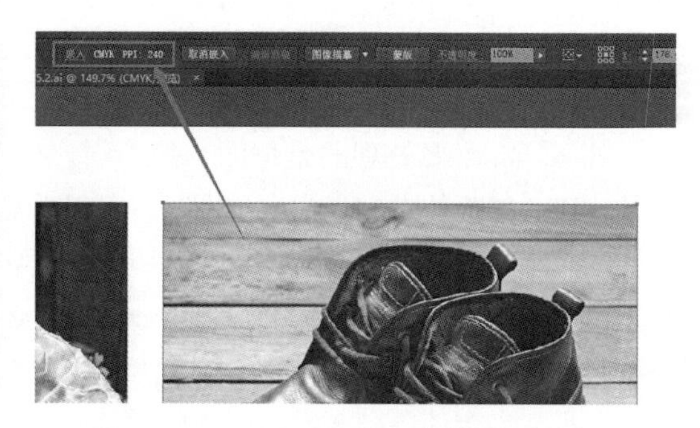

图1-28　查看右图图像颜色模式和分辨率

（3）一般情况下，2×2个以上的像素生成1个网点，印刷品一般为150线以上，也就是需要300ppi的图像，右边的图像分辨率240ppi比要求低，不符合印刷输出的要求。

（4）点击取消嵌入，将右边图像导出到电脑中保存成PSD文件，如图1-29所示。

（5）用PhotoShop打开刚刚导出的文件，点击菜单“图像”-“图像大小”，勾选“重新采样”，将分辨率的数值改为300像素/英寸，如图1-30所示。

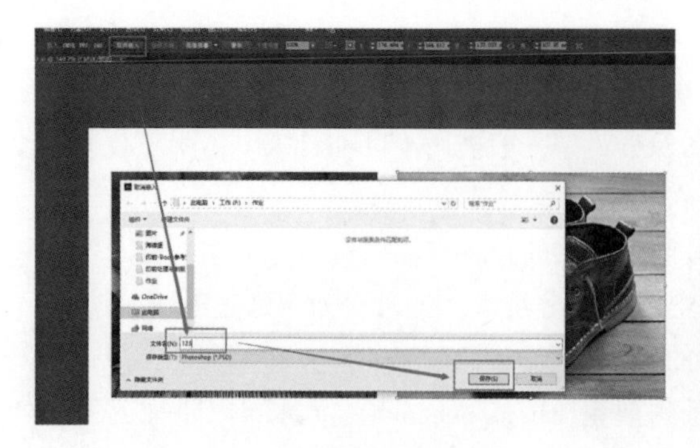

图1-29　右图保存成PSD文件

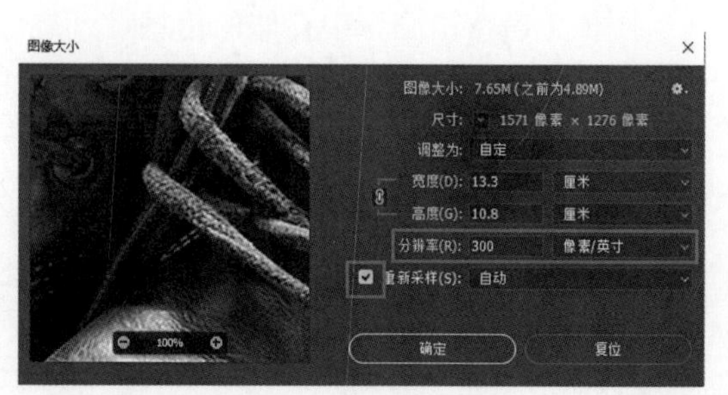

图1-30　修改图像分辨率

（6）保存文件并关闭，回到Illustrator中更新链接，如图1-31所示。

（7）再次查看图案分辨率，发现分辨率已经改为300ppi，如图1-32所示。

图1-31　在Illustrator中更新链接

图1-32　修改后的图像

在PhotoShop里面，将低分辨率的图案改为高分辨率，只是软件使用了插值计算法补充了缺少的像素，不是原始真实像素，也不能完全改善视觉效果。因此该方法只能用于分辨率相差不大时的修改，若是原始图案的分辨率过低，使用此方法加大分辨率，起不到任何改善图案显示的效果。

任务三　调整图像颜色模式

颜色的实质是一种光波。它的存在是因为有三个实体：光线、被观察的对象以及观察者。人眼是把颜色当作由被观察对象吸收或者反射不同波长的光波形成的。例如，当在一个晴朗的日子里，我们看到阳光下的某物体呈现红色时，那是因为该物体吸收了其他波长的光，而把红色波长的光反射到我们人眼里的缘故。当然，我们人眼所能感受到的只是波长在可见光范围内的光波信号。当各种不同波长的光信号一同进入我们的眼睛的某一点时，我们的视觉器官会将它们混合起来，作为一种颜色接受下来。同样我们在对图像进行颜色处理时，也要进行颜色的混合，但我们要遵循一定的规则，即我们是在不同颜色模式下对颜色进行处理的。

颜色模式是将某种颜色表现为数字形式的模型，或者说是一种记录图像颜色的方式。有RGB模式 、CMYK模式、HSB模式、Lab颜色模式、位图模式、灰度模式、索引颜色模式、双色调模式和多通道模式等很多种，以下做简要介绍。

1. RGB颜色模式

虽然可见光的波长有一定的范围，但我们在处理颜色时并不需要将每一种波长的颜色都单独表示。因为自然界中所有的颜色都可以用红、绿 、蓝（RGB）这三种颜色波长的不同强度组合而得，这就是人们常说的三基色原理。因此，这三种光常被人们称为三基色或三原色。有时候我们亦称这三种基色为添加色（Additive Colors），这是因为当我们把不同光的波长加到一起的时候，得到的将会是更加明亮的颜色。把三种基色交互重叠，就产生了次混合色：青（Cyan）、洋红（Magenta）、黄（Yellow）。这同时也引出了互补色（Complement Colors）的概念。基色和次混合色是彼此的互补色，即彼此之间最不一样的颜色。例如青色由蓝色和绿色构成，而红色是缺少的一种颜色，因此青色和红色构成了彼此的互补色。在数字视频中，对RGB三基色各进行8位编码就构成了大约1677万种颜色，这就是我们常说的真彩色。电视机和计算机的监视器都是基于RGB颜色模式来创建其颜色的。

2. CMYK颜色模式

CMYK颜色模式是一种印刷模式。其中四个字母分别指青（Cyan）、洋红（Magenta）、黄（Yellow）、黑（Black），在印刷中代表四种颜色的油墨。CMYK模式在本质上与RGB模式没有什么区别，只是产生色彩的原理不同，在RGB模式中由光源发出的色光混合生成颜色，而在CMYK模式中，由光线照到有不同比例C、M、Y、K油墨的纸上，部分光谱被吸收后，反射到人眼的光产生颜色。由于C、M、Y、K在混合成色时，随着C、M、Y、K四种成分的增多，反射到人眼的光会越来越少，光线的亮度会越来越低，所有CMYK模式产生颜色的方法又被称为色光减色法。

3. Lab颜色模式

Lab颜色是由RGB三基色转换而来的，它是由RGB模式转换为HSB模式和CMYK模式的桥梁。该颜色模式由一个发光率（Luminance）和两个颜色（a，b）轴组成。它由颜色轴所构成的平面上的环形线来表示色的变化，其中径向表示色饱和度的变化，自内向外，饱和度逐渐增高；圆周方向表示色调的变化，每个圆周形成一个色环；而不同的发光率表示不同的亮度并对应不同环形颜色变化线。它是一种具有“独立于设备”的颜色模式，即不论使用任何一种监视器或者打印机，Lab的颜色不变。其中a表示从洋红至绿色的范围，b表示黄色至蓝色的范围。

4. 位图模式

位图模式用两种颜色（黑和白）来表示图像中的像素。位图模式的图像也叫作黑白图像。因为其深度为1，也称为一位图像。由于位图模式只用黑白色来表示图像的像素，在将图像转换为位图模式时会丢失大量细节，因此Photoshop提供了几种算法来模拟图像中丢失的细节。在宽度高度和分辨率相同的情况下，位图模式的图像尺寸最小，约为灰度模式的1/7和RGB模式的1/22以下。

5. 灰度模式

灰度模式可以使用多达256级灰度来表现图像，使图像的过渡更平滑细腻。灰度图像的每个像素有一个0（黑色）到255（白色）之间的亮度值。灰度值也可以用黑色油墨覆盖的百分比来表示（0%等于白色，100%等于黑色）。使用黑折或灰度扫描仪产生的图像常以灰度显示。

6. 双色调模式

双色调模式采用2~4种彩色油墨来创建由双色调（2种颜色）、三色调（3种颜色）和四色调（4种颜色）混合其色阶来组成图像。在将灰度图像转换为双色调模式的过程中，可以对色调进行编辑，产生特殊的效果。而使用双色调模式最主要的用途是使用尽量少的颜色表现尽量多的颜色层次，这对于减少印刷成本是很重要的，因为在印刷时，每增加一种色调都需要更大的成本。

7. 多通道模式

多通道模式对有特殊打印要求的图像非常有用。例如，如果图像中只使用了一两种或两三种颜色时，使用多通道模式可以减少印刷成本并保证图像颜色的正确输出。8位/16位通道模式在灰度RGB或CMYK模式下，可以使用16位通道来代替默认的8位通道。根据默认情况，8位通道中包含256个色阶，如果增到16位，每个通道的色阶数量为65536个，这样能得到更多的色彩细节。

案例五　更改图像颜色模式

（1）用PhotoShop打开“案例1.6.psd”，查看左上角信息，可以看到文件是RGB模式的，首先通过菜单“图像”＞“模式”＞“CMYK颜色”，将文件转换为CMYK模式，如图1-33所示。

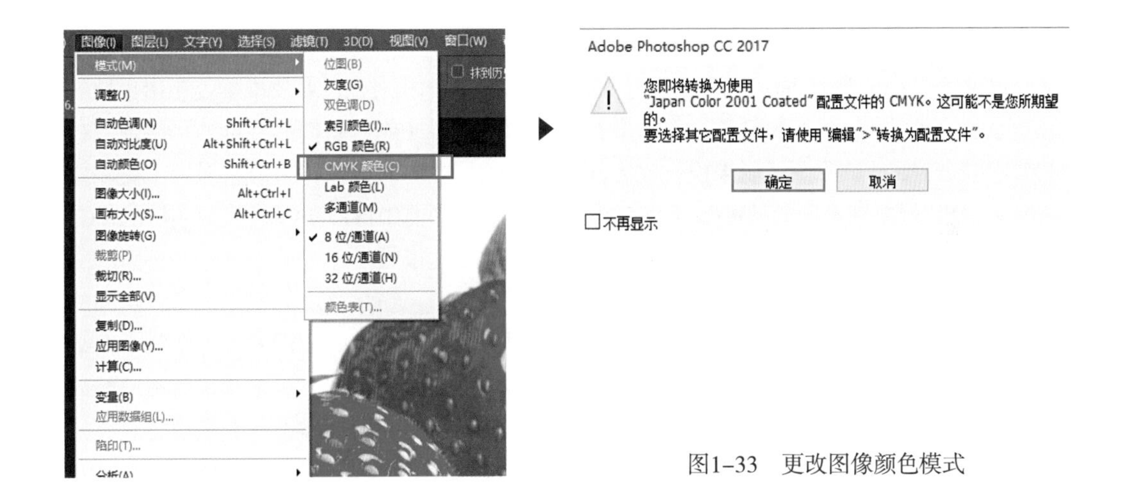

图1-33　更改图像颜色模式

注意：PhotoShop中颜色的转换是基于颜色配置文件的，不同的颜色配置文件和转换意图，所转换出来的颜色值都会有差别。国际色彩联盟规定，颜色在不同ICC之间转换，有四种方式，分别是：可感知的、饱和度、相对色度、绝对色度，如图1-34所示。

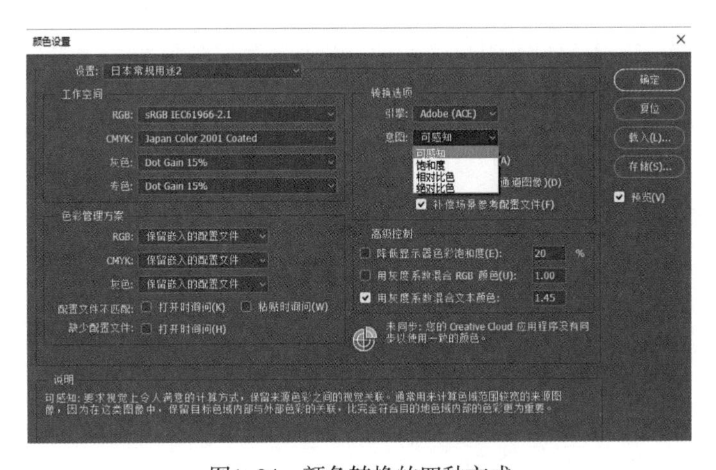

图1-34　颜色转换的四种方式

① 可感知的（perceptual rendering intent）。这是最常用的一种转换方式。这种方法在保持所有颜色相互关系不变的基础上，改变源设备色空间中所有的颜色，但使所有颜色在整体感觉上保持不变。

这是因为我们的眼睛对颜色之间的相互关系更加敏感，而对于颜色的绝对值感觉并不太敏感。如果一幅图像中明显包含了一些色域外颜色时，采用感知的再现意图是一个很好的选择。比较适合较大的RGB色域向较小的CMYK色域转换使用，可以理解为整体压缩。优点是能保持图像上所有颜色之间的对比关系，缺点是图像上每个颜色都会发生变化，经常可以看到图像整体变浅之类的现象。

② 饱和度（saturation rendering intent）。这种方法试图保持颜色的鲜艳度，而不太关心颜色的准确性。它把源设备色空间中最饱和的颜色映射到目标设备中最饱和的颜色，即保持鲜艳，但颜色会不准确。这种方法适合于各种图表和其他商业图形的复制，或适合制作用彩色标记高度或深度的地图，以及卡通、漫画等。

③ 相对色度（media-relative colorimetric rendering intent）。相对色度是要准确复制出色域内的所有颜色，而裁剪掉色域外的颜色，并将被裁剪掉的颜色转换成与它们最接近的可再现颜色。相对色度再现意图对于图像复制来说，比感知再现意图是更好的选择，因为它保留了更多原来的颜色。适合色域差别不太大的ICC之间的转换，如：日本印前CMYK的ICC转换成美国的ICC。

优点是多数颜色不变，缺点是个别超出色域的颜色变化很大。

④ 绝对色度（ICC-absolute colorimetric rendering intent）。绝对色度不把源设备色空间的白点映射为目标设备色空间的白点。要是源设备色空间的白色偏蓝，而目标设备色空间的白纸微微泛黄，在使用绝对色度再现意图时，就会在输出的白色区域上增加一些青墨来模拟原始的白色。绝对色度再现意图主要是为打样而设计的，目的是要在另外的打样设备上模拟出最终输出设备的复制效果。

可以理解为模拟纸白，白色变化很大。不适合一般常规转换，只是在很少的情况下使用，可以不用去掌握。

所有不同ICC之间的转换，都必须遵照这四种转换方式，我们在转换图像的颜色时，需要根据图像的实际情况，从中选择最适合现有图像的转换方式。

（2）点击另存为，将转换后的文件改名另存，在弹出的存储对话框中，右下角可以设置是否嵌入ICC配置文件，我们在存储CMYK文件时，选择不要嵌入ICC配置文件，如图1-35所示。

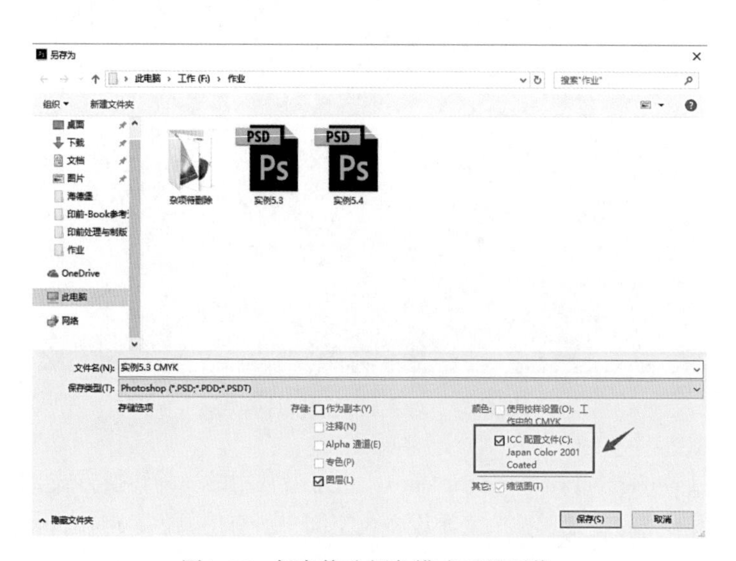

图1-35 保存修改颜色模式后的图像

任务四 灰平衡与灰成分替代

灰平衡是用以判断印刷色彩是否平衡或偏色的方法，在印刷复制中占有重要地位，是印刷各工序控制质量的依据，也是各工序进行数据化控制的核心。下面讲解灰平衡的原理以及在印前制作中如何使用灰成分替代的分色方法，降低油墨总量，减少印刷色差。

灰平衡：指黄、品红、青三个色版按不同网点面积率比例在印刷品上生成中性灰。根据减色法呈色理论C、M、Y三原色油墨最大饱和度的叠合应该得到黑色。同理，三原色油墨不同饱和度的等量叠合也应该产生不同明度的灰色。为了使三原色油墨叠合后呈现准确的不同明度的灰色，必须根据油墨的特性，改变三原色油墨的网点面积配比，实现对彩色复制至关重要的灰平衡。因为灰色在颜色三属性中既没有色相也没有饱和度，属于中性颜色（也称为“消色”），所以有时称灰色平衡为中性灰平衡。

GCR（灰成分替代）：在CMY颜色中，往往是两种颜色起主导的作用，决定了色调的性质，而第三种色被称为灰色成分，它仅起到增加黑色的作用，如图1–36所示。例如，红色主要是由品色和黄色组成的，如果添加一定量的青色，红色将会变暗，青色太多时，红色就脏了。在此，红色是主色，青色是灰色成分。当然，灰色成分也指在一个颜色中的大致等量的CMY三色组合，这三种颜色组成中性灰。使用黑色，可以安全地替换掉某个颜色中的非彩色或灰色成分。这种方法可以有效降低油墨总量，并有利于减少色偏，特别是对于皮肤色、新鲜的水果蔬菜、金属及天空为主的图像。

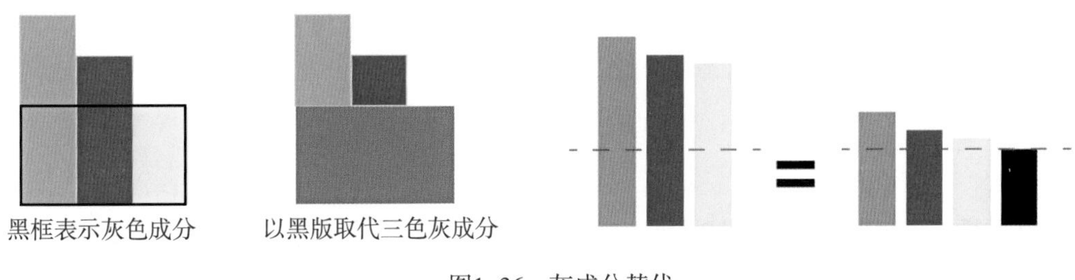

图1–36 灰成分替代

UCR（底色去除）：替换在阴暗区域中的黑色。它用于在阴影区降低总油墨覆盖量，同时又增强了细节。它非常适于高速印刷，因为快速印刷的油墨干燥时间很短，容易造成暗调细节模糊。UCR的主要缺点是暗调显得较为单调，并缺乏对比度，这就是以中性灰为主的暗调图像无法获得最佳效果的原因。因此，当图像包含有丰富的中间调和暗调时，最好还是使用GCR和UCA的组合。

UCA（底色增益）：GCR是目前彩色分色中大家较爱使用的主要方法。但它的缺点是：暗调区缺乏细节，并且黑色显得比较单调。尤其是暗色调为主的图像，如夜景，使用UCA分色技术，可以弥补其不足。UCA分色在较暗的颜色中去除一些黑，同时加入CMY三色，它与GCR的处理方式恰好相反，但只在较暗的颜色区中发生作用，并且，加入三色的程度是可控制的。在GCR分色中指定的UCA量越高，用CMY替代阴影黑的程度就越高。对于夜景一类的以低调为主的图像，它们的中间调接近于阴影区域，但中间调色彩又非常丰富生动，这类图像应该加入UCA，这样可以保持中间调的一定量的CMY成分，即保持中间调的细节。这时，也要注意油墨总量的设定，增加三色值必定会增加油墨总量，而不同的印刷方法，不同的纸张，对油墨总量的限制是不同的。

案例六　生成黑版

（1）用PhotoShop打开“案例1.7.psd”，通过信息面板可以看到，图像中衣服的颜色是由CMY组成的，如图1-37所示。

图1-37　查看图像颜色组成

（2）点击“编辑”，“转换到配置文件”，目标空间，配置文件“选择自定CMYK”，意图为“相对比色”，如图1-38所示。根据图像的特性，选择设置分色设置与黑版产生，在这个例子里选择较多的黑版产生。

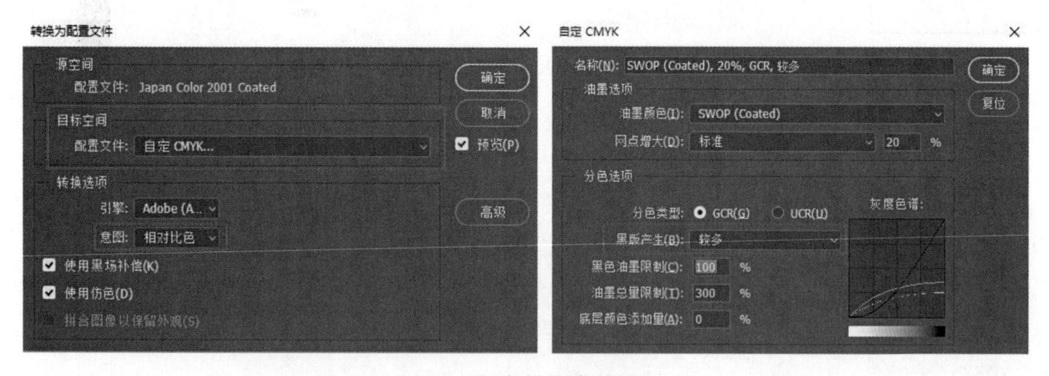

图1-38　颜色转换参数设置

（3）设置完成后，点击确定，文件就会根据颜色转换。通过信息面板可以看到，衣服颜色已经使用黑色替代了部分CMY，如图1-39所示。

说明：推荐使用的GCR的安全范围为50%~70%之间，50%的GCR设置就是将通常由彩色油墨印刷的灰成分去除50%，并增加等量的黑色墨补偿。采用70%或者更高的GCR时，必须注意文件上的彩色网点百分含量相对较小，限制了编辑时的色彩变化范围，同时较高的UCR还会使深色阴影和黑色区域的光泽度降低，减少厚度的同时也减少了细节部分。

图1-39　转换后的颜色组成

项目六　印刷适性的处理

项目描述和要求

1. 了解印刷工艺的相关知识。
2. 掌握针对印刷工艺要求的文件处理方式。

项目内容和步骤

任务一　四色与专色印刷工艺
任务二　套印、叠印与陷印
任务三　条形码

任务一　四色与专色印刷工艺

印前文件的文字、图像经过一系列处理后，针对输出的要求已经基本满足，但是印版输出后最终是通过印刷做成成品，因此还需要针对印刷的工艺和品质要求，对文件进行进一步的修改，最终才能产生合格的、符合各工艺要求的文件。通过学习印刷相关工艺特点与知识，了解相关的印前处理。

四色印刷工艺一般指采用青、品红、黄三原色油墨和黑墨来复制彩色原稿的种种颜色的印刷工艺。 而专色印刷是指采用黄、品红、青、黑四色墨以外的其他色油墨来复制原稿颜色的印刷工艺。专色是指在印刷时专门用一种特定的油墨来印刷该颜色，而不是通过印刷C、M、Y、K四色合成这种颜色。专色油墨是由印刷厂预先混合好或油墨厂生产的。

在印刷上用途最广泛的专色色卡是潘通（Pantone）色卡，如图1-40所示。潘通色卡已经成为当今交流色彩信息的国际统一标准语言。潘通（Pantone Inc.）总部位于美国新泽西州卡尔士达特市（Carlstadt，NJ），是一家专门开发和研究色彩而闻名全球的权威机构，也是色彩系统的供应商，提供许多行业包括印刷及其他关于颜色如数码技术、纺织、塑胶、建筑以及室内设计等的专业色彩选择和精确的交流语言。

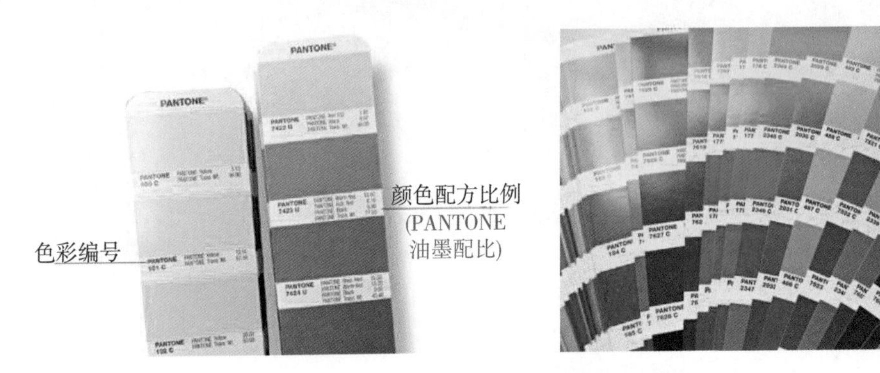

图1-40 潘通（Pantone）色卡

在包装印刷中，四色印刷工艺主要用于以彩色摄影的方式拍摄的反映自然界丰富多彩的色彩变化的照片、画家的彩色美术作品或其他包含许多不同颜色的画面。而专色印刷工艺常要用于印刷大面积底色以及用四色印刷无法表现的颜色，如金属色等。

案例七 在Illustrator中建立专色色块

（1）用Illustrator新建一个文件，用矩形工具创建一个矩形。

（2）在色板面板中点击“新建色板”，输入新专色的名称，将颜色类型选为“专色”，如图1-41所示。

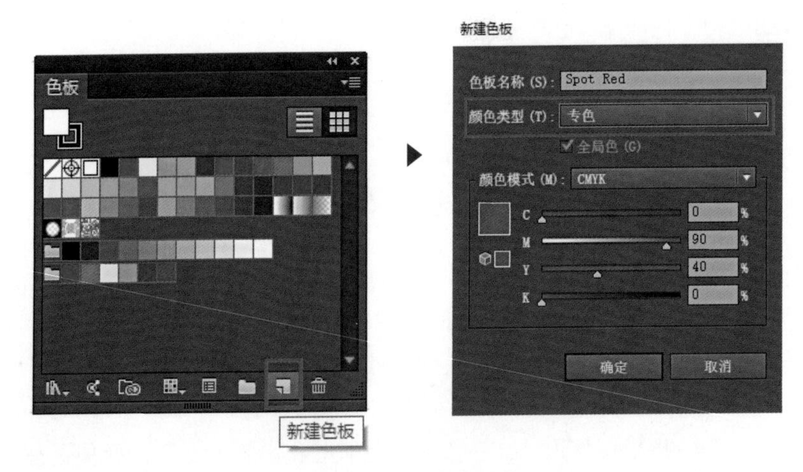

图1-41 新建色板

（3）点击确定，将建立的色块填充为新建的专色，可以看到色板上多了一个新的色块，颜色面板上显示专色的标记为方框内有一个圆形，在色板上对应的色块右下角有一空白的三角区域，里面有一个黑点，这些是这个颜色为专色的标记，如图1-42所示。

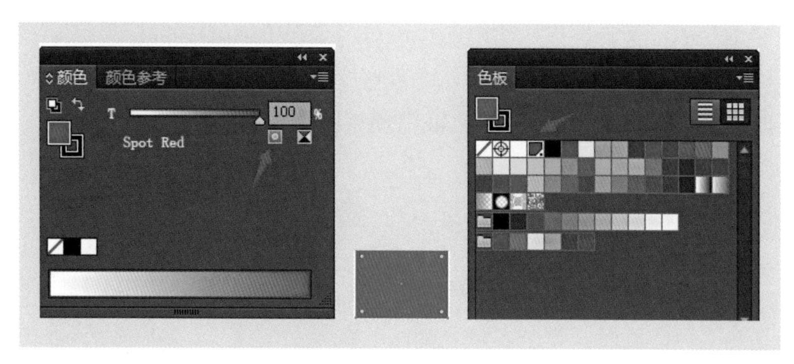

图1-42　新建专色

（4）双击刚刚新建的专色，将颜色类型改为印刷全局色，如图1-43所示，可以看到颜色面板和色板上的专色标记变成了全局色标记，说明这个颜色在输出时是分色为CMYK输出的。

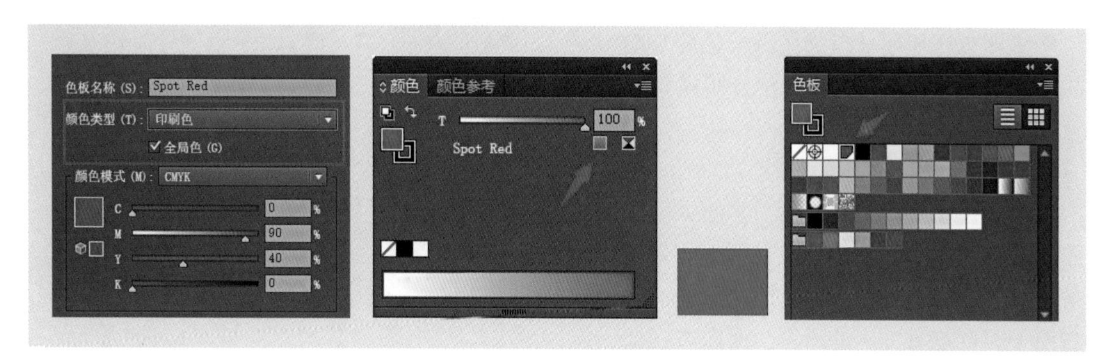

图1-43　颜色类型改为印刷全局色

（5）除了自定义的专色，也可以同打开“色板库—色标版”的方式，使用软件定义好的专色，如图1-44所示。

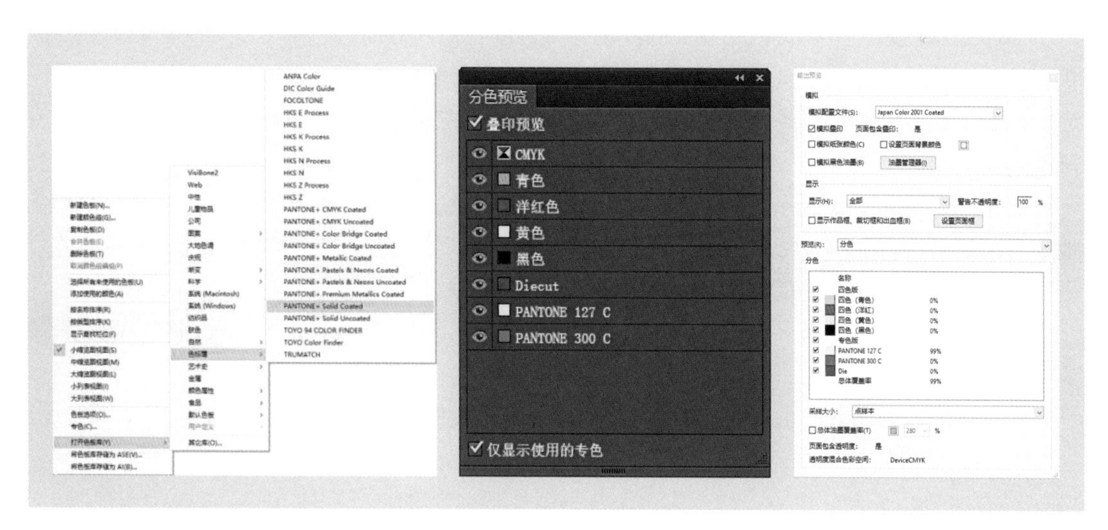

图1-44　软件专色类型

（6）在印前制作中，常常把模切线的颜色设置为专色diecut/dieline。

（7）在软件中查看文件分色　Illustrator软件通过调出分色预览面板查看分色；Acrobat软件通过“工具>印刷制作>输出预览”，调出输出预览面板查看分色。

任务二　套印、叠印与陷印

1. 套印

套印指的是在多色印刷时，要求各色之间互相套准印刷。如图1–45所示，黄色的圆形与蓝色的方块在印刷时互相套准，蓝色方块在分色时，圆形处是没有颜色的，这种情况也可以叫做黄镂空蓝色。

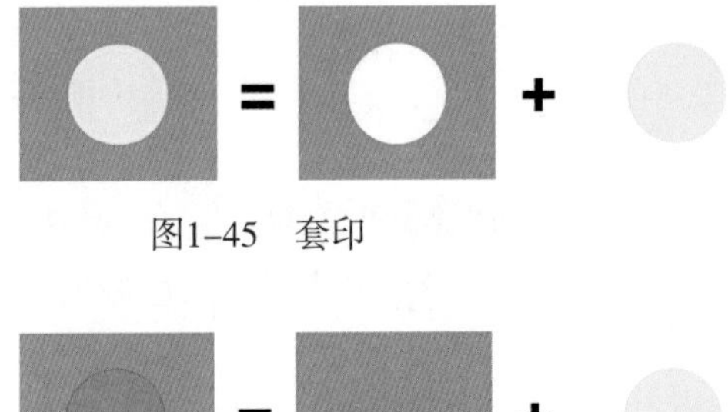

图1–45　套印

2. 叠印

叠印也叫压印，指当两种颜色叠加时，下层颜色不镂空，如图1–46所示，叫做黄色叠印蓝色。

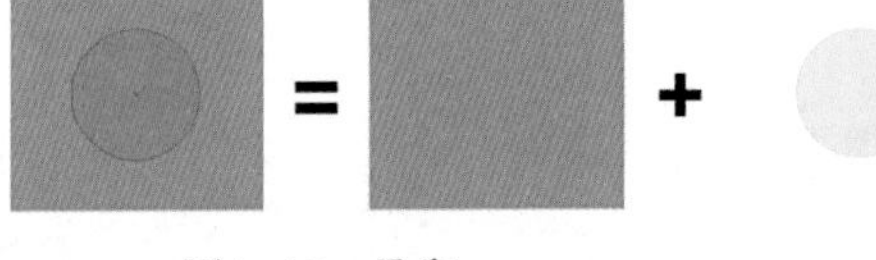

图1–46　叠印

3. 陷印

陷印也叫补漏白，又称为扩缩，主要是为了弥补因印刷套印不准而造成两个相邻的不同颜色之间的漏白。如上面套印的情况，如果蓝黄两个颜色没有准确的衔接，套印有误差，就会在相接的地方出现白边。为了在避免这种情况，可在两个颜色之间建立一个很小的重叠区域，这就是陷印，如图1–47所示。

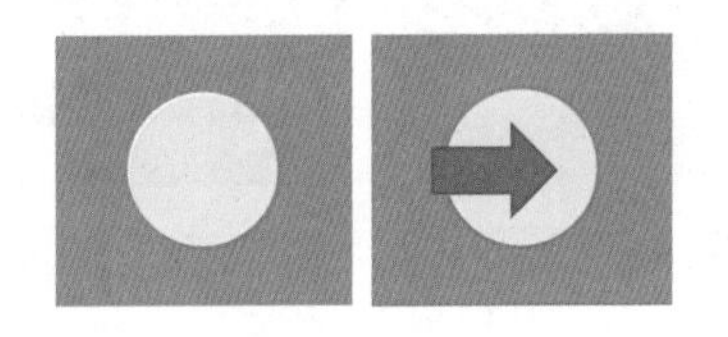

图1–47　陷印

（1）陷印处理的方法　无论处理图形还是图像画面，只要具有明显的两种颜色的交接边界，就有可能需要做陷印，而如果是连续调的图像或者渐变的图形，则一般不需要做陷印处理。

陷印处理的原理是在颜色交界处的浅色一方的颜色适当的向深色部分叠印在一起，而这个扩张的宽度被称为陷印值。如果套印准确，浅色的边界处的扩张部分会和深色部分叠印在一起，而如果套印不准，则浅色的扩张部分的一侧就会印在露白部分，从而使纸张的白色不会直接暴露。

实施陷印处理要遵循一定的原则：扩下色不扩上色，扩浅色不扩深色，扩平网而不扩实地。有时还可进行互扩，特殊情况下则要进行反向陷印，甚至还要在两邻色之间加空隙来弥补套印误差，以使印刷品美观。

陷印量的大小要根据承印材料的特性及印刷系统的套印精度而定，也可根据客户印刷精度或要求以实际文件而定，一般胶印的陷印值为0.05mm。

常见的陷印处理方法主要有4种，如图1–48所示（文件见“案例1.8.ai”）。

① 单色线叠印法。在色块边上加浅色线条，并将线条属性选为叠印。

② 合成色法。在色块边上加合成色．线条属性不选为叠印。

③ 分层法。在不同的层上通过对元素内缩或外扩来实现陷印。

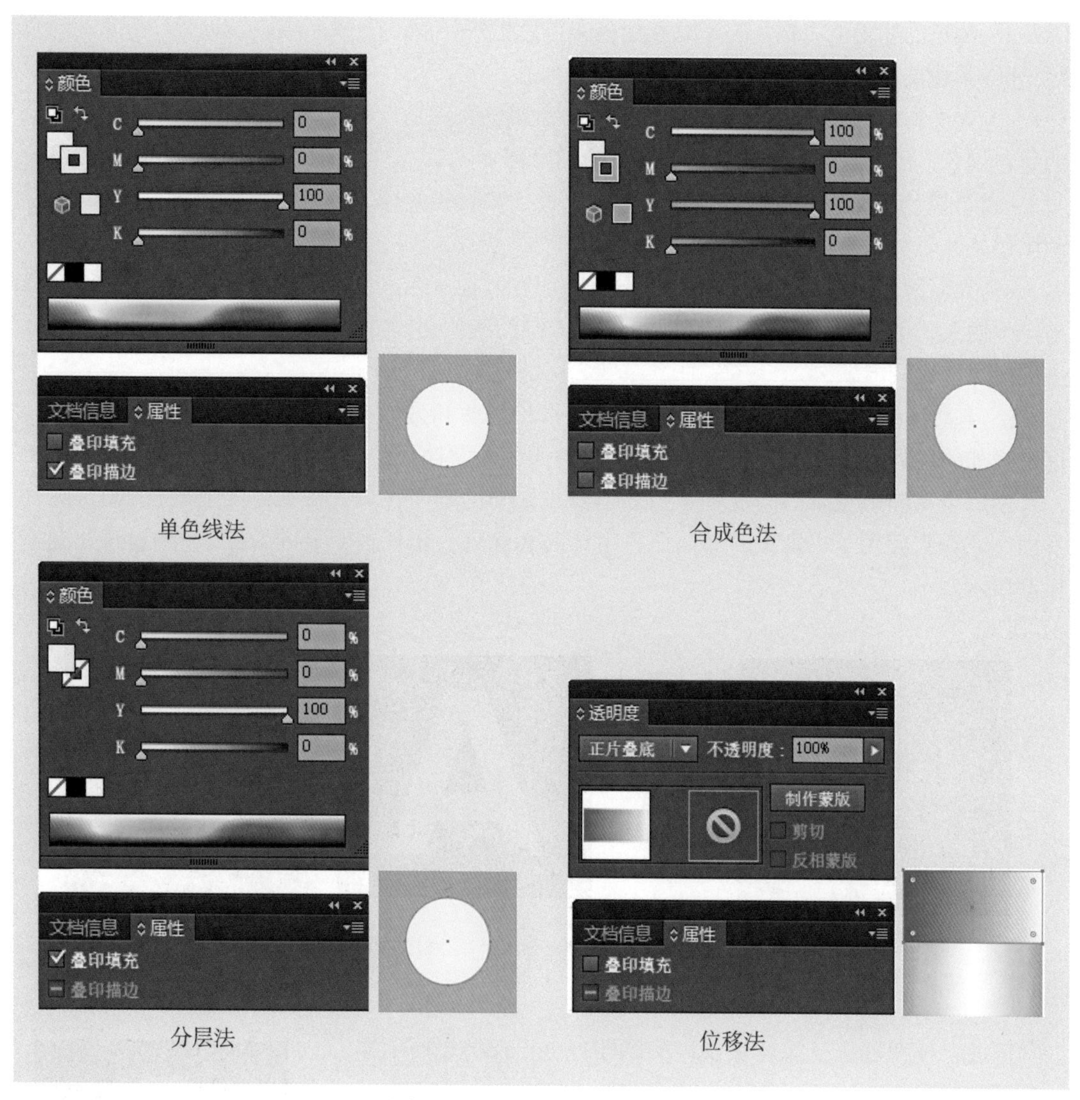

图1-48 陷印处理的四种方法

④ 移位法。通过移动色块中拐点的位置来实现内缩或外扩。

（2）陷印注意事项

① 如果是原色（印刷色）相交，如相邻色有足够的C、M、Y、K四色中的一种共同成分，就可避免陷印，如红（M+Y）和黄（Y）两色相交时二者共享黄（Y）版，就无须陷印;而如果无共享原色的两色相交，如红色（Y+M）和青色（C）两色相交时就须作陷印处理。

② 专色与印刷色相交时须做陷印处理，而专色相交做陷印处理会产生意想不到的第三色，严重影响作品。

③ 很小的浅色文字，陷印后因为外扩的边比文字本身的笔画要粗，就会显得文字模糊不清，通常可给文字加上小小的白边，在印刷后文字才清晰可视。

（3）特殊颜色的陷印

① 黑色的陷印处理

a．黑色的遮盖能力强，陷印时其他色向黑色扩张。

b．黑色文字、小块的黑色直接叠印在底色上。

c．大面积的黑色块并不能完全遮盖底色，如果底色是大红、大黄等颜色，会导致印刷后的黑色偏色，因此大面积的黑色需要和底色做套印。

d．当黑色下面的底色有多种颜色时，黑色如果直接叠印，会出现不同的黑色效果，俗称阴阳色，此时黑色应该做套印。

e．大面积的实地黑色K100，如果没有叠印在其他颜色上，在印刷时会显得不够黑并且容易产生白点，可以在黑色里面适当增加30%~50%的蓝色，如将颜色改为C35K100，这样印刷出来的黑色才比较饱满。

f．丰富黑的处理。丰富黑即将黑色信息都用黑版和另外一个色版叠印得到更黑的黑色。这个附加的色版通常根据与黑色相邻或重叠的颜色来设置，比如上面提到过的C35K100。

使用丰富黑最主要的问题就是与其他对象之间的陷印，如：在黑色实地的背景上有一行反白字，如果使用了丰富黑，那么白色字体的边缘就会出现很明显的套印不准的问题，如图1-49所示。

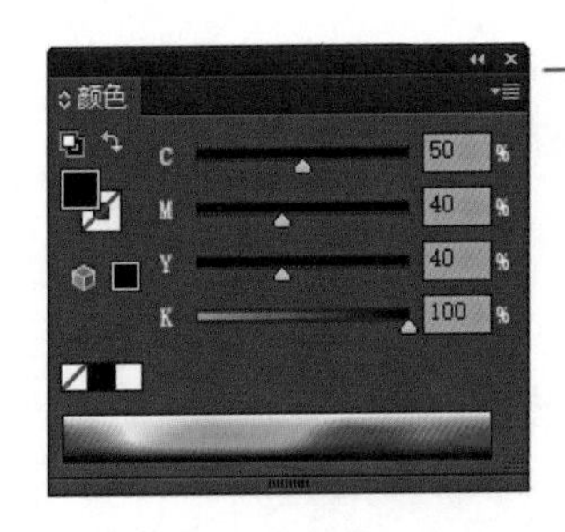

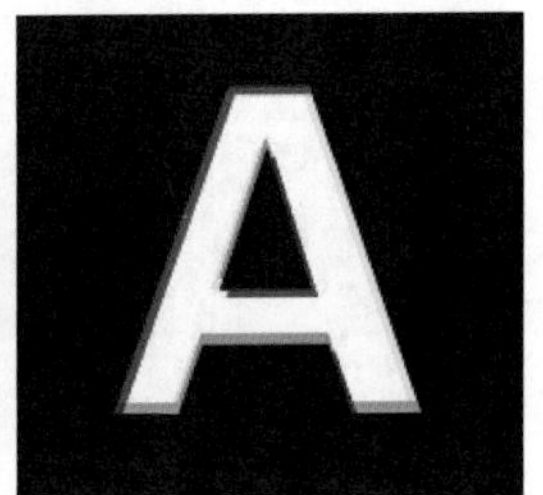

图1-49　实地黑上的反白字套印不准

因此，反白部分就需要做这样的陷印处理：保持黑版不变，将其他颜色外扩，如图1-50所示。

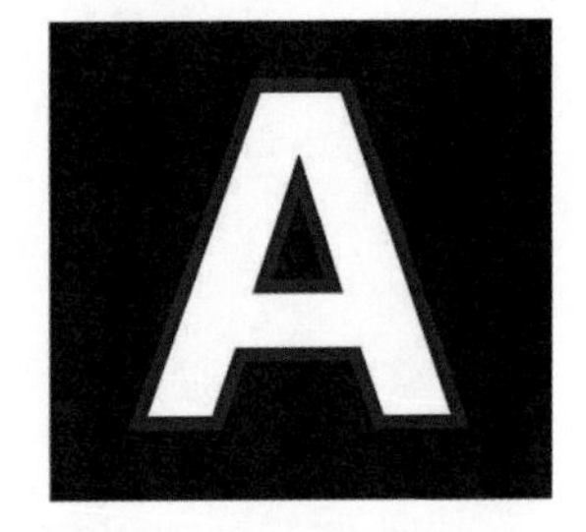

图1-50　实地黑上的反白字的陷印处理

② 金属色的陷印处理

金属色指的是用金属油墨印刷的颜色，最常用的有Pantone 877 C（银色），其遮盖能力较强，因此处理方式与黑色差不多，小面积的色块和文字可以直接叠印在底色上，大面积的位置需要与底色套印。

金属油墨指用金属颜料配制的油墨，有金属的光泽，一般说的金墨、银墨即是这类油墨。金属油墨的颜料主要是金粉和银粉（分别是铜粉和铝粉），也可加入其他颜料以产生具有特殊色彩的油墨，称为着色金属油墨。如果黑色与金属色之间不能互相遮盖，必须要套印。

③ 白色墨的陷印处理

在包装印刷中，白色油墨应用非常广泛。一般在透明塑料或者金银纸卡的印刷中，都需要以白色做底托，并且有时还会托两层的白色。为防止因套印不准而露出色块下面的白色，在印前制作时应考虑白色回缩，处理的主要原则如下：

a．白色回缩量需根据其上颜色的深浅或者客户的要求以及印刷精度进行确定。

b．如果色块下托白且旁边为透明时，白色可向色块中回缩。

c．黑、金色底下根据要求可以不托白，如果要托白，可以向黑色、金色会缩。

d．如果色块颜色较浅或者是平网时，白色回缩量要小或者不回缩。

e．当在渐变图案下托白时，白色应考虑进行斜向回缩。

f．如果透明色（油墨下不托白）与其他颜色相邻，其他颜色下的白色要回缩；如果透明色直接与白色相邻，则白色要向透明色中扩大以避免漏缝。

（4）软件的自动陷印功能

① Illustrator的自动陷印功能。如图1-51所示，通过路径查找器菜单，选择陷印。

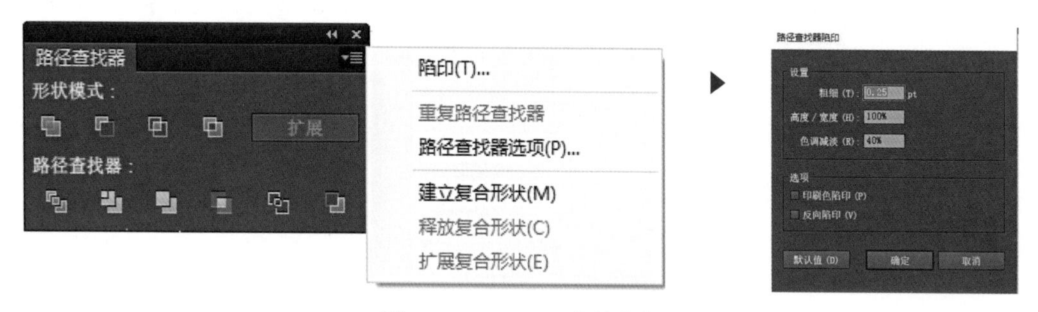

图1-51　Illustrator 中的陷印

粗细：指陷印区域的宽度。缺省值是0.25pt，范围是0.01~5000pt。

高度/宽度：指高度与宽度的陷印值比例，缺省值为100%。

色调减淡：指减少陷印区域中亮色的比例，使陷印区域内变色程度减轻，缺省值是40%。

印刷色陷印：指只使用印刷色作为陷印颜色。

反转陷印：指改变陷印方向，使暗色向亮色区域中扩大。

自动陷印只能处理相邻填充色块间的陷印，而填充色块与笔画、渐变、连续调图像以及其他特性的图案间不能进行陷印。

Illustrator软件是根据颜色的亮度进行自动陷印的，其陷印规则如下：

a．所有的颜色向黑色中扩展。

b．亮色向暗色中扩展（包括专色与其他色）。

c．原色亮度的排列由深到浅为M、C、Y，即品红填充与青色填充相邻时是青色向品红色扩展，而这与按K、C、M、Y印刷色序排列时的陷印方法刚好相反。

② PhotoShop的自动陷印功能。如图1-52所示，通过选择菜单“图像”>“陷印”执行自动陷印，只有陷印宽度一个设置。

PhotoShop软件只能通过扩大颜色来进行陷印，其陷印规则如下：

a．所有的颜色向黑色扩展。

b．亮色向暗色扩展。

c．黄色向品红色 青色扩展。

d．青色与品红色对等的扩展，即互扩。

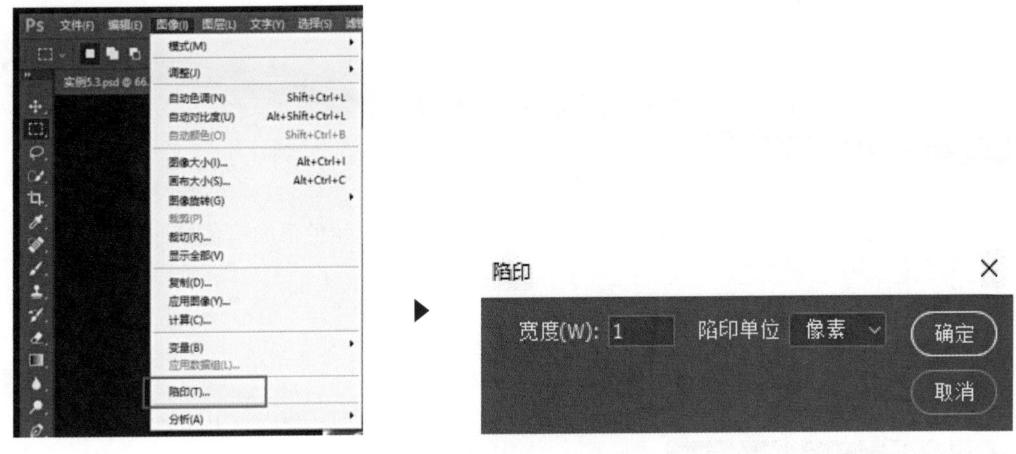

图1-52　PhotoShop中的陷印

另外还需要注意以下事项：

a．连续调图像本身不需要陷印。

b．图案只有在压平台层的情况下才能利用陷印工具。

c．色块与色块进行陷印时在拐角的地方会有断口。

任务三　条形码

条形码是一种信息代码，用特殊的图形来表示数字、字母信息和某些符号。条形码是将宽度不等的多个黑条和空白，按照一定的编码规则排列，用以表达一组信息的图形标识符。常见的条形码是由反射率相差很大的黑条（简称条）和白条（简称空）排成的平行线图案。条形码可以标出物品的生产国家、制造厂家、商品名称、生产日期、图书分类号、邮件起止地点、类别、日期等许多信息，因而在商品流通、图书管理、邮政管理、银行系统等许多领域都得到了广泛的应用。

条形码可分为一维码和二维码两种。一维码比较常用，如日常商品外包装上的条形码就是一维码。它的信息存储量小，仅能存储一个代号，使用时通过这个代号调取计算机网络中的数据。二维码是近几年发展起来的，它能在有限的空间内存储更多的信息，包括文字、图像、指纹、签名等，并可脱离计算机使用。

1．条形码的种类

条形码种类很多，常见的大概有二十多种码制，其中包括：Code39码（标准39码）、Codabar码（库德巴码）、Code25码（标准25码）、ITF25码（交叉25码）、Matrix25码（矩阵25码）、UPC-A码、UPC-E码、EAN-13码（EAN-13国际商品条形码）、EAN-8码（EAN-8国际商品条形码）、中国邮政码（矩阵25码的一种变体）、Code-B码、MSI码、Code11码、Code93码、ISBN码、ISSN码、Code128码（Code128码包括EAN128码）、Code39EMS（EMS专用的39码）等一维条形码和PDF417 QR Code等二维条形码。

目前，国际广泛使用的条形码种类有以下几种：

EAN UPC码——商品条形码，用于在世界范围内唯一标识一种商品。我们在超市中最常见的就是EAN和UPC条形码。

Code39码——因其可采用数字与字母共同组成的方式而在各行业内部管理上被广泛使用。

ITF25码——在物流管理中应用较多。

Codebar码——多用于血库、图书馆和照相馆的业务中。

PDF417码——二维码，广泛用于证件管理中。

QR Code码——二维码，用于现在流行的扫码支付。

2. 商品条形码

商品条形码指的是由GS1规定的，用于标识零售商品、非零售商品及物流单元的条形码。

零售商品是指零售端通过POS扫描结算的商品。其条形码符号采用EAN商品条形码（EAN-13商品条形码和EAN-8商品条形码）和UPC商品条形码（UPC-A商品条形码和UPC-E商品条形码）。

非零售商品是指不通过POS扫描结算的用于配送、仓储或批发等操作的商品。其条形码符号采用ITF-14条形码或UCC/EAN-128条形码，也可使用EAN和UPC商品条形码。

3. 条形码印刷位置选择的基本原则

条形码符号位置的选择应以符号位置相对统一、符号不易变形、便于扫描操作和识读为准则。

首选的条形码符号位置宜在商品包装背面的右侧下半区域内。

边缘原则：条形码符号与商品包装邻近边缘的间距不应小于8mm或大于102mm。

方向原则：商品包装上条形码符号宜横向放置。但如果采用柔性版印刷，考虑到与印刷过程有关的油墨扩散，必须按印刷方向印刷条形码。

如果条形码符号横向放置时符号表面曲度大于30°，就要改为纵向放置。

条形码位置如放置在穿孔、冲切口、开口、装订钉、拉丝拉条、接缝、折叠、折边、交叠、波纹、隆起、褶皱和其他图文将对条形码符号造成损害或妨碍。

案例八　使用Bar Code Pro软件生成EAN-13条形码

在印前制作中，经常会遇到客户文件的条形码不标准，使用条形码检测仪检测时质量等级无法达到A级，需要重新制作条形码。要生成能够达到A级质量标准的条形码，必须使用专业的条形码制作软件制作。本案例用Bar Code pro（老虎条形码）完成，制作步骤如下。

（1）打开Bar Code pro软件。

（2）点击“属性”图标，如图1-53所示，选择需要保存的条形码文件格式与度量单位。这里选择EPS格式和度量单位毫米，如图1-54所示。

图1-53　打开属性面板

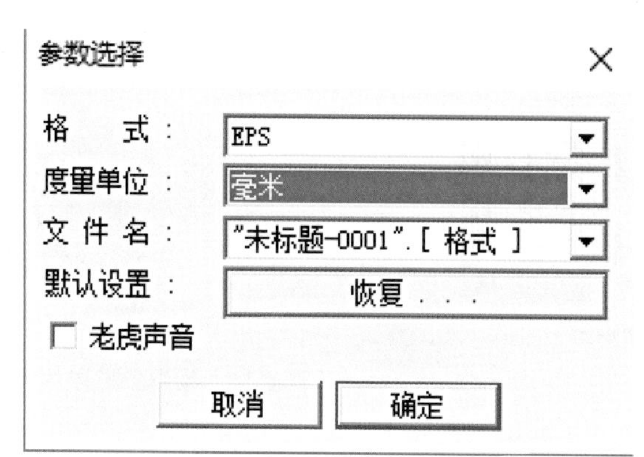

图1-54　设置条形码文件格式与度量单位

（3）选择要生成的条形码类型EAN-13，软件内置了多种SC（符号反差）参数，选择General，如图1-55所示。

（4）输入需要生成的条形码字符，以6901234567892为例，输入前12位后，软件自动计算校验码，如图1-56所示。

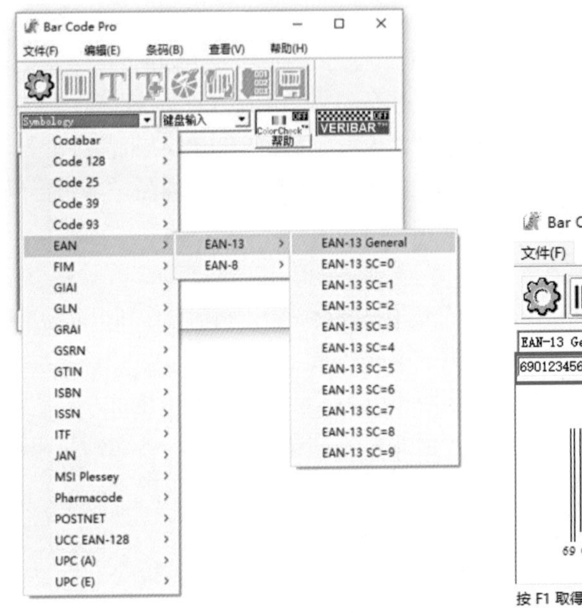

图1-55　选择条形码类型　　　　图1-56　输入条形码字符

（5）点击“符号”图标，设置条形码的输出分辨率，如图1-57所示，需要根据打印机的输出精度去设置。如果条形码用于平版胶印，则根据CTP的输出精度选择。例如海德堡的CTP输出分辨率为2540dpi，而柯达CTP的输出精度为2400dpi。

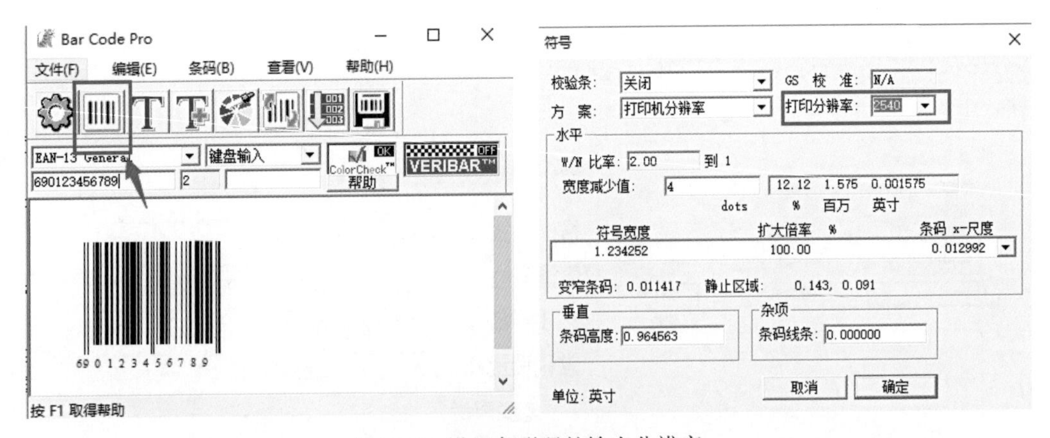

图1-57　设置条形码的输出分辨率

（6）点击“文本”（图1-58）和“附加文本”图标（图1-59），可以设置条形码的文本格式以及添加文本字符在条形码周围。

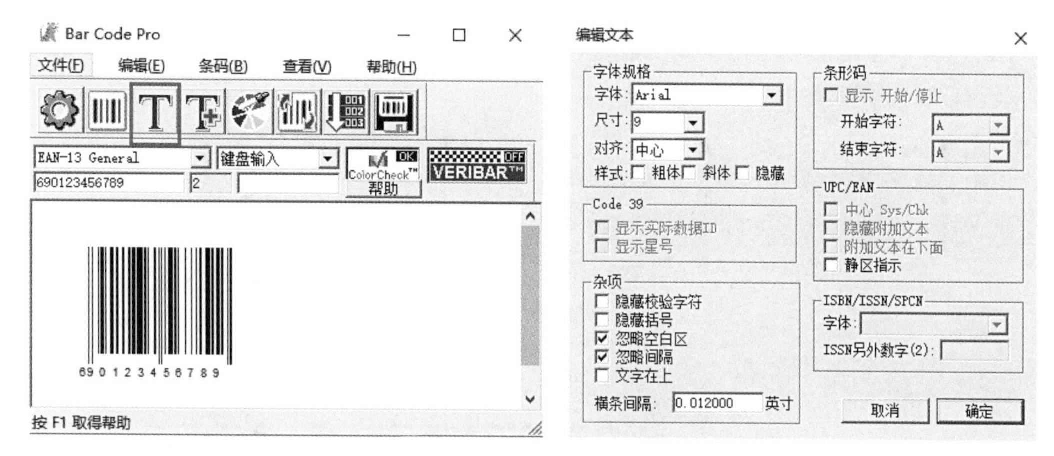

图1-58 设置条形码的文本格式

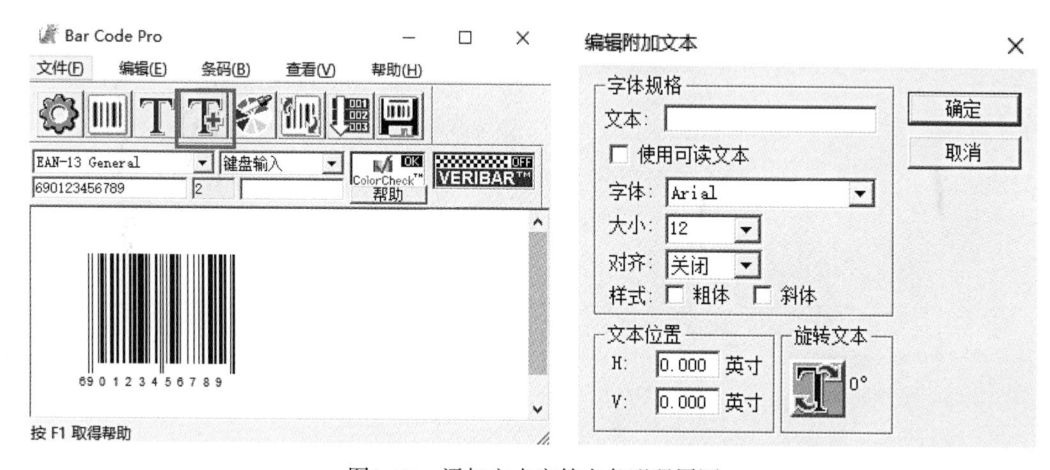

图1-59 添加文本字符在条形码周围

（7）点击“颜色”图标，如图1-60所示，可以编辑条形码的条空颜色，并且软件会检查颜色设置是否符合条形码检测要求，如图1-61所示。

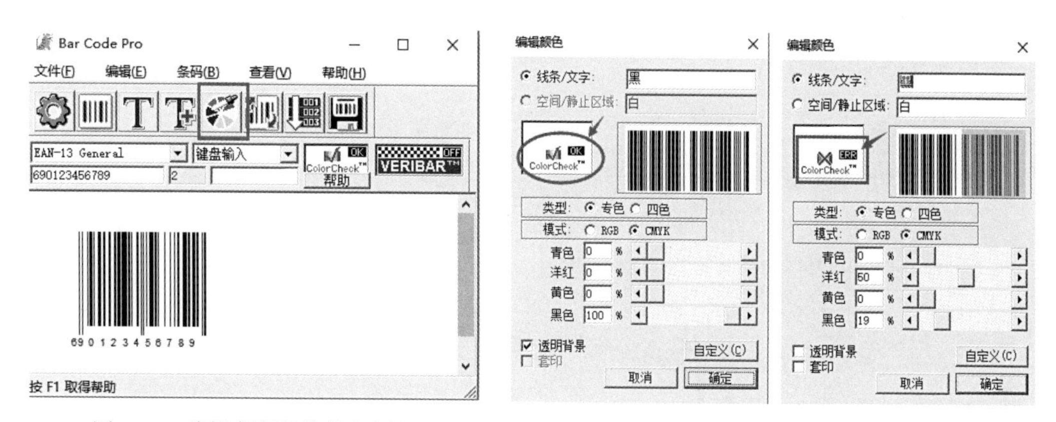

图1-60 编辑条形码的条空颜色　　图1-61 检查颜色设置是否符合要求

（8）点击“旋转90°”图标，如图1-62所示，可以将条形码顺时针在90°、180°或者270°之间旋转。

（9）点击“批量条形码”图标，如图1-63所示，可以按数字顺序生成批量条形码，如图1-64所示。

（10）最后点击保存，将设置好的条形码保存成文件。

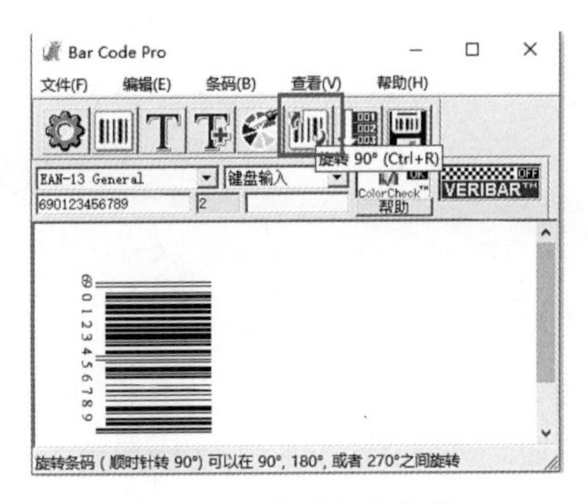

图1-62 条形码的旋转

图1-63 “批量条形码”图标

批量条码数据

输入：690123456789 批量生成数量：7

之前 6901234　开始 56789　之后

步进值：1

结束：56795

主要 递增　取消　确定

图1-64 输入数字

项目七 PDF文件的编辑

项目描述和要求

1. 了解PDF文件的特点。
2. 熟练使用Acrobat软件。
3. 熟练使用Pitstop插件。

项目内容和步骤

任务一 认识PDF文件
任务二 PDF页面尺寸
任务三 使用Illustrator和PhotoShop局部编辑文件内容
任务四 Enfocus Pitstop Pro软件及其应用

任务一 认识PDF文件

PDF（Portable Document Format的简称，意为“便携式文档格式”），是由Adobe Systems用

于与应用程序、操作系统、硬件无关的方式进行文件交换所发展出的文件格式。PDF文件以PostScript语言图像模型为基础，无论在哪种打印机上都可保证精确的颜色和准确的打印效果，即PDF会忠实地再现原稿的每一个字符、颜色以及图像。

可移植文档格式是一种电子文件格式。这种文件格式与操作系统平台无关，也就是说，PDF文件不管是在Windows，Unix还是在苹果公司的Mac OS操作系统中都是通用的。这一特点使它成为在Internet上进行电子文档发行和数字化信息传播的理想文档格式。越来越多的电子图书、产品说明、公司文告、网络资料、电子邮件在开始使用PDF格式文件。

Adobe公司设计PDF文件格式的目的是为了支持跨平台上的，多媒体集成的信息出版和发布，尤其是提供对网络信息发布的支持。为了达到此目的，PDF具有许多其他电子文档格式无法相比的优点。PDF文件格式可以将字体、颜色及独立于设备和分辨率的图形图像等封装在一个文件中。该格式文件还可以包含超文本链接、声音和动态影像等电子信息，支持特长文件，集成度和安全可靠性都较高。

PDF主要由三项技术组成：①衍生自PostScript，用以生成和输出图形；②字型嵌入系统，可使字型随文件一起传输；③结构化的存储系统，用以绑定这些元素和任何相关内容到单个文件，带有适当的数据压缩系统。

PDF文件使用了工业标准的压缩算法，通常比PostScript文件小，易于传输与储存。它的页面是独立的，一个PDF文件包含一个或多个“页”，可以单独处理各页，特别适合多处理器系统的工作。此外，一个PDF文件还包含文件中所使用的PDF格式版本，以及文件中一些重要结构的定位信息。正是由于 PDF文件的种种优点，它已成为出版业中的新宠。

关于PDF的ISO标准：PDF/X、PDF/E 和 PDF/A 标准是由国际标准化组织（ISO）定义的。PDF/X 标准应用于图形内容交换；PDF/E 标准应用于工程文档的交互式交换；PDF/A 标准应用于电子文档的长期归档。 在 PDF 转换过程中，将对要处理的文件对照指定标准进行检查。如果 PDF 不符合选定的 ISO 标准，系统会提示取消转换或创建不符合标准的文件。

在印刷出版工作流程中广泛使用的标准有以下几种 PDF/X 格式：PDF/X-1a、PDF/X-3 和 PDF/X-4（2008）。在 PDF 归档中广泛使用的标准为 PDF/A-1a 和 PDF/A-1b（要求较低）。目前，PDF/E 的唯一版本是 PDF/E-1。

PDF/X 的目的在于为设计员、绘图员、工程师和图像艺术家提供一种可为任何服务提供者正确打印的电子文件格式。PDF/X 使保持完全一致性成为可能，即使文件被人们在多处位置，用不同的机器处理，效果也是一样的。这种格式对大多数网络公司的打印就绪文件传输很理想。这里，打印就绪信息的输送者和接收者并无很强的互相关联。除了为打印任务提供坚实的传送格式之外，PDF/X 还具备其他好处，包括有一个文件查看器，更佳的压缩效果（文件大小更小），支持专色印刷色彩这种识别打印条件（比如哪个文件已就绪）的技术手段，以及更多。不过，也与 PDF/A 一样，PDF/X 的好处也伴随着一些妥协。 比如透明 加密和 JBIG2 压缩等功能在PDF/X 中就是被禁止的。

PDF/E 标准主要针对工程技术工业。 它针对一些 PDF 技术的一些工程技术界使用的最新功能，包括对象级元数据和 3D 模型。

Adobe Acrobat Pro是由Adobe公司开发的一款PDF编辑软件，以PDF格式制作和保存文档，以便于浏览和打印，或使用更高级的功能。Adobe公司还同时推出了一个免费的PDF阅读软件Acrobat Reader。

任务二　PDF页面尺寸

PDF页面尺寸包含：内容尺寸（作品框）、出血尺寸（出血框）、介质尺寸（裁剪框）、成品尺寸（裁切框）。需要重点关注的是裁切框，在后面的拼版作业中，每个公司的拼版软件都是以裁切框来定位拼版的。一个符合输出标准的PDF文件，出血框、裁剪框和裁切框的中心点必须是一致的。

案例九　查看和修改文件的页面尺寸。

（1）用Acrobat打开文件“案例1.9.pdf”。

（2）打开菜单“编辑>首选项>一般”，在“页面显示”项下面，勾选“显示作品框、裁切框和出血框”、“总是显示页面大小”两项，点击确定，即可看到文件显示页面的大小与三种框线，如图1-65所示。

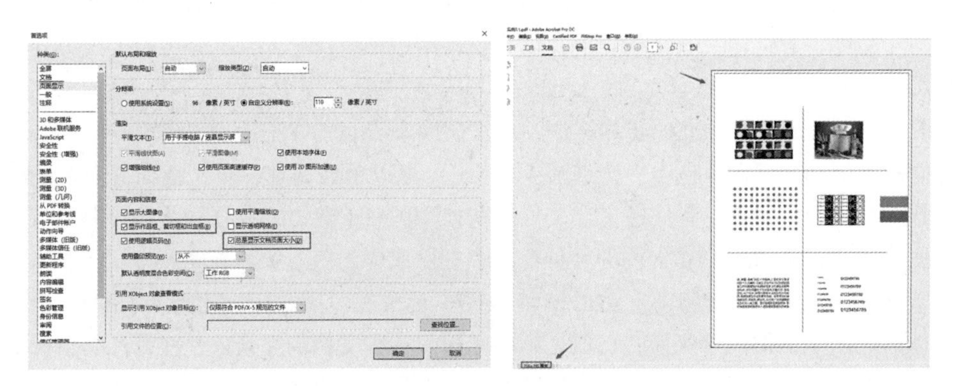

图1-65　显示页面的大小与三种框线

（3）点击“工具>印前制作>设置页面框”，调出页面框设置面板，选择裁切框，如图1-66所示，可以看到文件的成品尺寸是210mm×285mm，每边比页面小3mm。

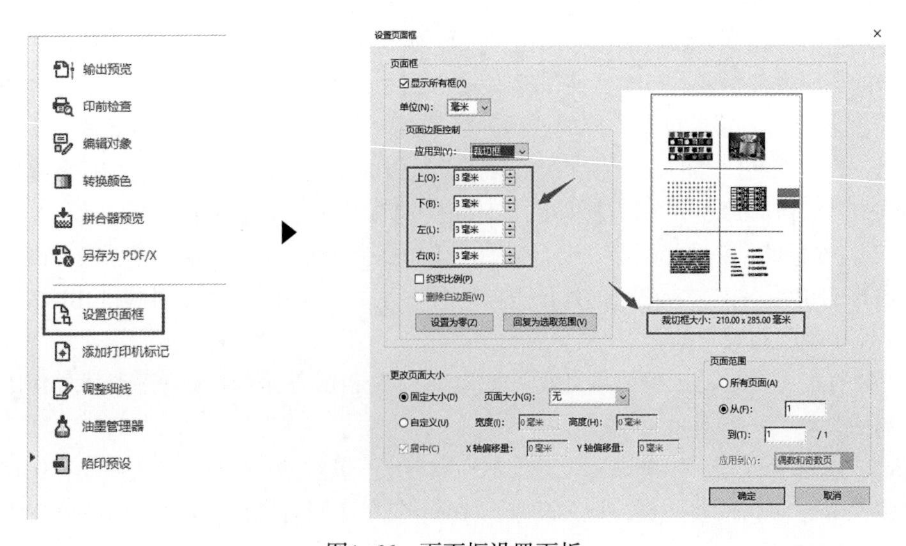

图1-66　页面框设置面板

（4）将介质尺寸修改长宽各加大10mm，选择裁剪框，自定义尺寸为226mm × 301mm，勾选“居中”选项，如图1-67所示，保证每边的增加量一致，点击确定，可以看到页面尺寸已按设置值加大。

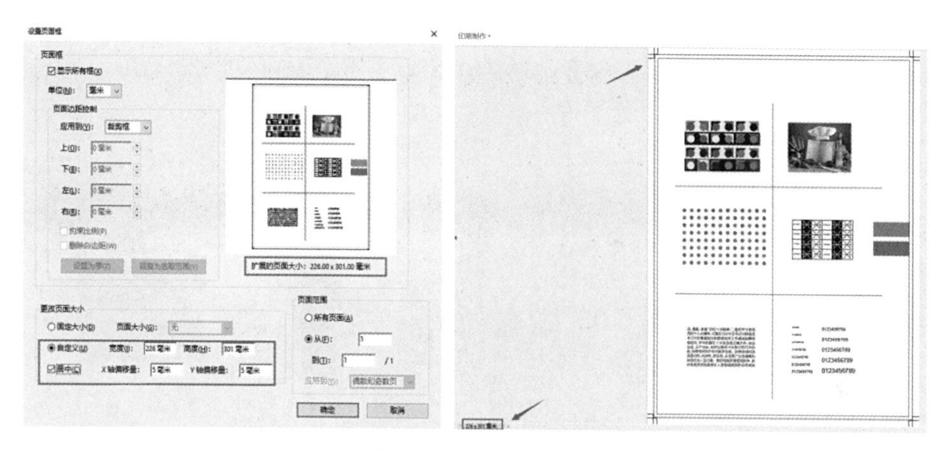

图1-67 更改页面尺寸

任务三 使用Illustrator和PhotoShop局部编辑文件内容

虽然可以使用Illustrator将PDF页面打开编辑，前面也学习过如何用拼合透明度的方法，在打开PDF文件时将字体转曲。但是当PDF页面上的内容比较多而且复杂时，若用Illustrator将页面整页打开去修改，不但会浪费处理时间，而且会增加出错几率。遇到这种情况，就需要使用软件对局部对象进行编辑。

案例十 检查案例1.9，并制作出血位。

（1）用Acrobat打开文件“案例1.9.pdf”，打开“首选项>编辑对象”，如图1-68所示，设置编辑对象时使用的软件，一般图像编辑器选PhotoShop，页面/对象编辑器选Illustrator。

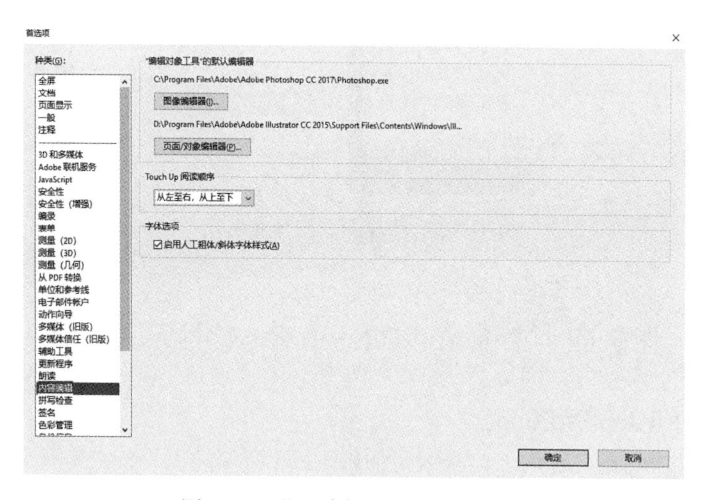

图1-68 设置编辑对象使用的软件

（2）使用“编辑对象”工具选择需要右边的蓝、红两个色块，点击右键弹出菜单，选择编辑对象，如图1-69所示。

（3）在Illustrator将色块的尺寸向右加大3mm并保存关闭，回到Acrobat，可以看到色块已加大到出血位置，如图1-70所示。

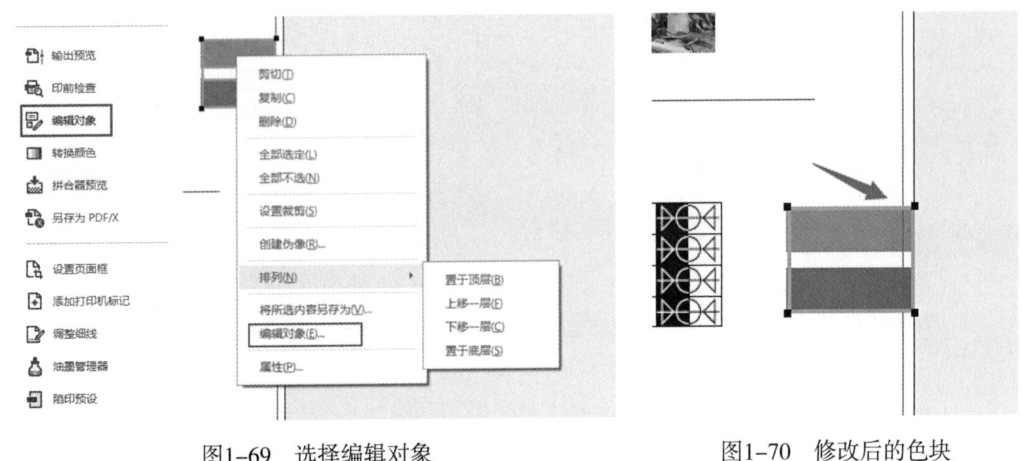

图1-69　选择编辑对象　　　　图1-70　修改后的色块

（4）同样的方法，选择右上角的图像，点击编辑图像，将此图像导入到PhotoShop中。

（5）将该图像的颜色模式由RGB改为灰度，如图1-71所示，点击保存关闭回到Acrobat，可以看到图像已转为灰度模式。

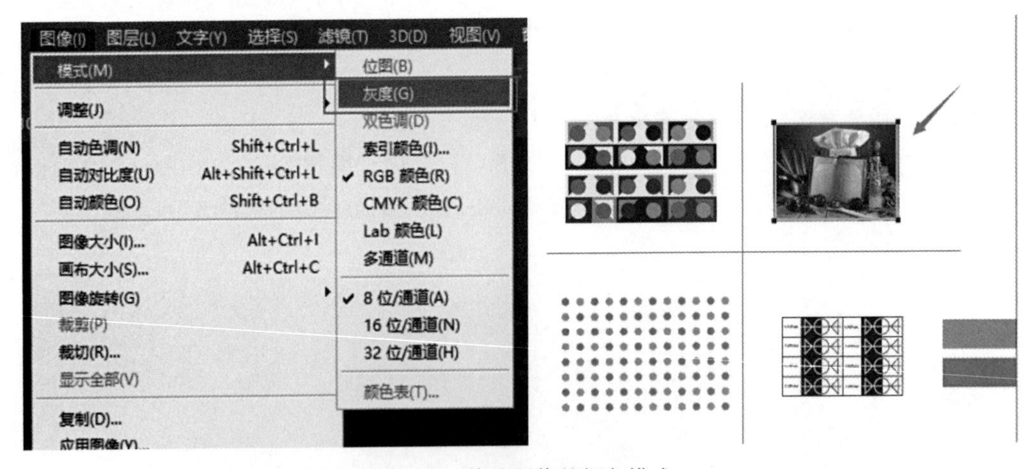

图1-71　修改图像的颜色模式

任务四　Enfocus Pitstop Pro软件及其应用

1. Enfocus Pitstop Pro简介

Enfocus PitStop Pro是一种用于检查编辑和修改PDF文件的工具，它是一个专业的印前制作人员的必备工具。它是一个Acrobat插件（Plug-in），提供了一个用于检查、纠错和转换PDF文件的功能强大的工具箱。它可以向现存的PDF文件中添加新页面对象，同时还支持其他页面对象的“取样”功能，可以用于挑选色彩和字体等特性。

PitStop的检查器功能可以检测出页面中任何对象的类型和属性，允许用户修改属性PitStop，还具有“全局更改”功能，使整个PDF文档中的所有对象都发生变化。此外还可以通过“动作列表”功能完成纠正操作，自动执行文件重新赋值等许多操作步骤。

PitStop对PDF文件的预检工作非常有用，可以通过使用“预检配置文件”实现对PDF的许多错误进行自动检测和纠正，其中很多项靠人工检查是很难做到的。还可以通过“Certified PDF”功能对PDF的检测进行验证，保存文档的检测信息。PitStop还可以使用“色彩工具”对PDF文档中的颜色进行转换，以获得最佳的输出一致性。如今，Enfocus PitStop Pro已成为处理PDF文档的必备工具。

2. PitStop的基本操作

（1）安装Pitstop插件后，打开Acrobat软件的工具栏，可以看到七个PitStop工具：PitStop处理、Certified PDF、PitStop检查、PitStop编辑、PitStop查看、PitStop色彩、PitStop页面框。

（2）打开菜单“编辑>首选项>Enfocus PitStop Pro”，如图1-72所示，进行PitStop首选项的设置，软件默认设置编辑的撤销次数只有1和粘贴时会偏移5pt，为了后续的操作方便，建议将撤销次数改大并且将粘贴的偏移设置为0。

（3）“色彩管理”项显示了软件的颜色配置文件，颜色转换编辑都是基于此设置，如图1-73所示。

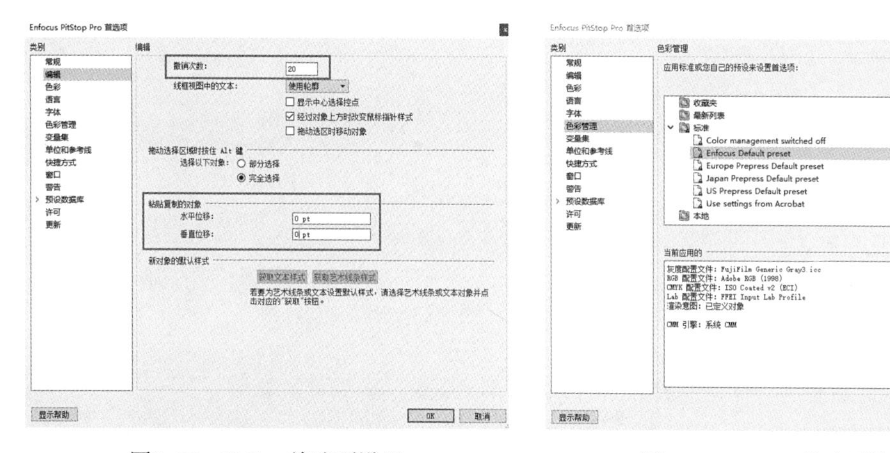

图1-72　PitStop首选项设置　　图1-73　PitStop首选项的设置

（4）打开工具Enfocus检查器，可以对选定的对象进行六个方面的检测与修改：“填充/描边”“文本”“图像”“分色”“位置”，如图1-74所示，最后一个“总结”可以查看对象的全部信息，如图1-75所示。

（5）PitStop编辑工具，可以对文档进行针对对象的基本操作，如图1-76所示。

（6）PitStop处理，是包含“预检”、“全局更改”、“动作列表”、“QuickRun”在内，强大的批处理工具，是PDF文件处理的高级操作模块，提高工作效率必不可少的工具。

（7）PitStop色彩工具，除了可以对PDF中的单个或全部对象进行颜色的转换，还可以对页面对象指定ICC，如图1-77所示。

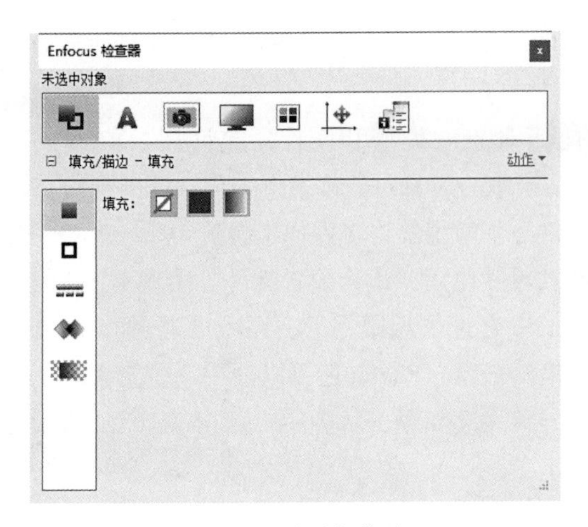

图1-74 检测与修改

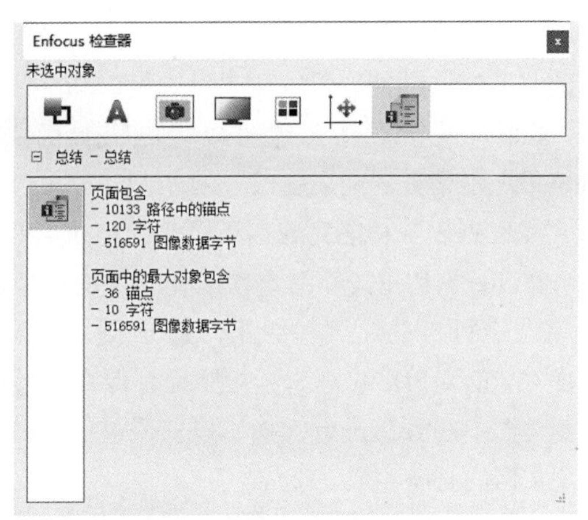

图1-75 查看对象全部信息

图1-76 PitStop编辑工具

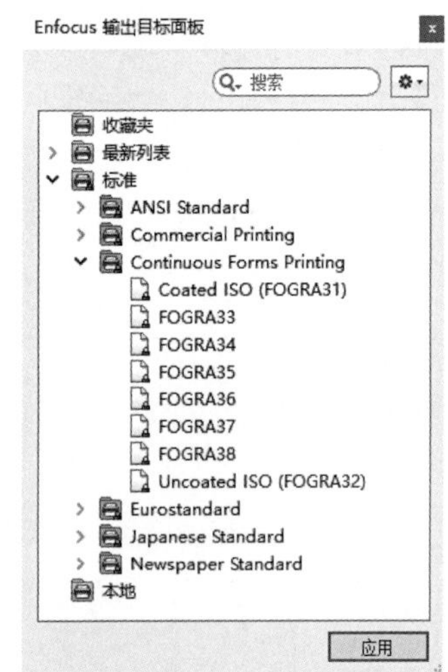

图1-77 为页面指定ICC

（8）PitStop页面框工具，配合Enfoucus检查器使用，可以对PDF的页面尺寸进行直观的修改，如图1-78所示

（9）“Certified PDF”工具，可以对文档进行预检并签名，在文档中嵌入明确的预检信息，可有效提升远程多人协作工作的效率。

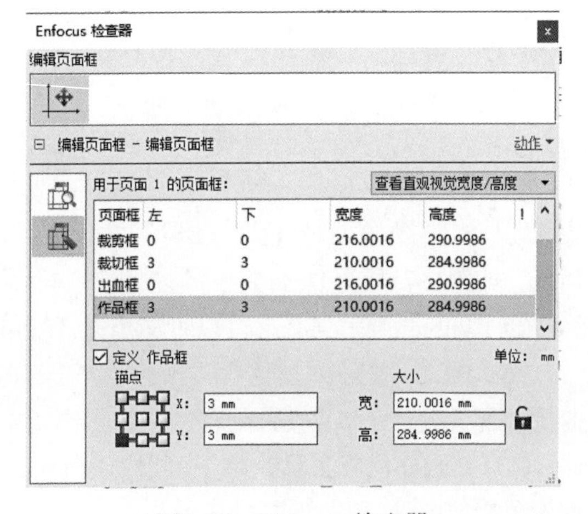

图1-78 Enfoucus检查器

3. PitStop应用案例

案例十一　PDF文件的预检

（1）打开文件“案例1.9.pdf”，选择“工具>Pitstop编辑>预制配置文件”，选择软件自带的通用印刷检查标准进行检查“Generic Press v3.0”，现在只做检查，不做修改，因此把“Certified PDF预检”和“允许修复”的勾选去掉，如图1-79所示。

（2）在弹出的导航器面板中，我们可以看到软件检查出的问题点，勾选“对象：高亮/选择”，如图1-80所示，当点击检查出的问题点时，软件会自动定位到产生问题点的对象并高亮显示。

从问题描述信息可以看到，文件有一个对象使用了RGB颜色，还有1个对象分辨率小于250ppi，有30个对象的线条粗细小于0.05mm；这些都是在制作中经常出现的问题，很容易就会导致印刷的成品产生致命缺陷，必须加倍留意。确认了问题点后，可以通过点击“修复”，让软件使用预设的方案进行修复问题。

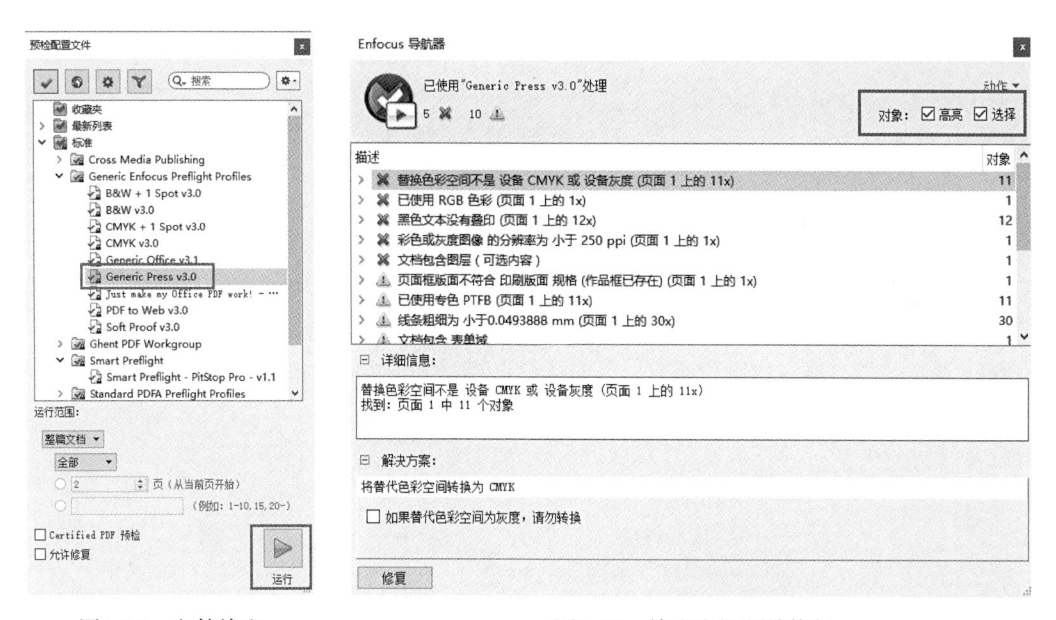

图1-79　文件检查　　　　图1-80　检查出问题并修复

（3）点击右上角的“设置”图标，选择编辑，打开预检配置文件编辑器，可以查看每一个检查的项目，如图1-81所示，这里定义了PDF文档从文件创建到页面、颜色、文字等各方面可能会引起输出缺陷的情况。仔细学习和理解每一个项目检查的内容，可以学习到PDF文档在创建的过程中需要注意的问题。可以说，PDF预检项目是学习创建和修改PDF文档的捷径。

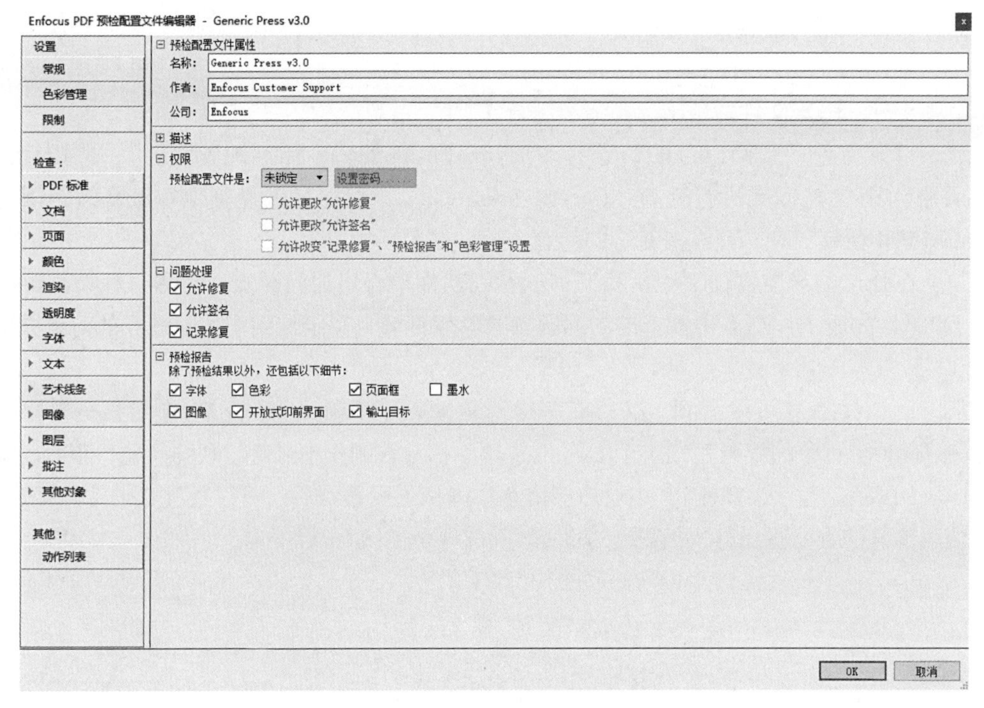

图1-81　查看所检查的项目

案例十二　修改PDF的对象属性

（1）打开文件“案例1.9.pdf”，选择“工具>Pitstop检查>”，用“选择对象”工具选择右侧兰和红两个色块。

（2）调出“检查器>位置”面板，将锚点设置到左边并将宽度值输入“+3”点击回车，可以看到色块向右增加了3mm，如图1-82所示。

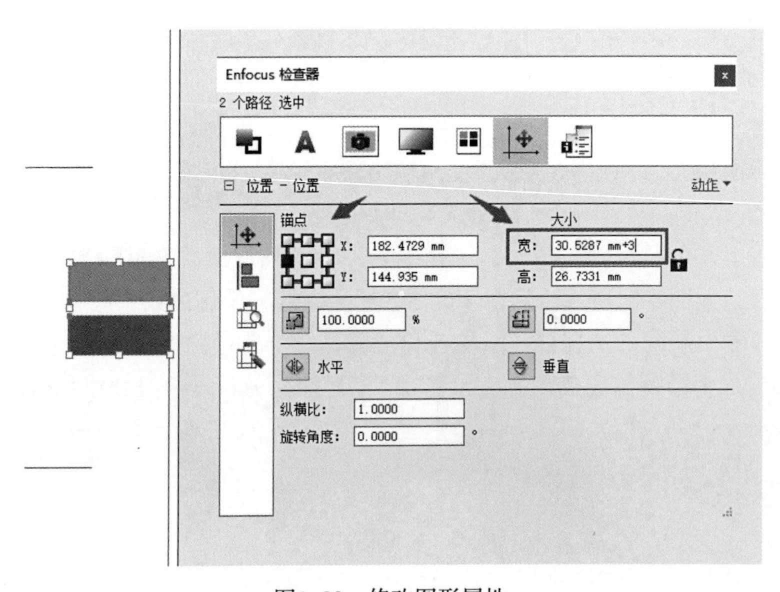

图1-82　修改图形属性

（3）选择右上角的图像，切换到“填充/描边”面板，点击“动作”将图像转为CMYK颜色，如图1–83所示。

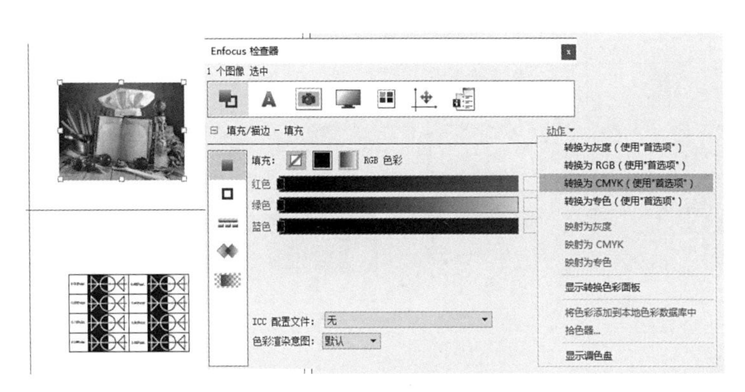

图1–83　修改图像颜色模式

（4）切换到“图像”面板，在属性中可以查看该图像的图像大小、分辨率等信息。选择第二项曲线编辑，可以使用到与PhotoShop一样的曲线编辑工具对图像的颜色进行修改，如图1–84所示。

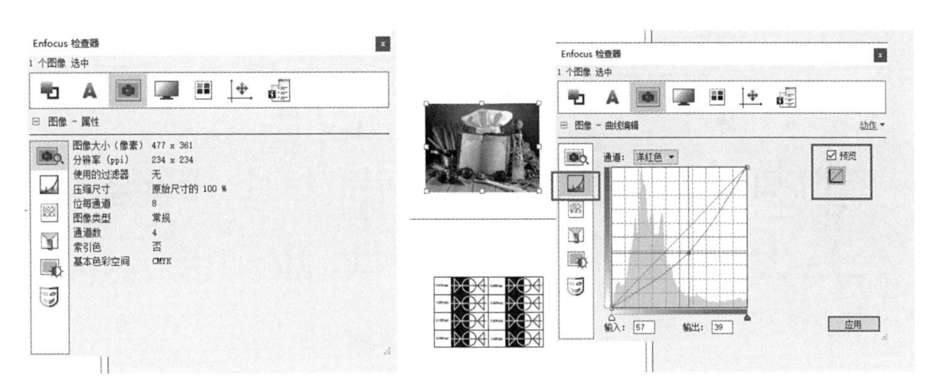

图1–84　改图像颜色

（5）查看案例中左上角的色块集合，选择上中部的黑色圆形色块，查看填充面板，可以看到此色块颜色为K100，如图1–85所示，使用输出预览工具，可以看到该黑色块与底色是套印关系的，如图1–86所示。

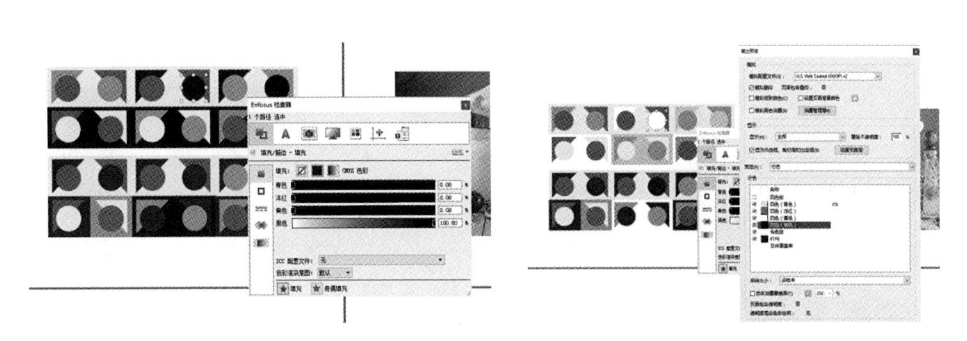

图1–85　查看填充面板　　　　图1–86　用输出预览工具查看

（6）切换到“叠印”选项，将该对象改为叠印，如图1–87所示，再用输出预览工具查看，可以看到黑色块已经叠印底色，如图1–88所示。

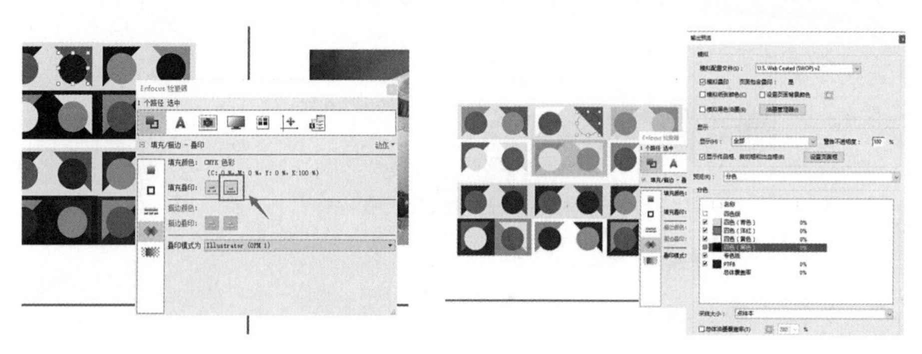

图1–87　换到叠印选项　　　　图1–88　查看修改后的对象

（7）放大查看案例的左下角文字，可以看到笔画之间出现了空白区域，这种文字称为空心字，在输出时会严重影响阅读。用对象工具选择这些文字，将文字的填充属性由“奇偶填充”改回正常的填充属性，如图1–89所示，可以看到文字空心已修改正确。

图1–89　修改文字填充属性

案例十三　修改线宽

（1）打开文件“案例1.9.pdf”，选择“工具>Pitstop检查>”，查看案例右中部的细线区，可以看到左半部分的线条都小于0.1mm，如图1–90所示。

（2）选择“工具>Pitstop处理>全局更改”，找到“更改线条粗细”项，将最小细线粗细改为0.1mm，如图1–91所示，点击保存并运行。

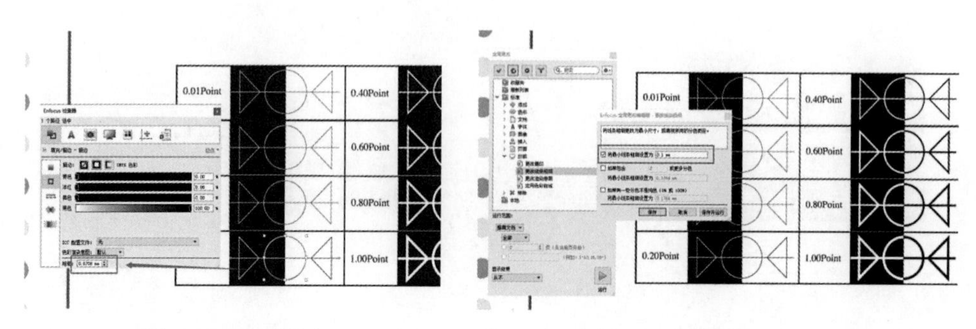

图1–90　查看线宽　　　　图1–91　修改线宽为0.1mm

案例十四 “动作列表”工具

动作列表是强大的批处理工具，针对有相似属性的产品都可以进行复合动作的修改，简单的说，就是可以把多个全局修改动作集合到一起，在批量性处理方面有着无可比拟的优势。

在案例1.9中，把左中部的圆点，红色圆点由M80改为蓝色M100Y100，蓝色圆点由C80改为C100Y100。

（1）打开文件案例1.9.pdf。

（2）选择“动作列表”工具，新建动作，如图1–92所示，命名为“修改圆点颜色”，将动作列表中默认的“全选”动作删除，如图1–93所示。

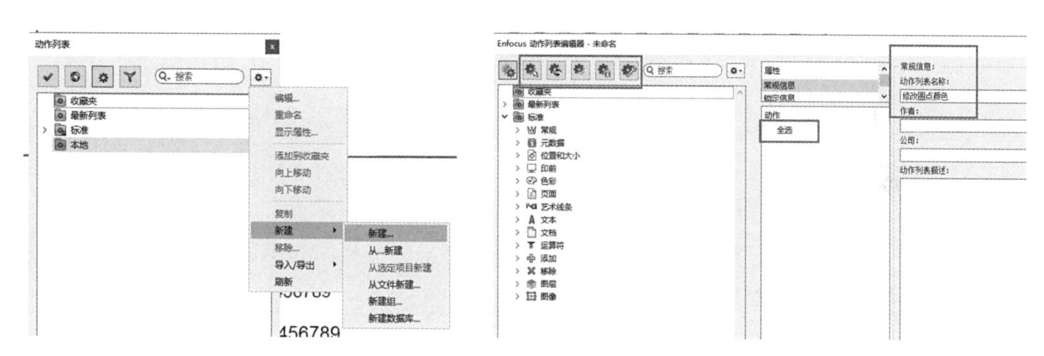

图1–92 新建动作 图1–93 给动作命名

（3）PitStop的动作列表分为“选择”、“更改”、“检查”、“通知”、“设置”五个分类，点击“选择”类，添加一个选择色彩的动作，并且将颜色设置为C80，如图1–94所示。

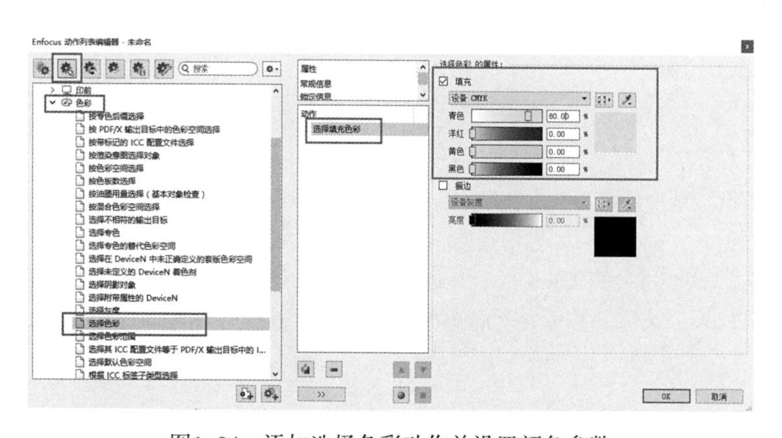

图1–94 添加选择色彩动作并设置颜色参数

（4）点击“更改”类，添加一个“更改色彩”动作并将颜色设置为C100Y100，如图1–95所示。

（5）复制上面（3）和（4）两个动作，并将选择的颜色改为M80，修改的颜色改为M100Y100。

（6）点击OK，并运行改动作，可以发现圆点颜色已经按要求修改，但是右边的矩形因为颜色与圆点一样，也被修改了。说明此动作的选择范围超出了需要，因此要缩小动作的选择范围。

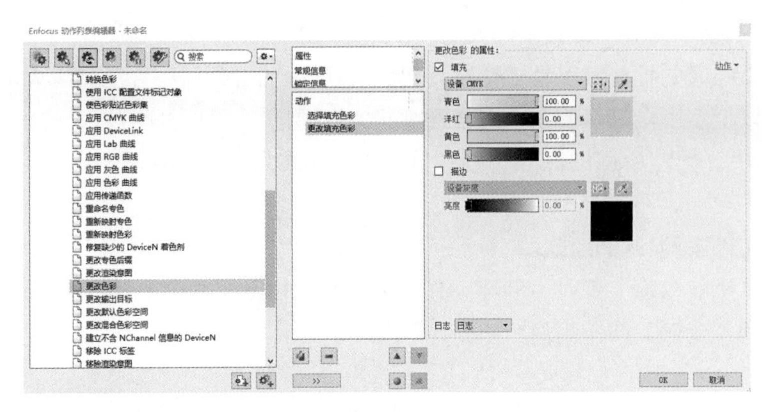

图1-95　添加更改色彩动作增加一个选择大小动作

（7）将PDF文档恢复到原来保存的版本，双击刚才新建的动作进行编辑，点击左下角的箭头调出动作列表，增加一个选择大小动作放在第二位置，将选择的大小设置成小于10mm，如图1-96所示。

（8）增加一个动作的运算符“AND”，如图1-97所示，逻辑运算符AND表示必须同时满足上面两个选择条件的对象才会被选择。

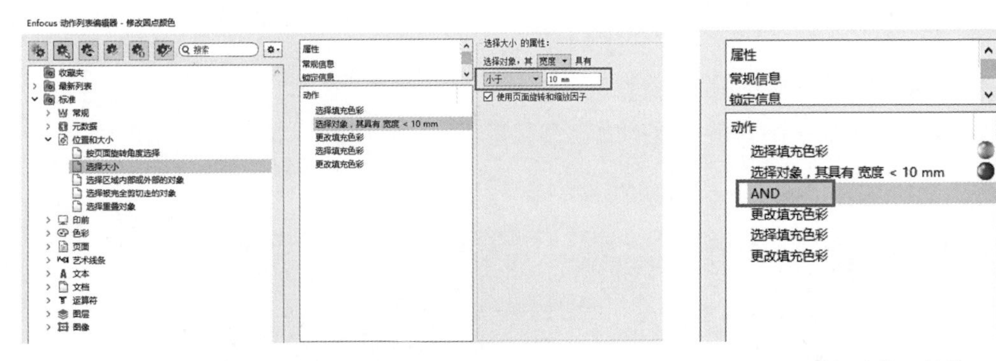

图1-96　增加选择大小动作并设置其参数　　　　图1-97　增加动作运算符AND

（9）复制（7）和（8）两个动作，并调整位置。

（10）点击“OK”保存，重新运行该动作，可以看到这次只有圆点的颜色进行了更改，如图1-98所示。

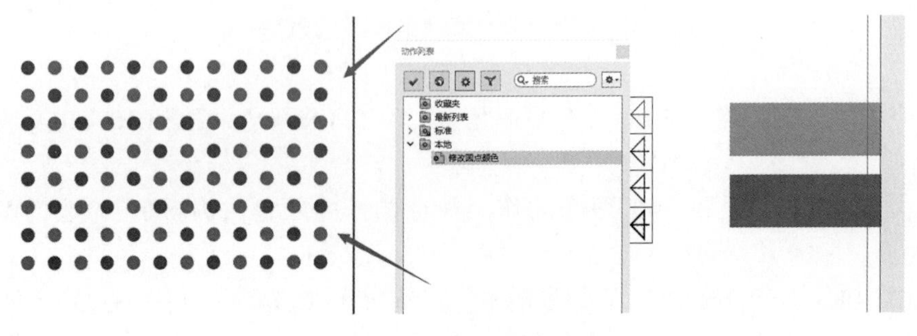

图1-98　修改后的圆点颜色

印前拼版处理

我国印刷技术标准术语（GB/T9851.1—2008）对拼大版定义：拼大版是按印版幅面和印后加工的要求，进行多页面或多联图案组合的处理方法。

客户提供的各式文件经过印前技术人员预检、修改、转换成符合输出要求的PDF格式文件以后，在出版印刷之前，通常都要进行拼大版处理。传统拼版工艺流程是需要输出单张胶片，再由手工拼成大版后晒版印刷，但由于效率低、易出错、劳动强度大等因素，已经逐渐被数字拼版方式所取代。数字化拼大版流程采用专业的拼版软件，可以对多页面进行批量设置，比如页面位置编号、出血、成品裁切尺寸、页面之间的间距等，在大幅度降低劳动强度的同时又大大提高了拼版效率和准确率。

本模块将只介绍数字拼版方式。

数字化拼版流程按照拼版使用的文件格式又可以分为两大类：RIP前拼大版（使用PDF文件）、RIP后拼大版（使用1Bit-TIFF文件）。对应的RIP前拼大版软件有：海德堡Prinect SignaStation、柯达Preps、网屏FlatWorker、金豪Express PDF Imposition等，RIP后拼大版软件有：崭新印通PostRIP、ImageHarbor、金豪Express PRI Station等。

拼大版过程需要考虑诸多方面的因素，既要保证符合印刷、印后设备的参数要求，又要保证印刷印后加工过程的质量可控，同时还要兼顾后续的工艺及操作方便程度。所以实际生产过程中，印前拼版人员在拼大版之前一定要仔细查看生产加工单上所指示的各项参数，不明白之处更应该提前跟印刷及印后的相关专业人员多沟通，以免引起后工序的操作不便甚至材料报废。

本模块将根据常见的三大类产品（即单张、书刊、包装盒）拼版方式，结合海德堡印通拼大版软件Prinect SignaStation来分别举例进行讲解。

项目一　创建印版模板

项目描述和要求

1. 了解印版模板上通常包含哪些基本信息。
2. 掌握印版模版的创建过程（用海德堡的拼大版软件Prinect SignaStation）。

项目内容和步骤

任务一　认识版面基本元素

任务二　创建输出格式为PDF的对开印版模板

任务三　创建输出格式为JDF的对开印版模板

任务一　认识版面基本元素

1. 印版模板版面包含以下信息

①印版尺寸；②印刷起点、纸张咬口；③纸张信息（纸张幅面、克重、厚度等）；④常用标记（套准标记、拉规标记、测控条标记、文字变量标记、印版测挖条等），如图2-1所示。

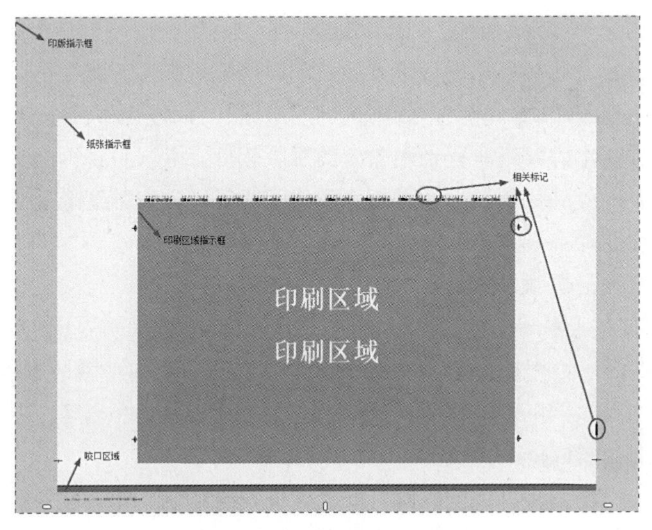

图2-1　印版模版基本信息

2. 基本概念

（1）咬口　咬口是指印刷机器在传送纸张时，纸张被印刷机送纸装置夹住的位置，是印刷机油墨印不到的部分。不同机型的印刷机咬口大小略有不同，例如海德堡印刷机的咬口一般在9~11mm。实际拼版时，印刷区域在纸张幅面基础上要扣除咬口部分。

（2）纸张尺寸及标记方法　实际生产中，最常见的全张纸幅面有两个:

① 大度全张纸，尺寸：889mm × 1194mm;

② 正度全张纸，尺寸：787mm × 1092mm。

在描述纸张尺寸时，尺寸书写的顺序是先写纸张的短边，再写长边，纸张的纹路（即纸的纵向）用M表示，放置于尺寸之后。例如880mm × 1190M（mm）表示长纹，880M（mm）× 1190mm表示短纹，如图2-2

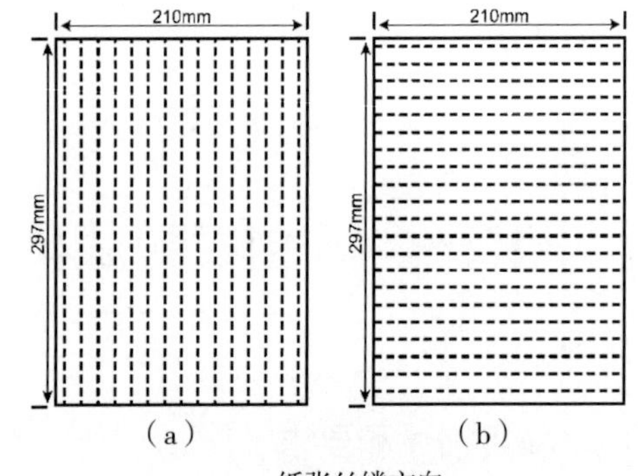

-------纸张丝缕方向

图2-2　纸张标记方法

（a）长纹标记为210mm × 297M (mm)

（b）短纹标记为210M (mm) × 297 (mm)

所示。印刷品特别是书刊在书写上机（开纸）尺寸时，应先写水平方向再写垂直方向。

（3）纸张开切法

① 几何级开切法。几何级开切法是指将全张纸按反复等分原则开切，可得到对开、4开、8开、16开、32开、64开等，开出的开数呈几何级数，故称为“几何级切法”，如图2-3所示。

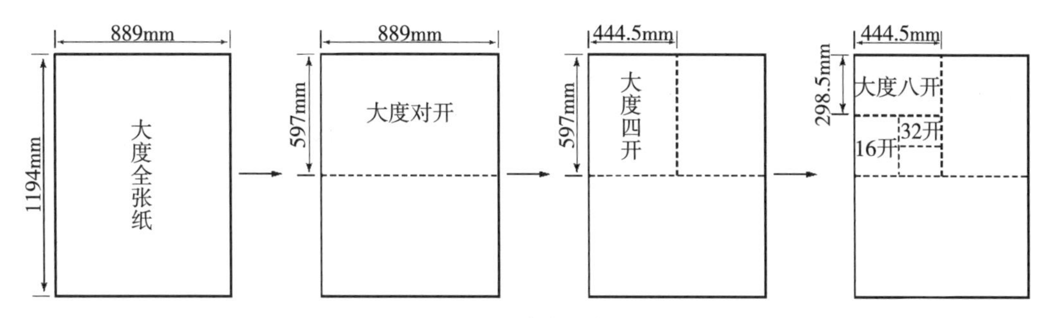

图2-3　几何级开切法

优点：开数规整，纸张裁切以后没有零头剩料，纸张的利用率为100%，便于用机器折页，对装订工艺的适应性高，最经济合算并能缩短出书周期。

缺点：开数的跳跃大，开本形式的可选择性相对较少。

② 直线开切法。直线开切法是将全张纸横向和纵向均以直线开切，可开出20开、24开、28开、36开 、40开等开本，如图2-4所示。

优点：印刷开本的形式可选择性相对较多，纸张利用率为100%。

缺点：某些开切数有单页，如3开、5开、9开、15开、25开等，不能用机器折页，会给印刷装订带来不便，印刷装订的周期也较长。

③ 混合开切法。混合开切法是将全张纸的大部分按直线开切法开切，另一小部分按单页开切。开出的小页有横向的，也有纵向的，不能直接开切到底，如图2-5所示。

优点：可开出上述两种开切法难以直接开出的所有开数，能适应一些异形开本的需要。

缺点：由于不能直接开切到底，工艺上会带来困难，印刷装订有所不便，而且容易剩下纸边，纸张会有不同程度的浪费，从而增加了成本。

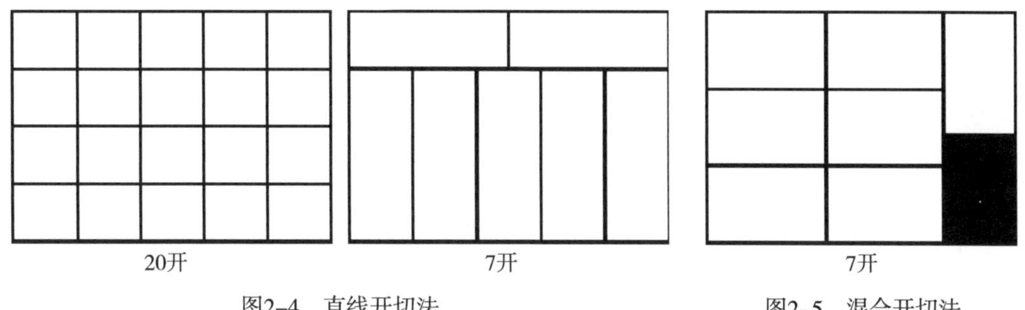

图2-4　直线开切法　　图2-5　混合开切法

3. 常见标记及其作用

（1）套准标记　一般放在版面的四周，用于多色印刷时套准图文内容。在设计或拼版软件中，颜色属性要设置成“套版色”，如图2-6所示。

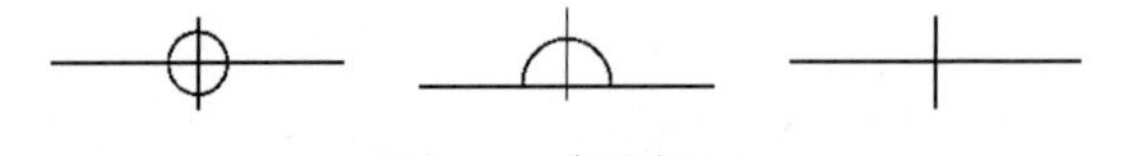

图2-6　套准标记

（2）印刷色带　一般放在版面的拖梢位置或者中间位置，通常包含实地、网点、星标、灰平衡色块等。用于控制实地密度、网点扩大率、灰平衡、叠印率等，如图2-7所示。

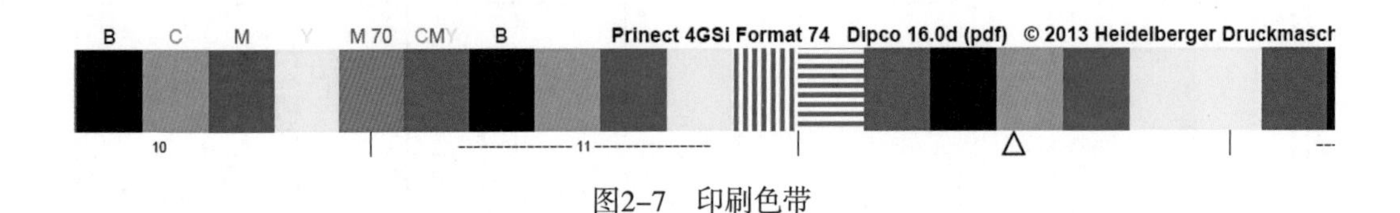

图2-7　印刷色带

（3）拉规标记　一般将拉规标记的中心点对齐于纸张边缘，放在纸张左右两侧位置，用于检测印刷走纸是否正常，如图2-8所示。通常将放置在操作面（靠身）的拉规称为正拉规，放置在传动面（朝外）的拉规称为反拉规。

（4）文本变量标记　一般放在咬口位置或者印刷区域的左右侧边位置。用于标注工单号、活件名、帖数、印刷面、时间、颜色及其他需要的各种变量信息，如图2-9所示。

（5）印版测控条标记　一般放在印版咬口下方不可印刷区域。用于查看印版输出时间颜色、检查网点校准曲线、网点面积、加网参数等方面的信息，如图2-10所示。

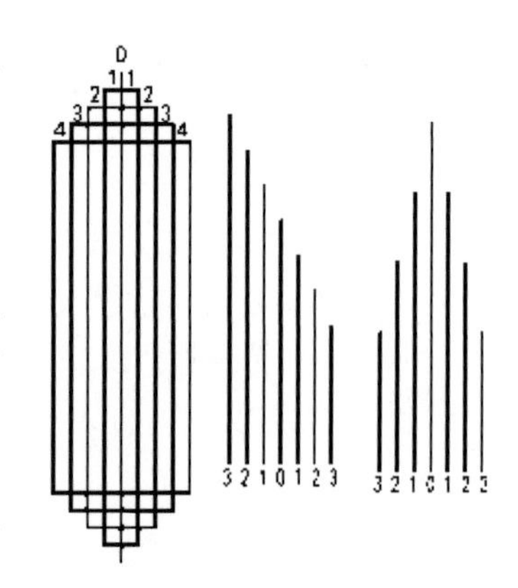

图2-8　拉规标记

$[jobid]_$[jobname]_$[Sheetno]$[SurfaceName]_$[Date]_$[Time]_$[color]

Abc20170001_拼版测试_1正面_2017-9-23_22:59:13_Black

图2-9　文本变量标记

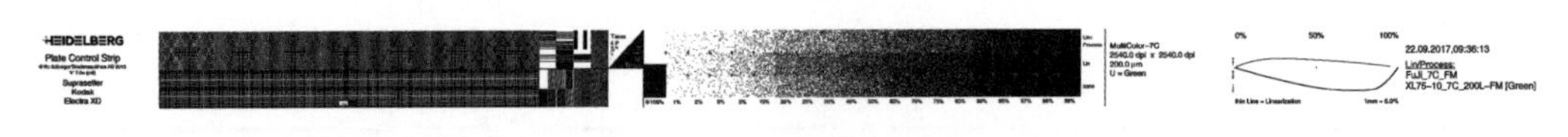

图2-10　印版测控条标记

任务二　创建输出格式为PDF的对开印版模板

在海德堡拼版软件SignaStation中创建一个印版模版需要设置五个基本参数。分别为：直接制版机、单张纸印刷机、输出参数集、标记和印版模版。

案例一　创建一个对开印版模板，其印版尺寸为1030mm×790mm，输出格式为PDF。

1．创建直接制版机参数

（1）开启SignaStation软件，选择菜单“活件&资源”>“资源&设备”（快捷键Alt+2），切换到“设备”>“直接制版机”，如图2-11所示。standard文件夹内的是软件默认参数，不可修改，需要复制到新的组别内，才可编辑。

（2）在“直接制版机”上右键〉新建组，命名一个“印前”（或其他名称）组，并复制standard里的Suprasetter_106粘贴到“印前”组内，如图2-12所示。

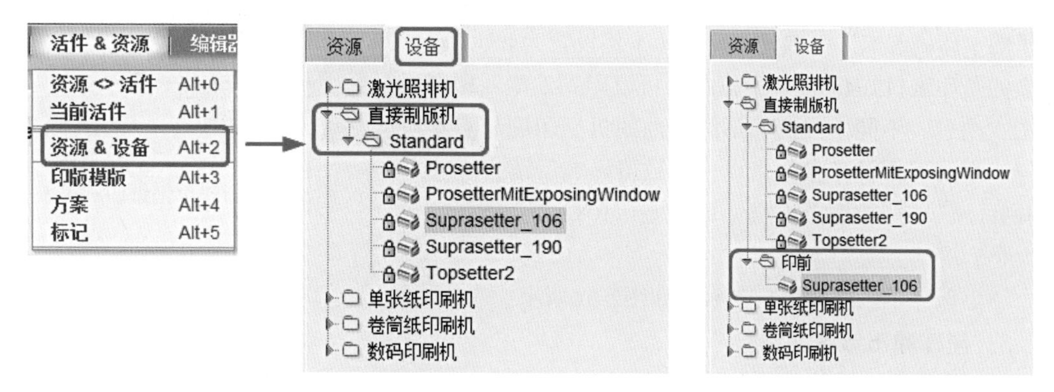

图2-11 打开直接制版机　　图2-12 新建直接制版机

（3）双击打开该Suprasetter_106文件，按如图2-13所示修改参数并保存。保存时会自动按照新名称1030mm×790mm新增一个直接制版机参数，删除原Suprasetter_106文件即可。

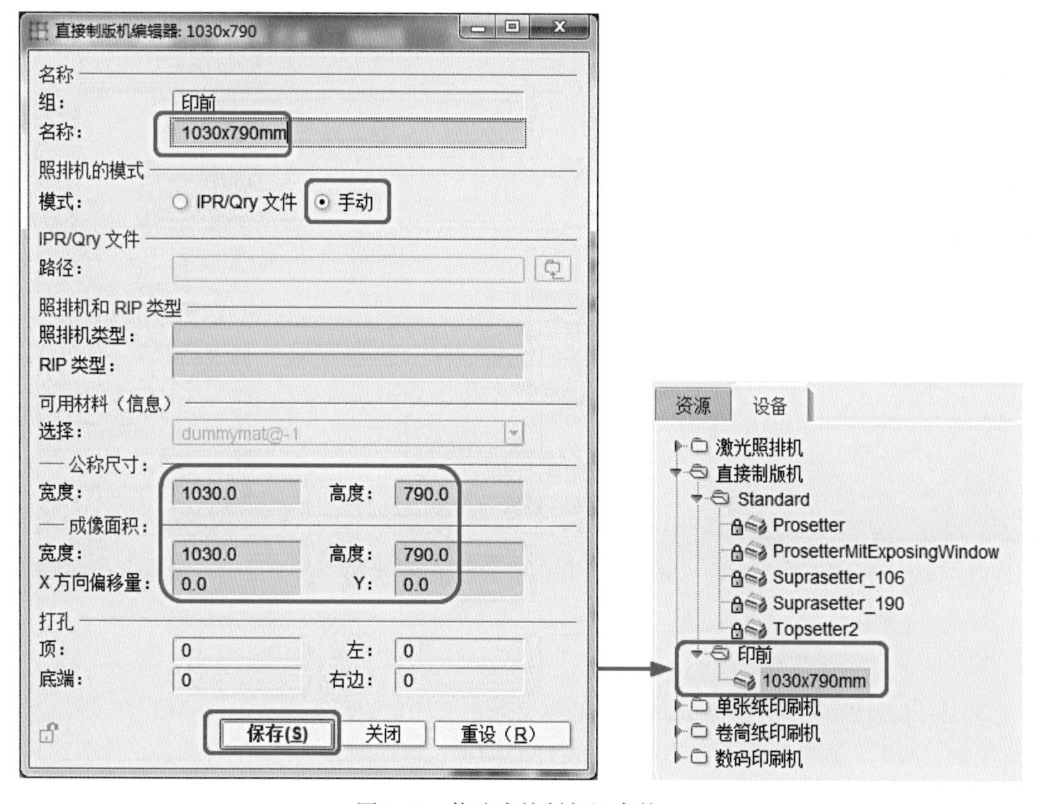

图2-13 修改直接制版机参数

2. 创建单张纸印刷机参数

（1）在“单张纸印刷机”组下，新建“印前”组，如图2-14所示，复制standard文件夹内的对开示例文件SM 102 43_37到该组中。

图2-14 新建单张纸印刷机

（2）如图2-15所示，设置单张纸印刷机相关参数。这里的“印刷起点”参数尤为重要（本例设置为43），它代表的是印刷机在43mm以上位置才可以印到油墨，即印出图文内容。不同生产商和不同幅面的机型印刷起点不一样，需要根据设备参数来设。该数值影响后续拼版时“印刷区域”的自动放置位置。叼口空白10.0mm为纸张咬口大小。

（3）保存单张纸印刷机参数，如图2-16所示。

3. 创建输出参数集参数

（1）切换软件界面到“资源”>“输出参数集”。

（2）新建“印前”组，因为本例是要设置对开尺寸且输出格式为PDF的模版，所以我们可以从standard组中拷贝Suprasetter 106（PDF）这个默认参数粘贴到该组内，如图2-17所示。

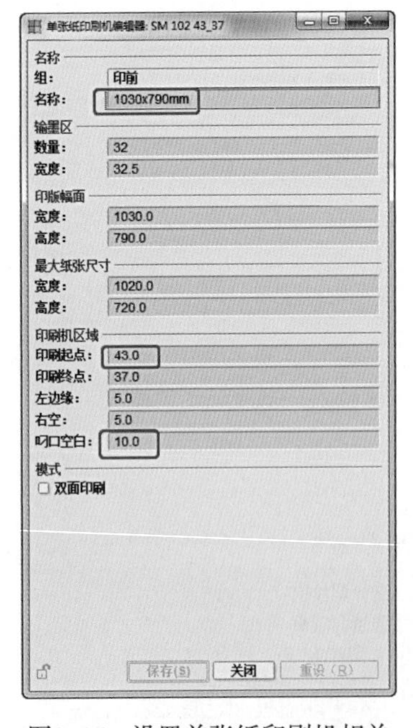

图2-15 设置单张纸印刷机相关参数

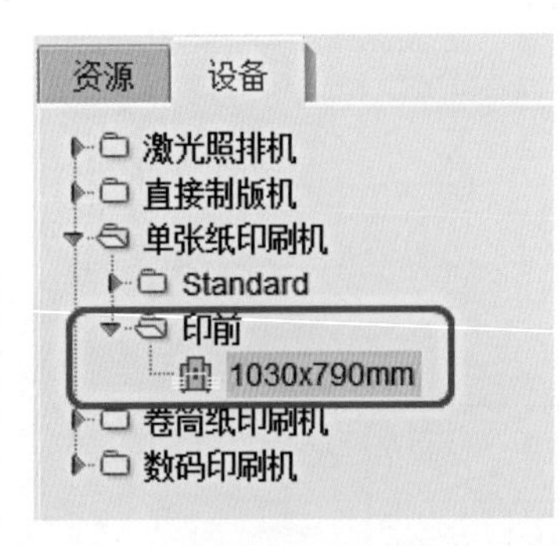

图2-16 保存单张纸印刷机参数

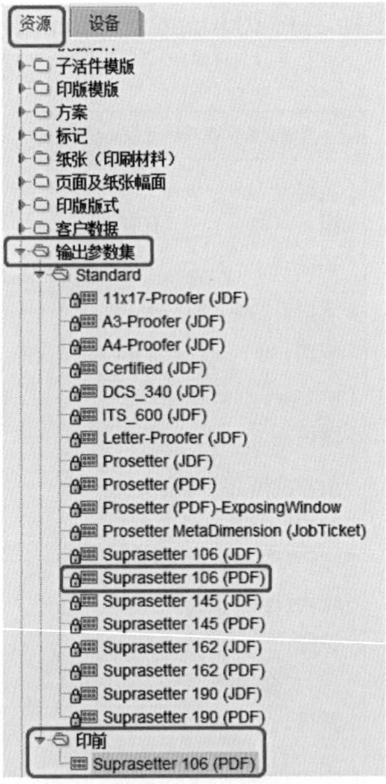

图2-17 新建输出参数集

（3）打开“印前”组内的Suprasetter 106（PDF）文件，如图2-18所示，修改“一般”里的基本参数。其中“直接制版机”参数通过文件夹浏览，选择步骤1中保存的参数。如图2-19所示，设置工作流程变量为PDF，并自定义该PDF的输出路径。

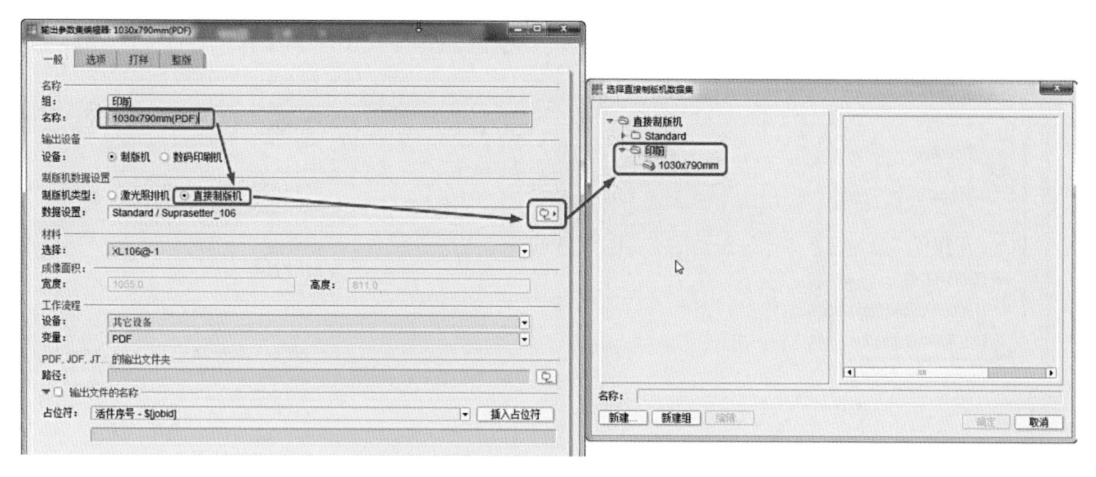

图2-18　修改输出参数集中的基本参数

（4）如图2-20所示，在“选项”面板中设置参数。其中“一个印刷面一个活件”指的是在输出大版PDF时，每一个印刷面生成一个PDF文件，即正面输出一个PDF，反面输出一个PDF。

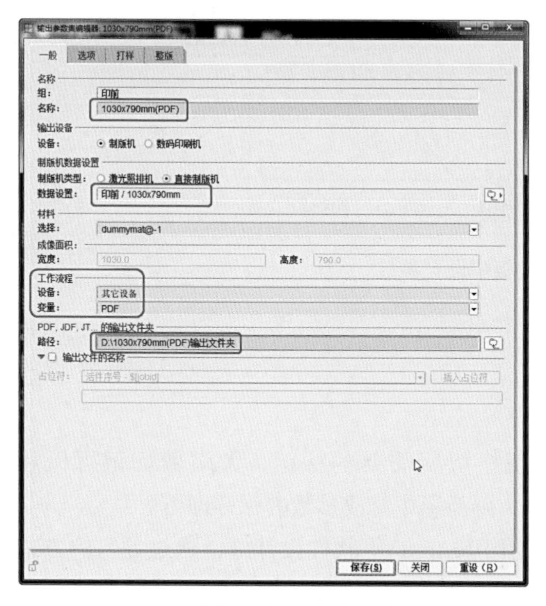

图2-19　设置工作流程变量为PDF

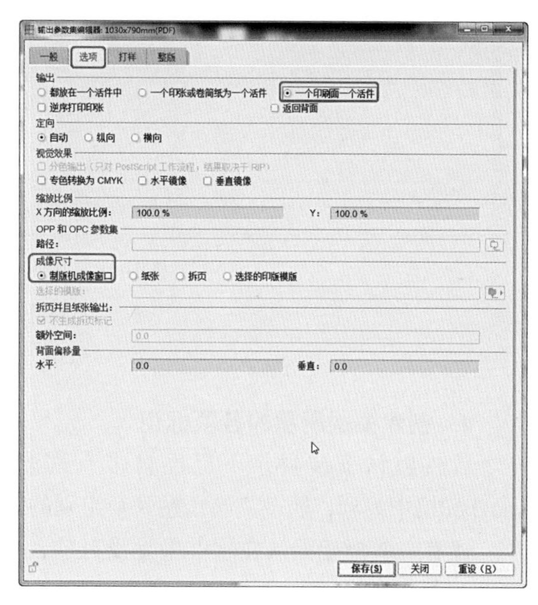

图2-20　“选项”面板中设置参数

（5）如图2-21所示，在“打样”面板中根据需要设置参数后保存。这里是设置生成的PDF文件中在哪些区域显示相关辅助线，方便检查图文是否有做出血，纸张尺寸是否够大等相关信息。

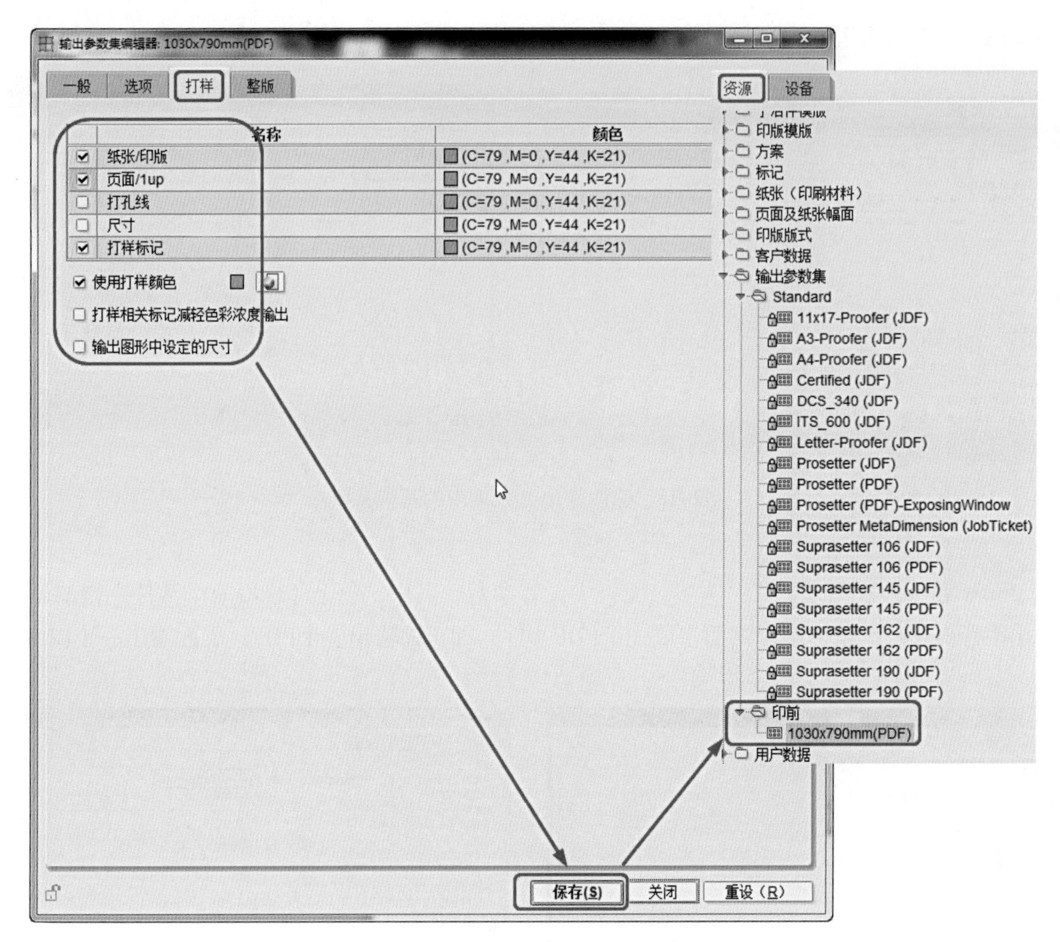

图2-21 “打样”面板中设置参数

4. 创建模版所需的各项标记

软件默认安装目录下已经自带有许多印版模版所需要的标记，大多数标记可以从standard组中找到，通过复制粘贴到新组别的方式，到新组中修改参数并保存即可。

还有一些标记默认在软件中是没有的，可以用Illustrator等软件设计好，通过导入的方式加载到拼版软件中。本例通过两个标记来分别演示这两种方式，其他标记用同样方法创建即可。

（1）文字变量标记

① 在“资源”>“标记”组下新建组别“印前”，并从standard组中拷贝Text标记到该组下，如图2-22所示。

② 打开Text标记，修改标记名称→选中标记→在标记上右键或点击属性按钮，打开标记属性对话框，如图2-23所示。

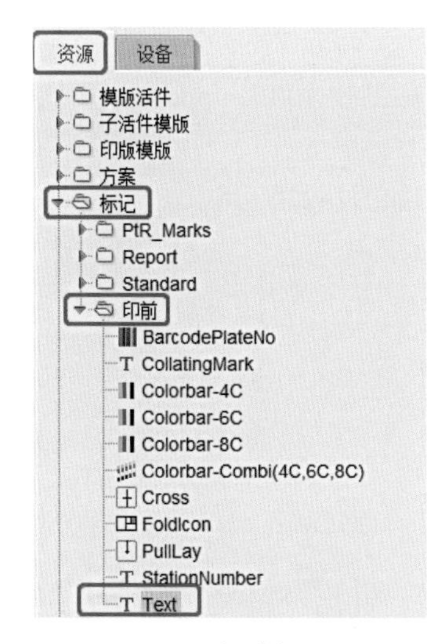

图2-22　新建标记组

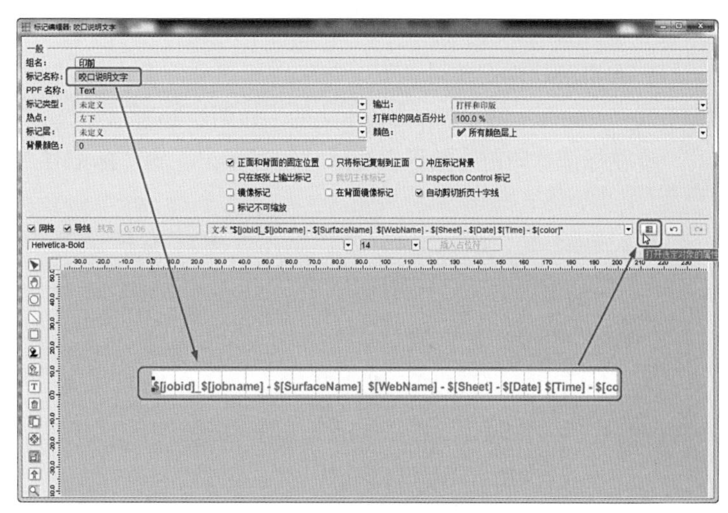

图2-23　打开标记属性对话框

③在标记属性对话框中修改相应参数，包括标记位置、字体、字号、网点百分比 、变量、占位符等信息，如图2-24所示。

最常用的八个变量对应的信息如下：

a．活件序号：$[jobid]　　b．活件名称：$[jobname]　　c．客户名称：$[customername]

d．印张编号：$[Sheetno]　e．印刷面（正面和背面/顶部和底部）：$[SurfaceName]

f．输出日期：$[Date]　　g．输出时间：$[Time]　　h．分色：$[color]

④ 点击“确定”后“保存”，将文本变量标记保存到“印前”组下，如图2-25所示。

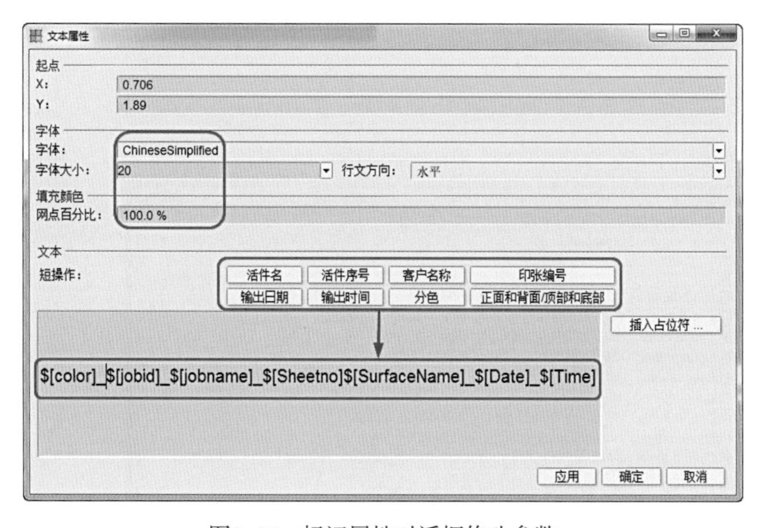

图2-24　标记属性对话框修改参数

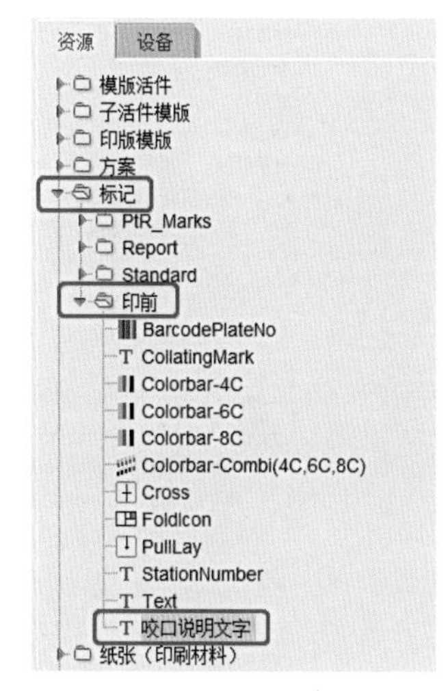

图2-25　保存文本标记

（2）印版测控条标记

① 在拼版软件安装目录下，有Mark标记文件夹，找到一个印版测控条PLCsuprasetter_HD_ThPlPN___360x17_2540_v16.0d.pdf文件，如图2-26所示。

② 在标记“印前”组下右键>“新建标记”>“标记导入”，如图2-27所示。

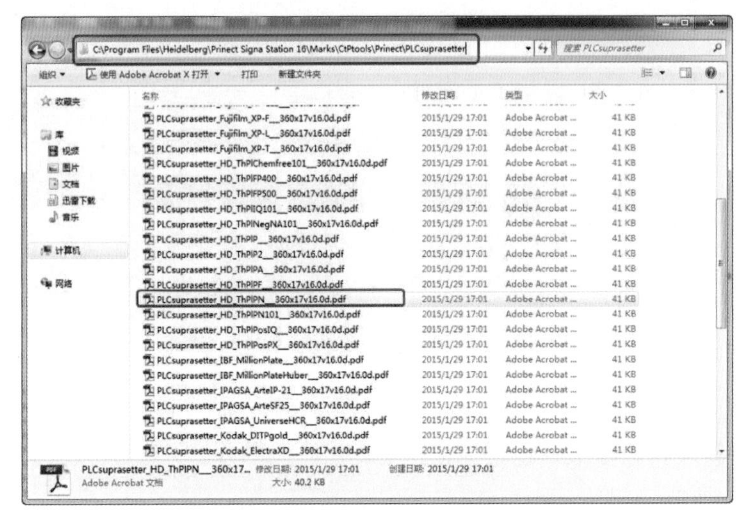

图2-26　印版测控条文件

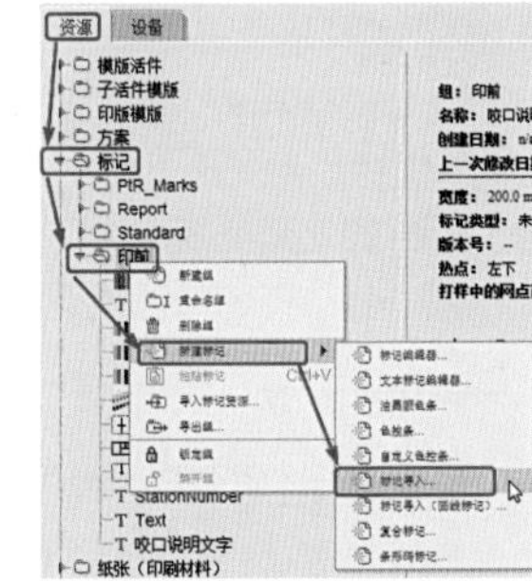

图2-27　导入标记

③ 在弹出的对话框中点“源文件”，选择步骤i所示路径下的pdf标记打开，如图2-28所示。

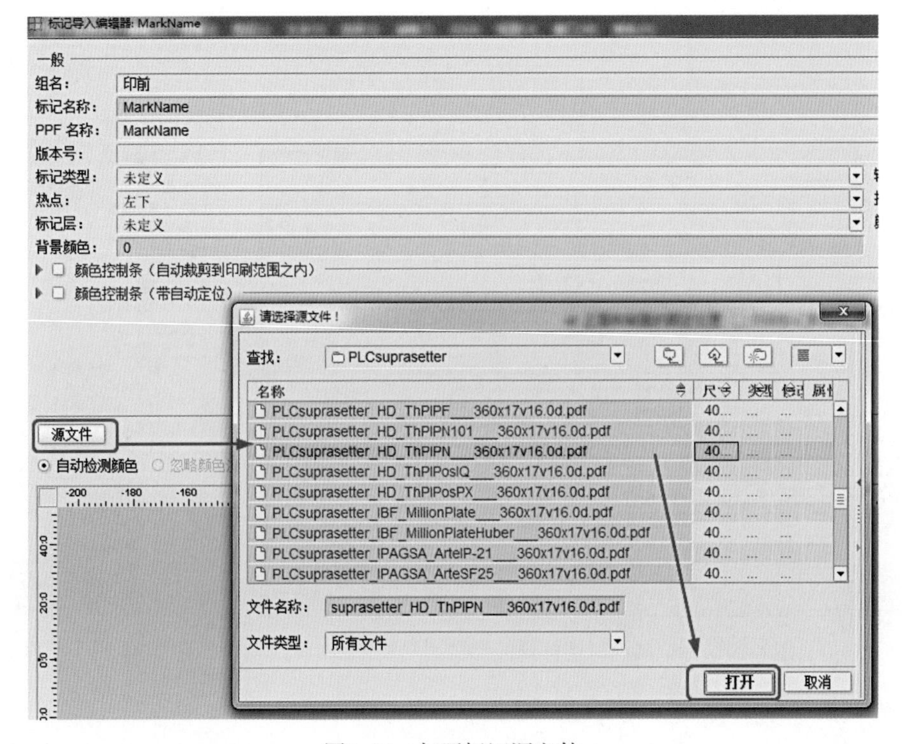

图2-28　打开标记源文件

④ 保存印版测控条标记到该组中，如图2-29所示。

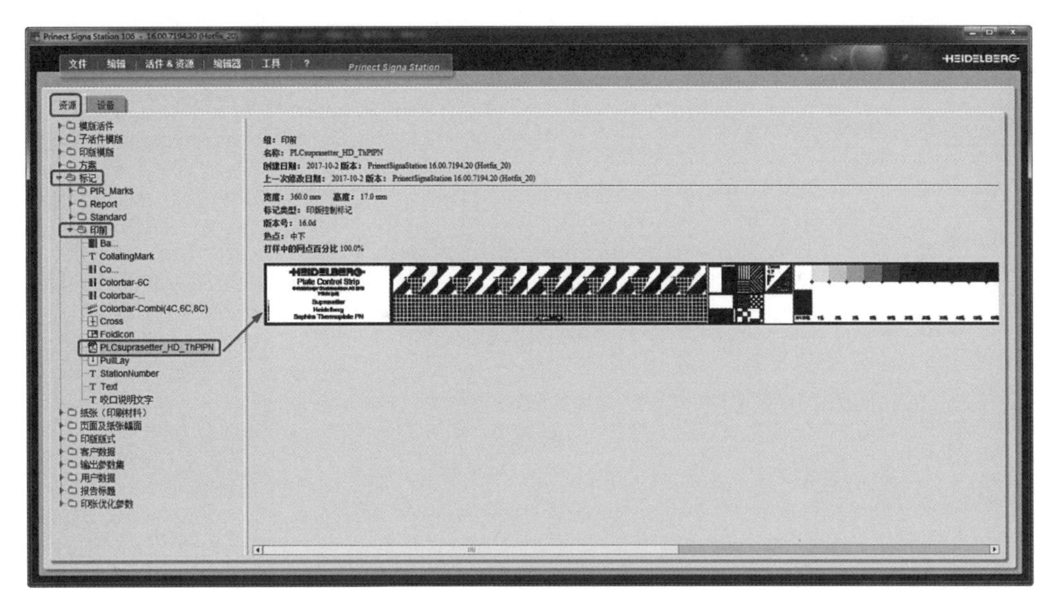

图2-29 保存印版测控条标记

（3）其他自定义标记

自定义标记例如公司Logo等，可在前端设计软件中做好（建议将标记文件保存为*.eps格式），然后采用同印版测控条标记一样的方法，导入这些标记。

5. 创建印版模版

（1）在印版模版组下新建“印前”组名，右键该文件夹并选择“新建印版模版”，如图2-30所示。

（2）在“名称”中修改印版模版名为：1030mm×790mm（PDF），如图2-31所示。

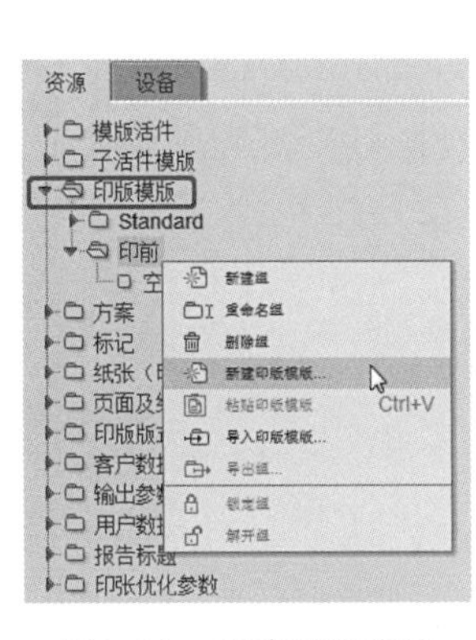

图2-30 新建印版模版

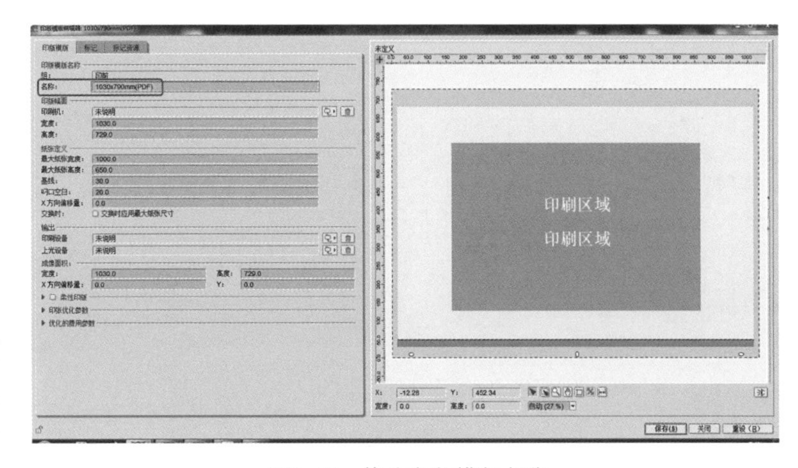

图2-31 修改印版模版名称

（3）在印版幅面—“印刷机”参数中，点击右边的文件夹按钮，浏览选择步骤2中保存的单张纸印刷机参数，如图2-32所示。

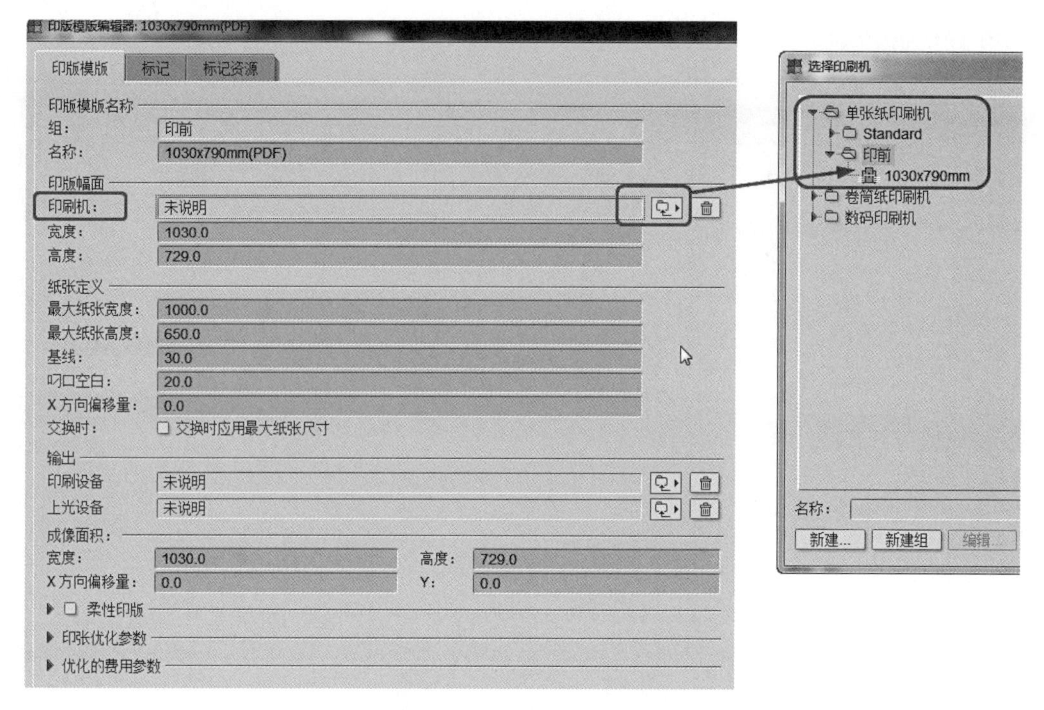

图2-32　输入印刷机参数

（4）在输出—“印刷设备”参数中，点击右边的文件夹按钮，浏览选择步骤3中保存的输出参数集参数，如图2-33所示。

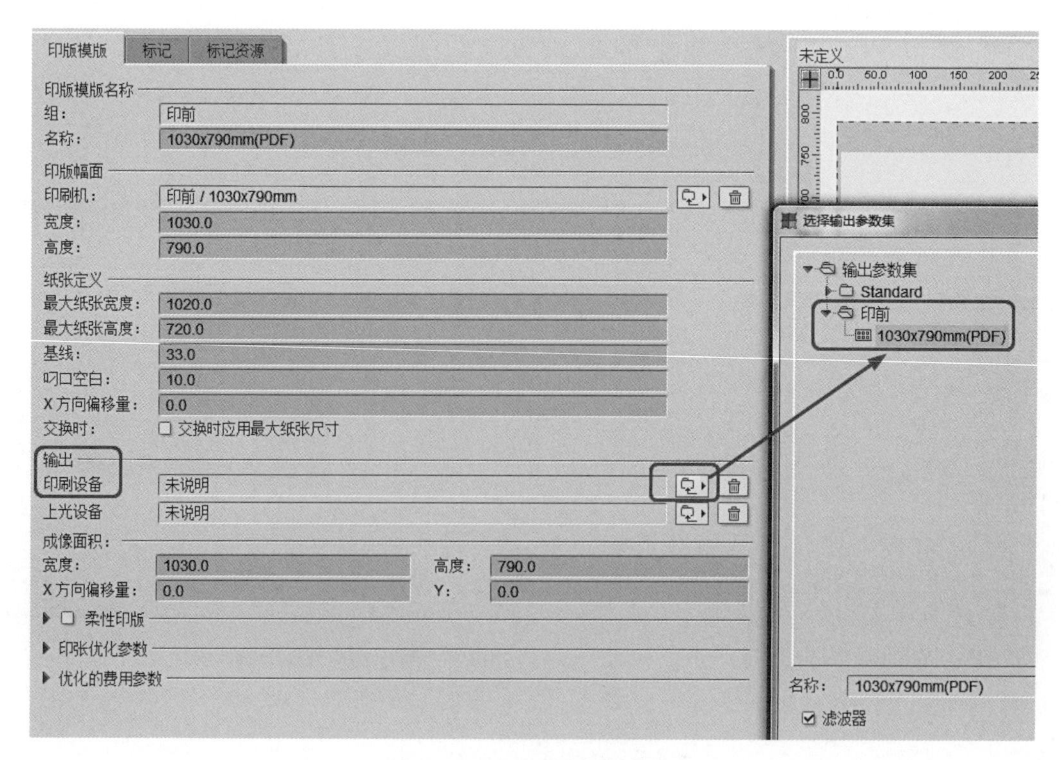

图2-33　输入印刷设备参数

（5）切换到“标记”对话框，点击右边文件夹按钮，浏览到标记“印前”组中，选择需要的标记到标记列表中，如图2–34所示。

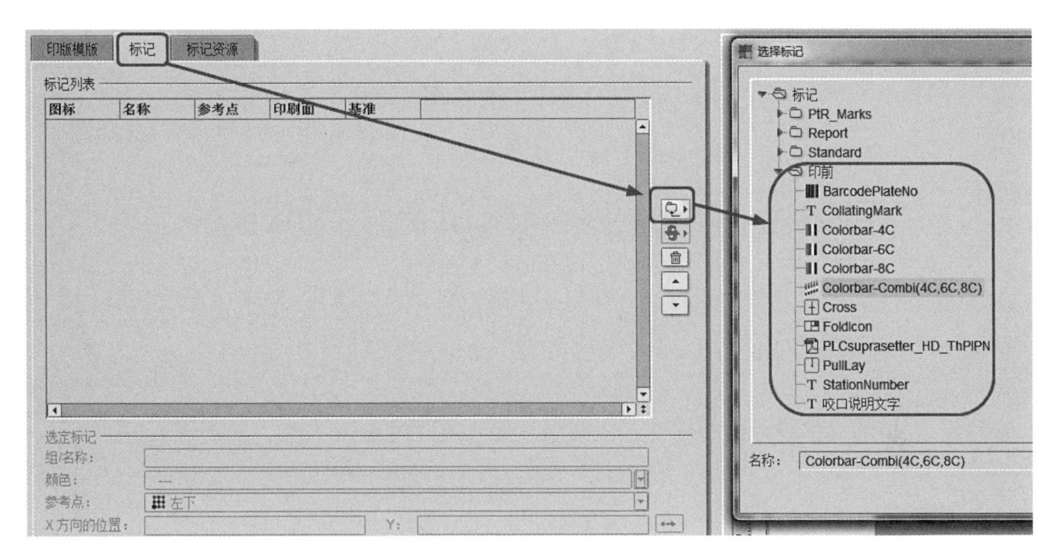

图2–34　添加标记到标记列表

（6）在标记列表中，逐个选择标记，设置它们在印版上的位置，如图2–35所示。

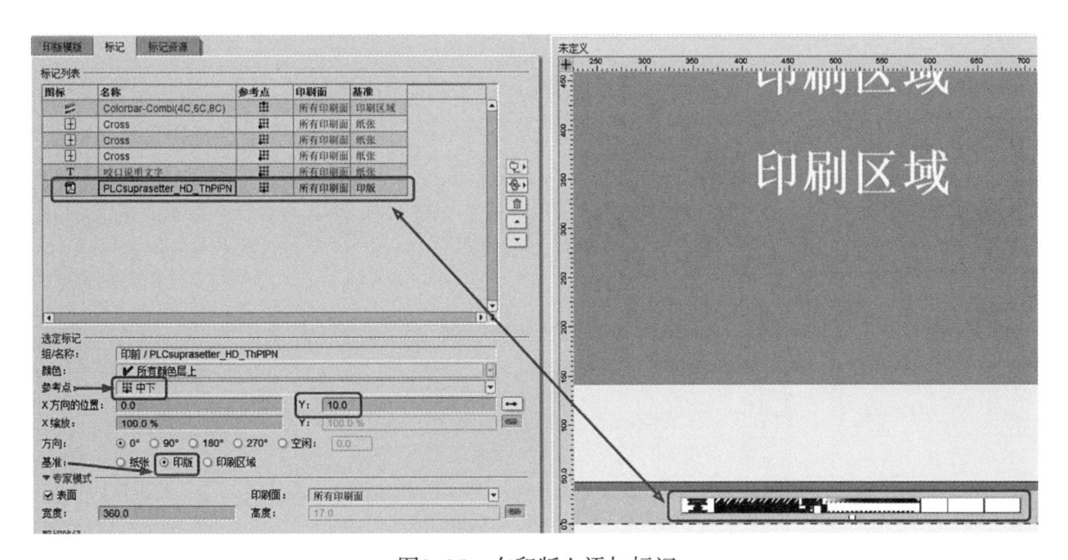

图2–35　在印版上添加标记

参数说明：

① 基准。基准是指标记跟随哪个参数来调整位置，可以选“纸张”、“印版”或“印刷区域”。例如本例图示中的印版测控条标记，我们希望它固定在印版某个位置，则选择基准为“印版”。又如拉规标记，我们希望它跟随纸张幅面的变化自动变换位置，则应选择“纸张”作为基准。

② 参考点。参考点是指将标记本身的热点（参考点）对齐于“基准”中所选参数的哪个位置。例如本例图示中，是指将印版测控条放置于印版的中下方位置。标记本身的热点在标记属性中设置。

（7）调整好所有标记的相对位置后，保存印版模版，如图2-36所示。

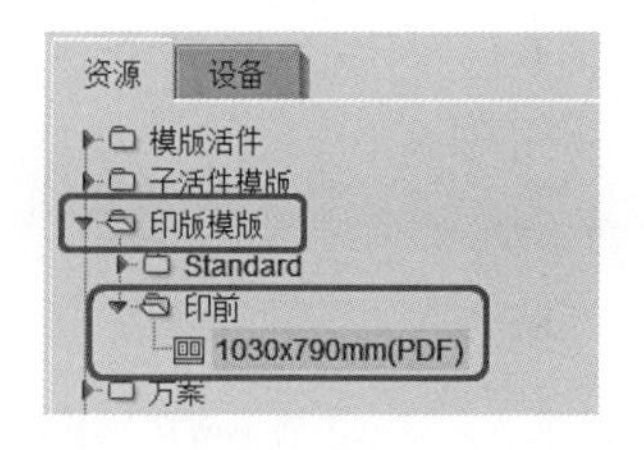

图2-36 保存印版模版

任务三 创建输出格式为JDF的对开印版模板

跟柯达的Preps等拼版软件一样，海德堡拼大版软件既可以输出PDF格式的大版文件，也可以输出JDF格式的大版版式文件，以配合流程客户端cockpit软件使用。

案例二 创建一个对开印版模板，印版尺寸为1030mm×790mm，输出格式为JDF。

创建JDF格式印版模版，同样需要五个步骤，其中部分步骤与案例一相同。

1. 创建直接制版机参数

同案例一步骤1。

2. 创建单张纸印刷机参数

同案例一步骤2。

3. 创建输出参数集参数

（1）切换软件界面到“资源”>“输出参数集”。

（2）新建“印前”组，因为本例是要设置对开尺寸且输出格式为JDF的模版，所以可以从standard组中拷贝Suprasetter 106（JDF）这个默认参数粘贴到该组内，如图2-37所示。

（3）打开“印前”组内的Suprasetter 106（JDF）文件，如图2-38所示，修改“一般”面板基本参数。其中“直接制版机”参数通过文件夹浏览，选择步骤1中保存的参数。设置工作流程变量为JDF，并自定义该JDF文件的输出路径，如图2-39所示。

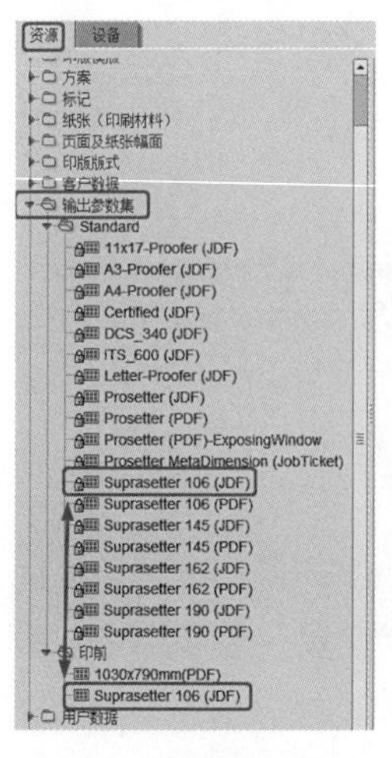

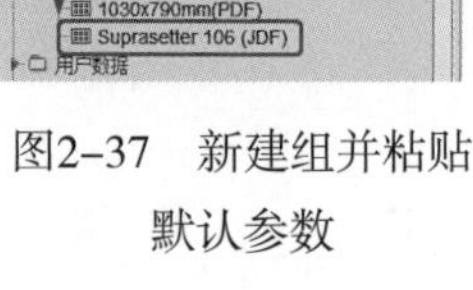

图2-37 新建组并粘贴默认参数

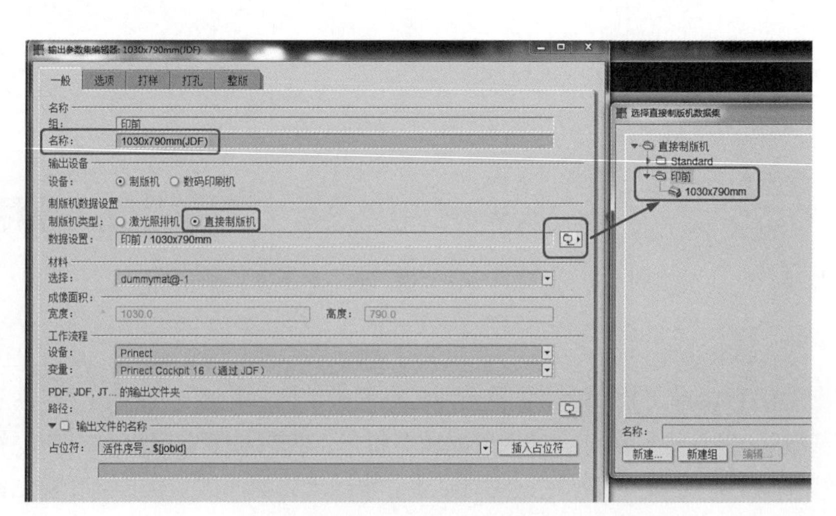

图2-38 修改一般面板参数

（4）在“选项”面板设置参数，如图2-40所示。与PDF格式选项不同的是，此处“输出”选项中默认设置选择“都放在一个活件中”。因为JDF版式文件导入到流程后，可以在流程里控制输出每一个印刷面。

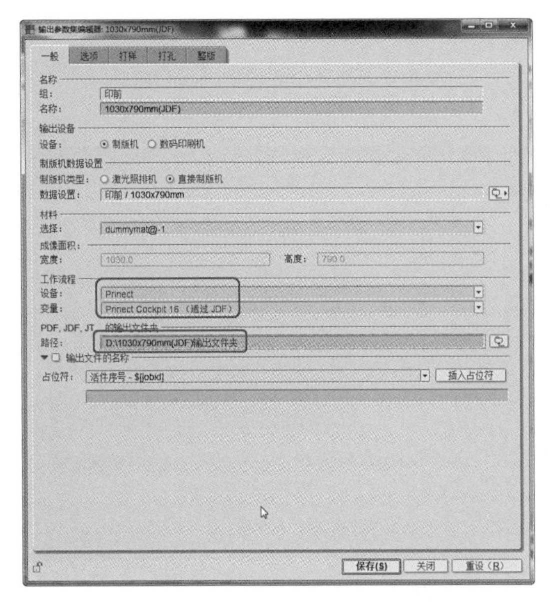

图2-39　设置工作流程变量及输出路径

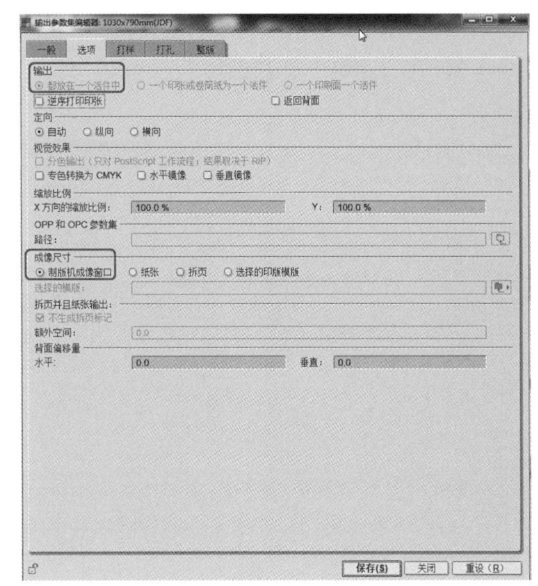

图2-40　设置选项面板参数

（5）在“打样”面板中，根据需要设置参数，保存，如图2-41所示。这里是设置生成的JDF版式文件在哪些区域显示相关辅助线标记，方便检查图文是否有做出血，纸张尺寸是否够大等相关信息。

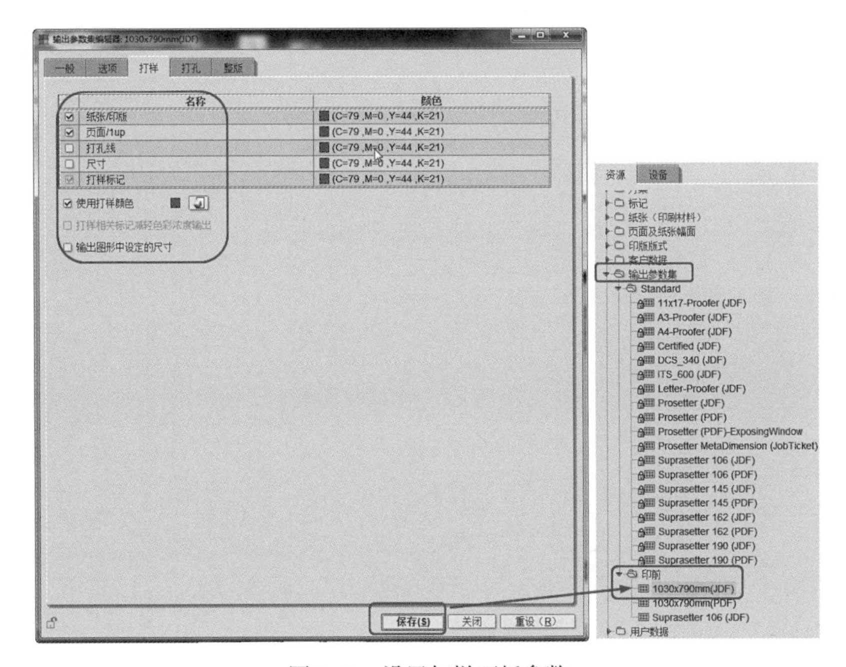

图2-41　设置打样面板参数

4. 创建模版所需的各项标记

同案例一步骤4。

5. 创建印版模版

（1）在印版模版下新建组，命名为“印前”，选中文件夹，右键并选择“新建印版模版”，如图2-42所示。

（2）在“名称”中修改印版模版名为：1030mm × 790mm（JDF），如图2-43所示。

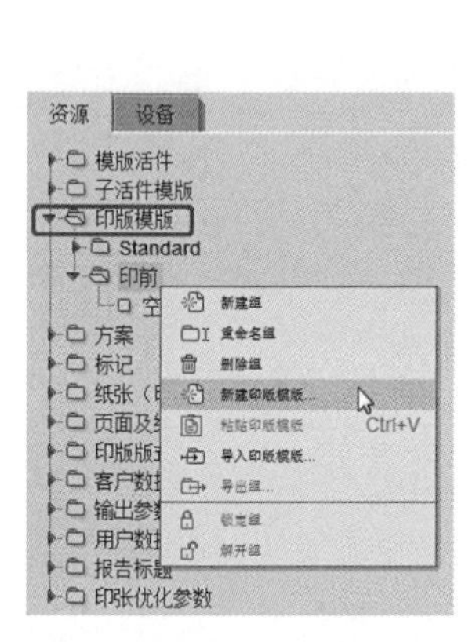

图2-42　新建印版模版文件夹

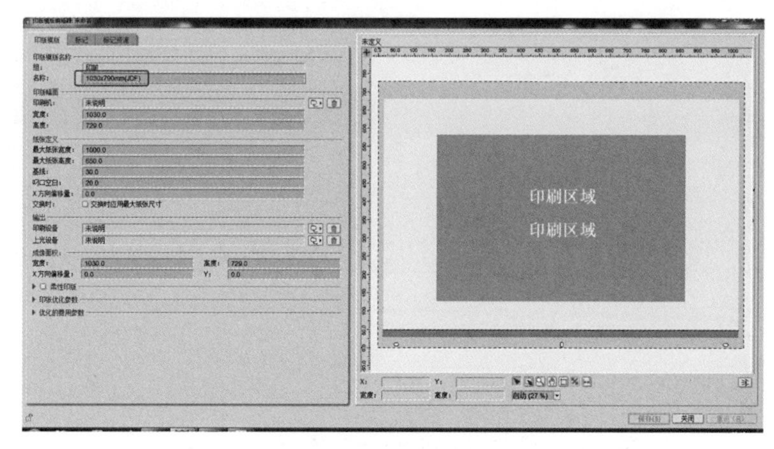

图2-43　修改印版模版名称

（3）在“印版模版”>“印刷机”参数中，点击右边的文件夹按钮，浏览选择步骤2中保存的单张纸印刷机参数，如图2-44所示。

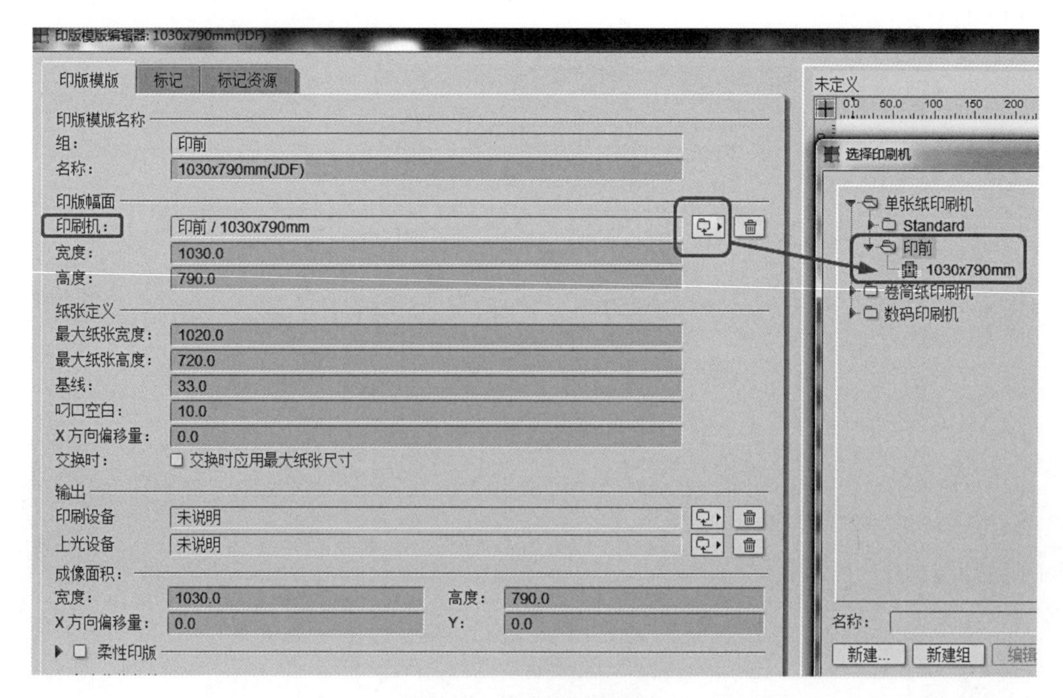

图2-44　修改印刷机参数

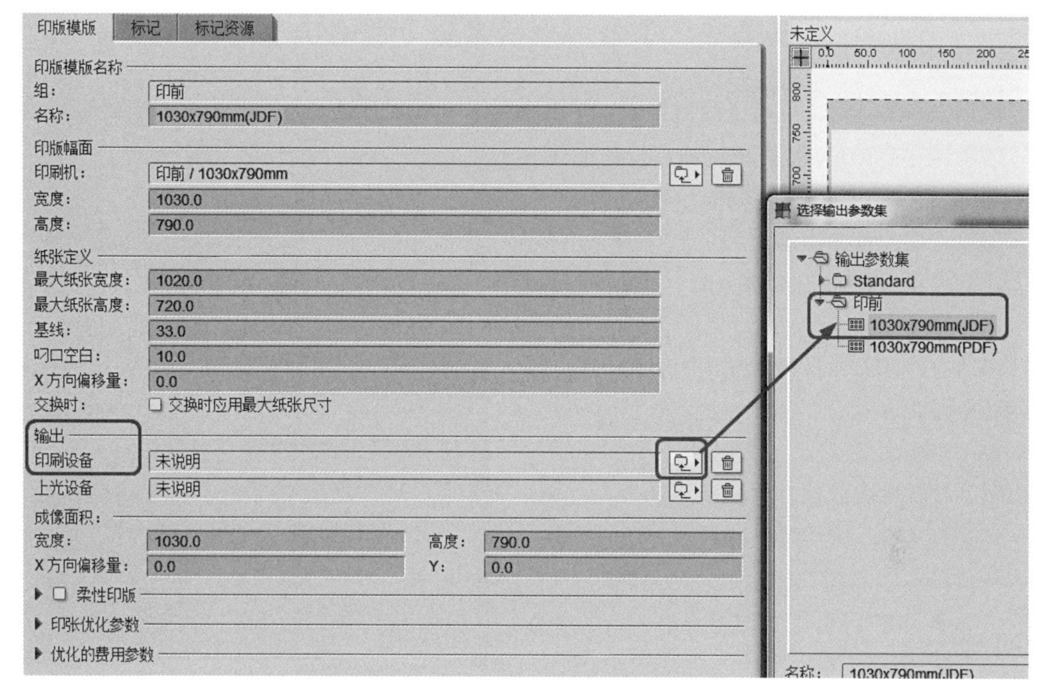

图2-45 修改印刷设备参数

（4）在“输出”>“印刷设备”参数中，点击右边的文件夹按钮，浏览选择步骤3中保存的JDF输出参数集参数，如图2-45所示。

（5）切换到“标记”对话框，点击右边文件夹按钮，浏览到标记“印前”组中，选择需要的标记到标记列表中，方法同案例一步骤4。

（6）正确调整好所有标记的相对位置后，保存印版模版，如图2-46所示。

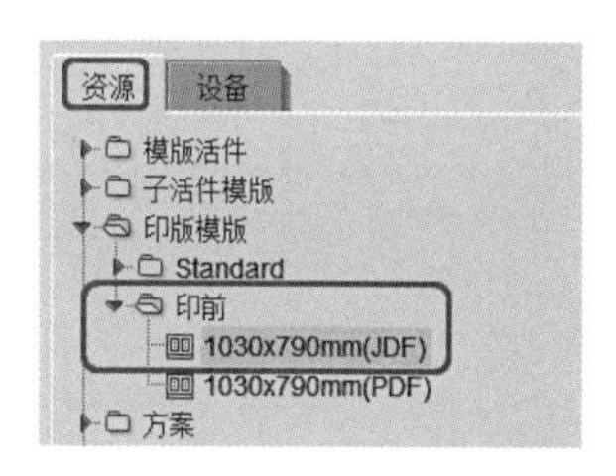

图2-46 保存印版模版

项目二 拼大版

项目描述和要求

1. 了解常用的拼版方式及工艺特点。
2. 掌握海德堡拼大版软件基本界面和操作方法。

项目内容和步骤

任务一 单张海报拼大版（自由拼）
任务二 书刊拼大版
任务三 包装盒拼大版

任务一　单张海报拼大版（自由拼）

案例三　将案例文件单张海报按照以下要求拼出一个对开版，并输出大版PDF文件。

印版尺寸：1030mm×790mm；

开纸尺寸：885mm×590mm；

印刷方式：单面印刷；

成品尺寸：430mm×560mm；

出血尺寸：3mm；

拼版方式：一个印张上拼2个海报，成品之间间距6mm。

操作步骤如下：

（1）打开拼版软件，创建新活件。

可通过点击“创建新活件”按钮，或菜单“文件”>“新建”，或快捷键Ctrl+N方式创建，如图2–47所示。

（2）在“活件”界面下输入活件序号（例：A2017–001）和活件名（例：单张海报），如图2–48所示。

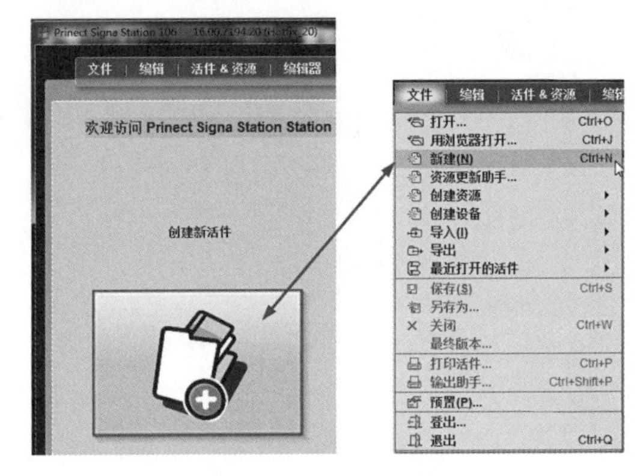

图2–47　创建新活件

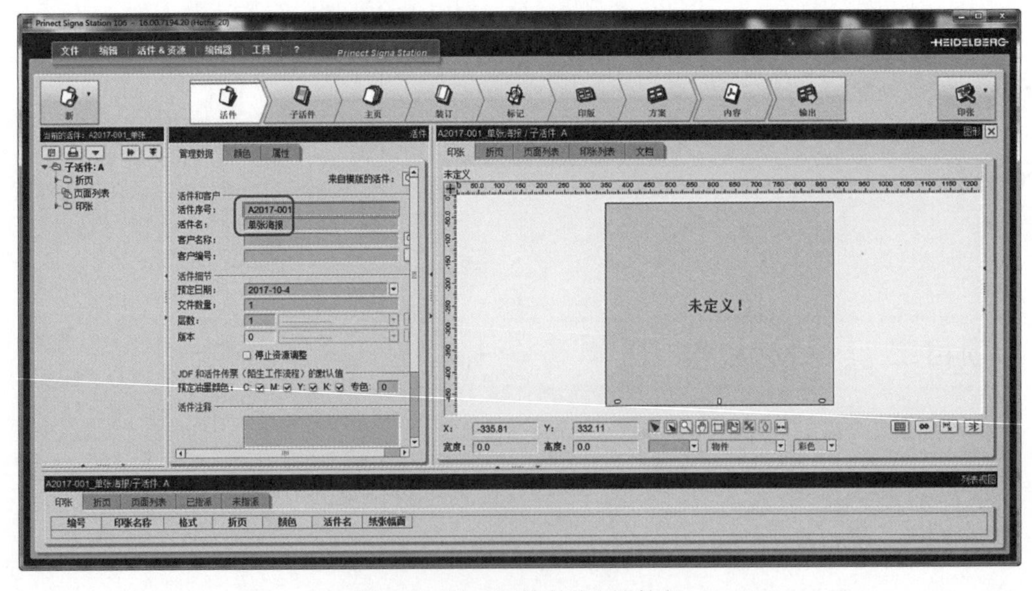

图2–48　输入活件序号和活件名

（3）切换到“子活件”界面，在作业模式中选择自由拼，如图2–49所示。

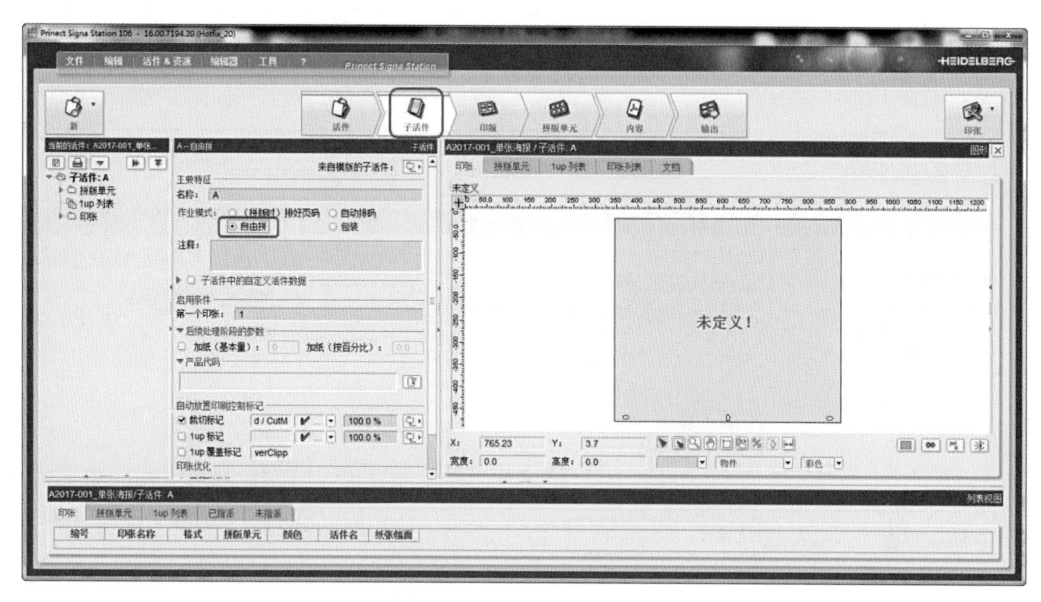

图2-49　选择作业模式

（4）切换到“印版”界面，点击印版模版文件夹按钮，浏览选择输出格式为PDF的对开印版模版1030mm×790mm（PDF），如图2-50所示。选择印版模版后，按照任务要求设置以下参数，如图2-51所示，放置模式：选择单面印刷；产品的纸张定义：宽度设置885.0mm，高度设置590.0mm；定量指的是纸张克重信息（单位g/m^2），厚度是纸张厚度信息（单位mm）。

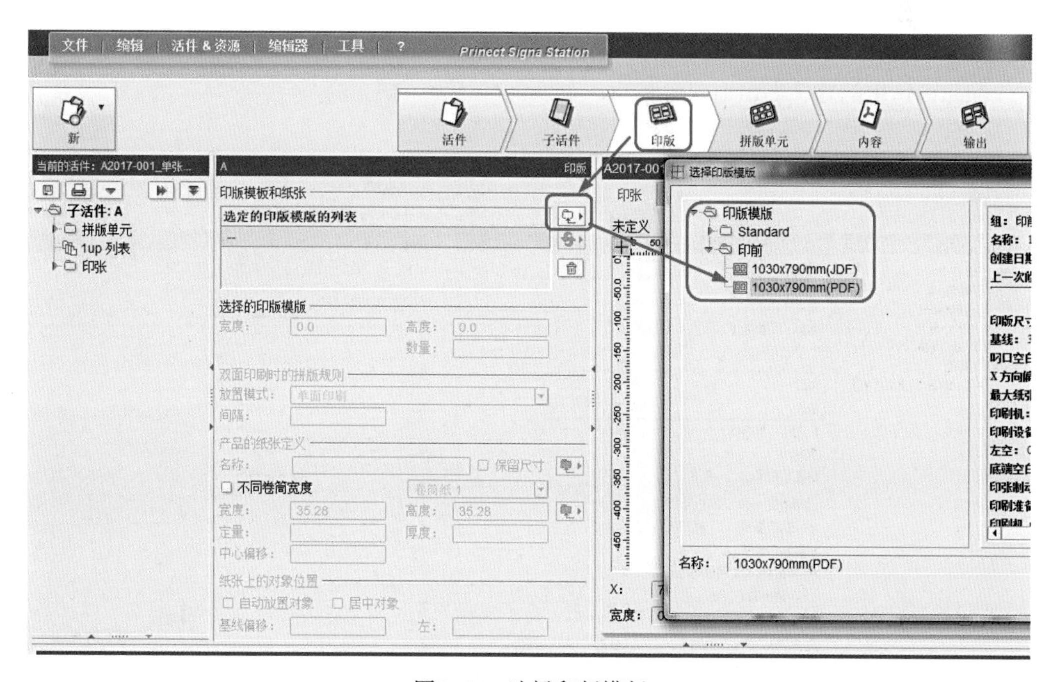

图2-50　选择印版模版

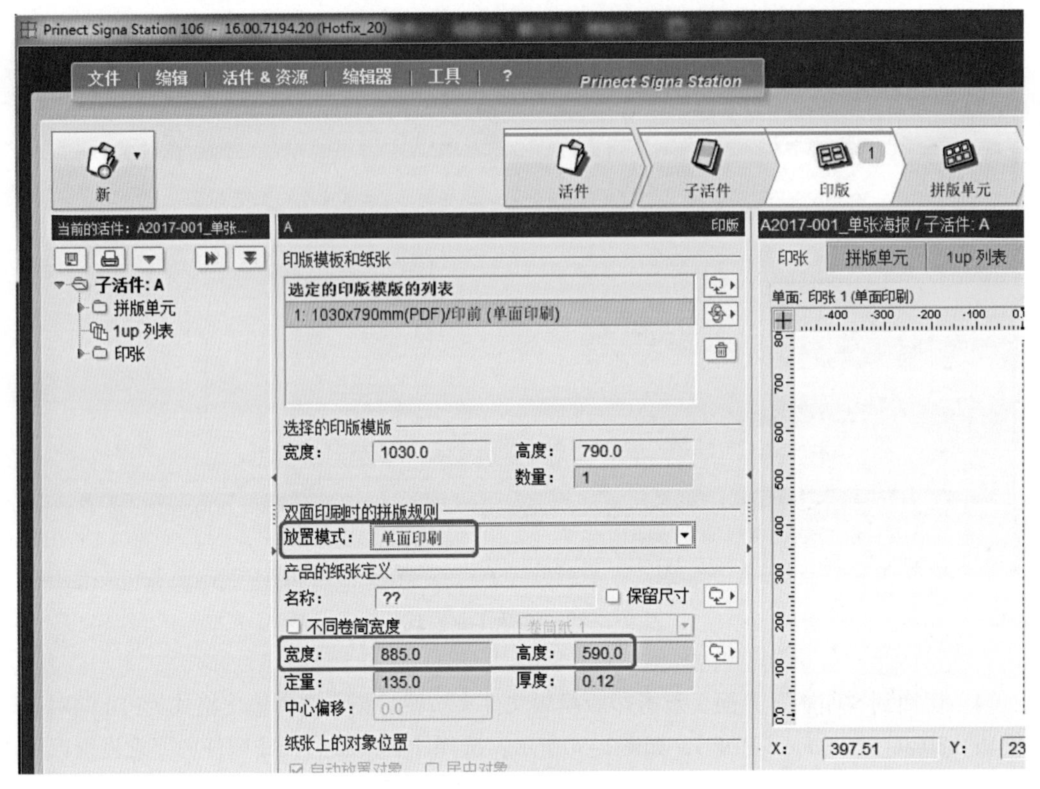

图2-51　按照任务要求设置参数

（5）切换到“拼版单元”界面，点击“创建新的拼版单元”按钮，并设置拼版单元尺寸为宽度430mm，高度560mm。这里的宽度和高度数值即“成品尺寸”信息。同时设置“裁边”参数为3.0mm，这里的裁边即出血尺寸信息，如图2-52所示。

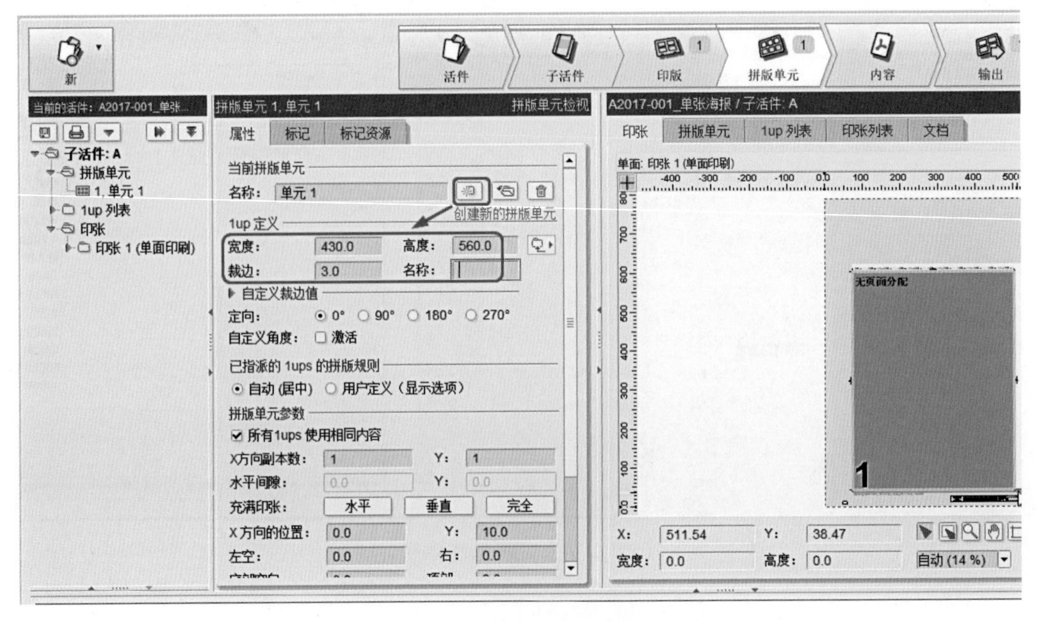

图2-52　设置拼版单元参数

在拼版单元参数中，勾选“所有1ups使用相同内容”并设置X方向副本数为2，即在水平方向放置2个相同文件。设置水平间隙数值为6.0mm，即成品之间的间距为6.0mm；设置Y方向的位置：13.0mm，即成品线位置距离纸张底部边缘13mm，如图2-53所示。

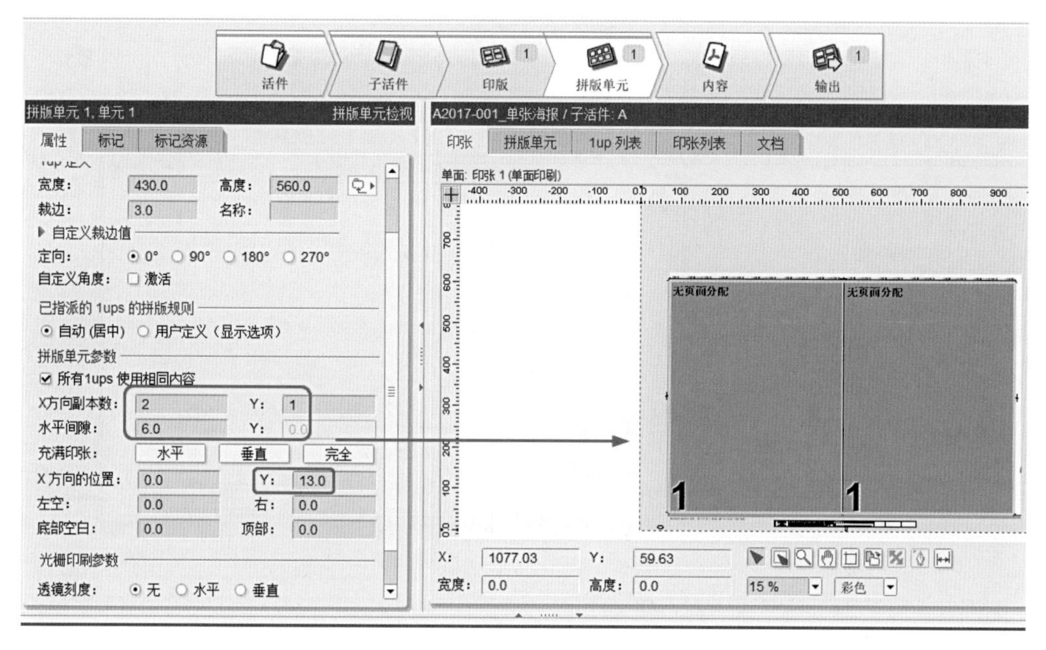

图2-53　设置拼版页面参数

点击右上角“印张”按钮，在“居中”界面处点击“水平”，即将这2个拼版单元整体相对于纸张尺寸水平居中放置，如图2-54所示。

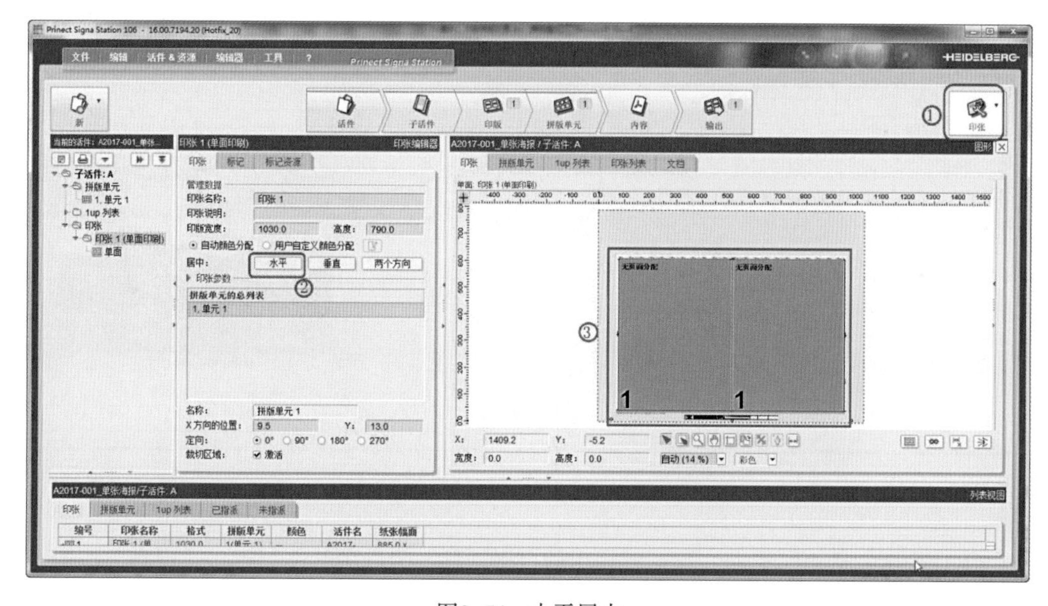

图2-54　水平居中

（6）切换到“内容”界面，在其“文档”处右键浏览，找到本案例文件“单张海报.pdf”打开，如图2–55所示。

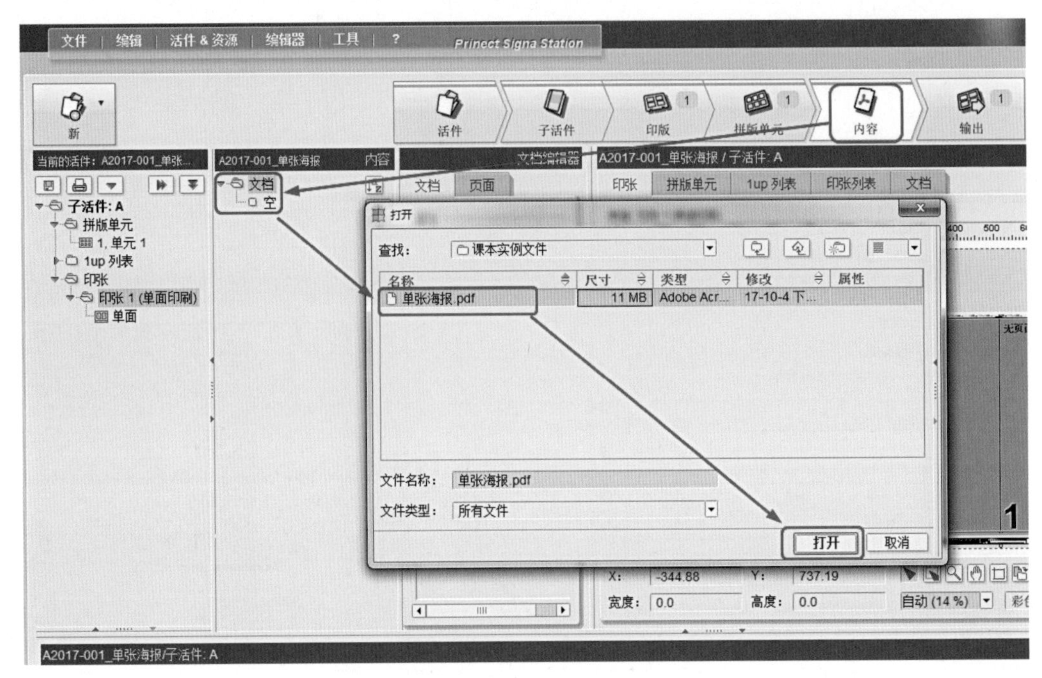

图2–55　加载文档

然后，用鼠标拖拽PDF文件到拼版单元上，自动拼好2个页面，如图2–56所示。

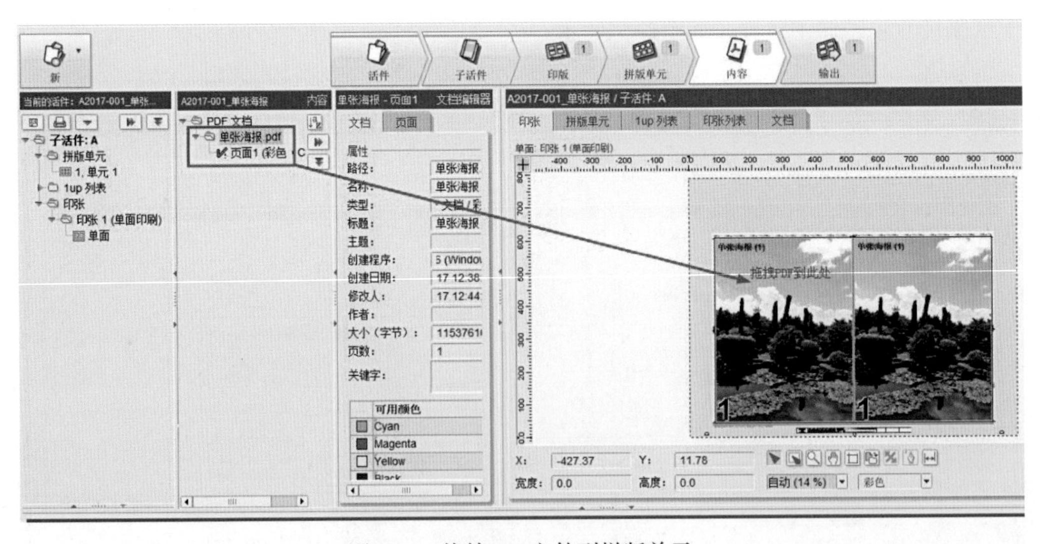

图2–56　拖拽PDF文件到拼版单元

（7）切换到“输出”界面，保证要输出的“子活件”为选中状态，点击“保存”按钮，在弹出的保存对话框中指定保存路径后点击“保存”，如图2–57所示。这里也可以直接点“输出”按钮，则默认输出路径为输出参数集中所指定的路径。

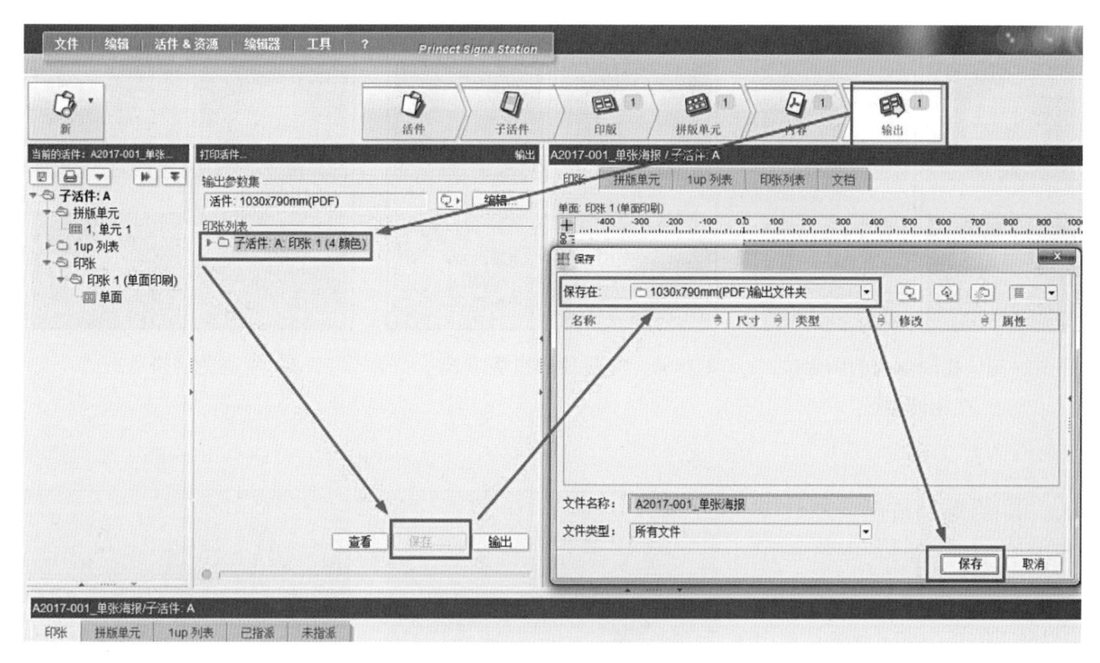

图2-57　保存

（8）用Adobe Acrobat Profession软件打开输出的大版PDF，检查，如图2-58所示。

图2-58　打开输出大版PDF文件并检查

关于自由拼方式补充说明：

① 当遇到版面上排多个图文内容时，考虑到印刷时的颜色控制因素，相同颜色的图像尽量排在印张版面的同一边，即排在印刷机相同墨区控制区域，如图2-59所示。应尽量避免类似如图2-60和图2-61所示的拼版方式，以免增加印刷跟色的难度和产品颜色的一致及稳定性。

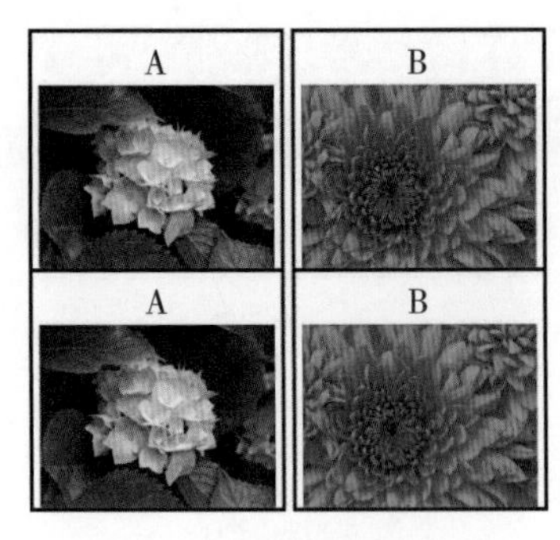

图2-59　相同颜色的图像排在相同墨区

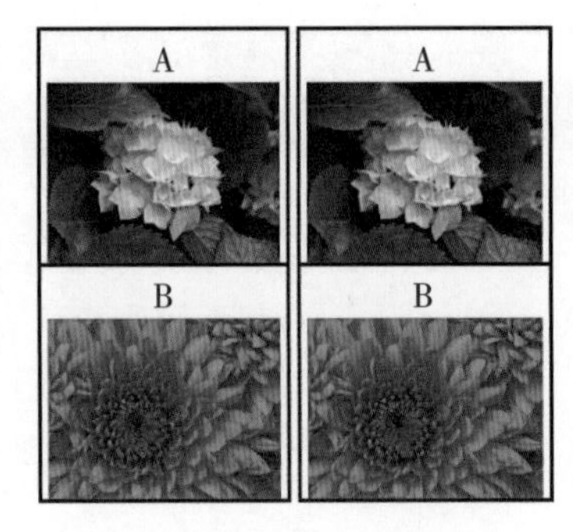

图2-60　应避免的拼版方式（一）

图2-61　应避免的拼版方式（二）

② 当遇到拼多个线性渐变内容的情况时，尽量采用“脚对脚”的方式拼版，如图2-62所示，而不建议采用“头对脚”的方式，如图2-63所示，以免引起视觉上的颜色深浅错觉，同时，可以降低印刷控制难度。

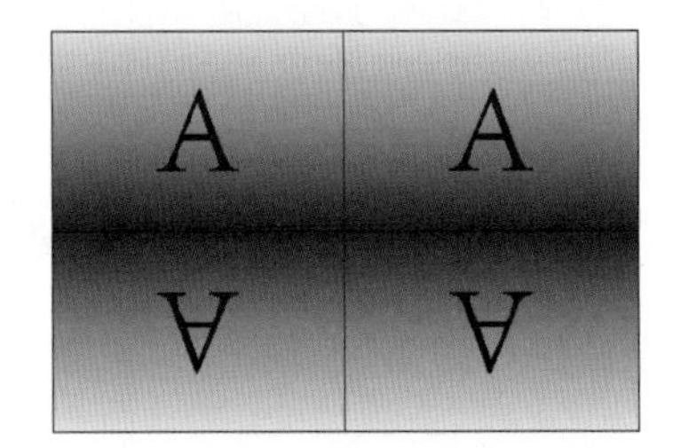

图2-62　脚对脚拼版

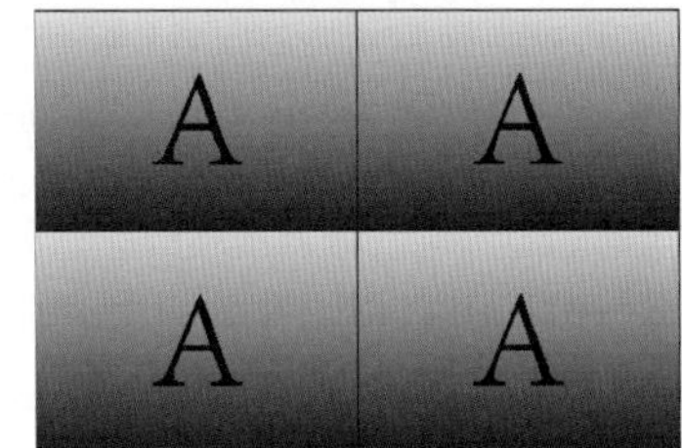

图2-63　头对脚拼版

任务二　书刊拼大版

1. 书刊基本术语和知识点

（1）装订方式　常见的装订方式有：线装、无线胶装、骑马订、混合装订、分订合装、双联本装订，如图2-64所示。

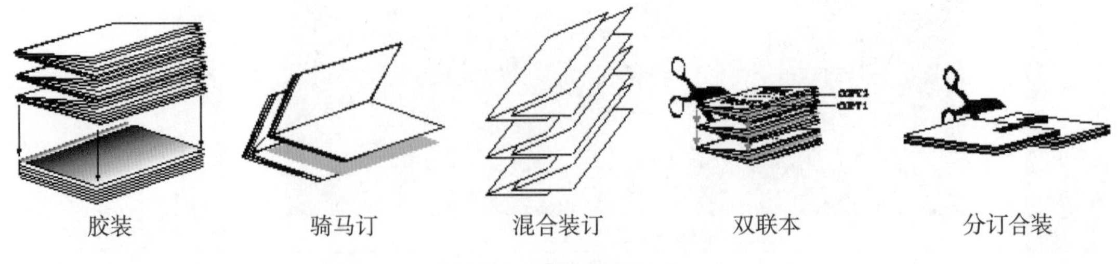

图2-64　常见装订方式

（2）爬移　用骑马订装订的出版物（例如杂志），由于纸张厚度的因素会使得内页向外移动。如果出版物装订后裁切，则裁切位置有可能距离图文、页码太近引起裁切到图文内容，所以骑马订装订方式需要在拼版时将内页往书脊方向内缩或移动，这个动作称之为爬移。

（3）铣背　铣背是无线胶订的一个重要工序，它是指用铣刀或锯刀将书芯后背（书脊位置）铣开或铣成沟槽状，便于胶液渗透的一道工序。

（4）印刷拼版方式　常见的印刷拼版方式有：正背套、双面印刷、单面印刷、自翻版（单面侧翻、单面滚翻）。

① 正背套（也叫套版印刷）。这是一种最常见的印刷方式，其特征有以下几点：使用两套印版，分别印刷印张的正反两面；印张正反两面的两次印刷过程使用相同的叼口；正面印完后，印张要以垂直方向（即印刷的行进方向）为轴旋转180°进行翻转，然后使用反面的印版再次印刷。

如图2-65所示，显示了一个正背套印刷的正反两面，正反共有16个页面，正反两面对应页面的页码都是连续的，页与页之间的排列关系则是由折手关系来确定。

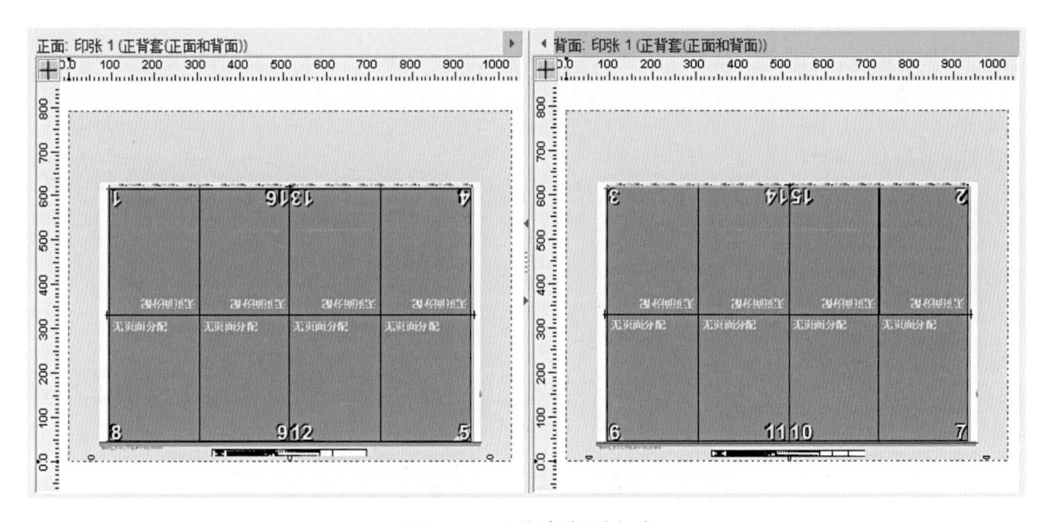

图2-65　正背套印刷方式

② 双面印刷。这种印刷方式主要应用于自动双面印刷机，比如带自动翻转的八色印刷机（4+4印刷，在第4座和第5座之间进行纸张翻转），其特征有以下几点：使用两套印版，分别印刷印张的正反两面；印张正反两面的两次印刷过程使用不同的叼口；正面印完后，印张要以水平方向为轴旋转180°进行翻转，然后使用反面的印版再次印刷。进行双面印刷方式拼版时，通常要将印刷区域完全居中放置于纸张上，以保证印张翻转180°后两边的叼口大小一致，方便印刷。

如图2-66所示的是一个双面印刷方式的正反两面。

③ 单面印刷。这种方式适用于那些只需要印刷一面（大多数是正面）的印刷品，如图2-67所示，比如海报、不干胶等，其特点可以归纳为：使用一套印版，只在印张的一面上印刷图文内容；使用一个叼口。

④ 自翻版（单面侧翻）。这种印刷方式主要应用于当印刷数量不大，或剩余页面数量不足以拼一个正背套印刷的情况，可以节省一套印版，可以归纳为以下几个特点：使用一套印版，在印张的正反两面上印刷图文内容；正面印完后，在叼口不变的条件下，将印张以垂直中线为轴左右旋转180°，再用同样的印版在反面完成完全相同的一次印刷。印刷完成之后，将印刷品

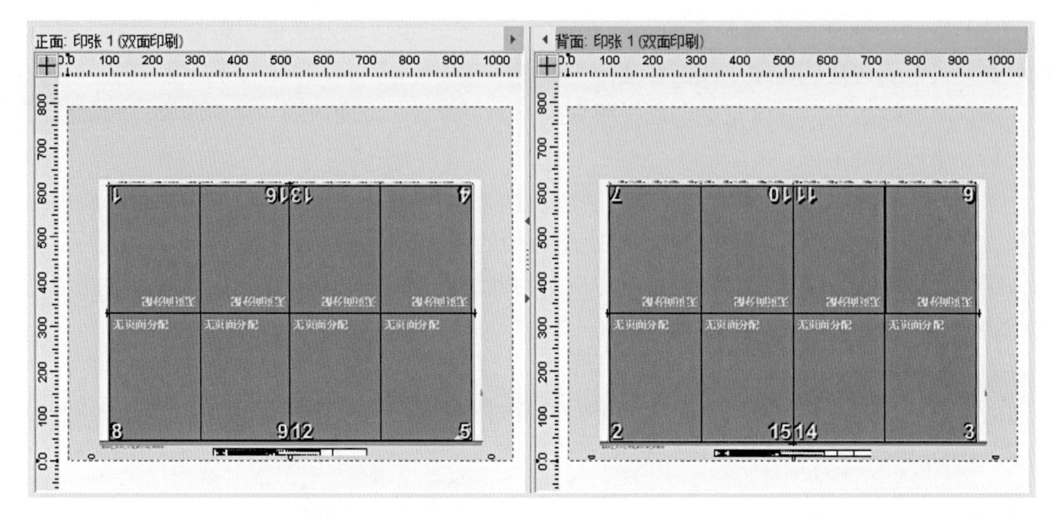

图2-66 双面印刷方式

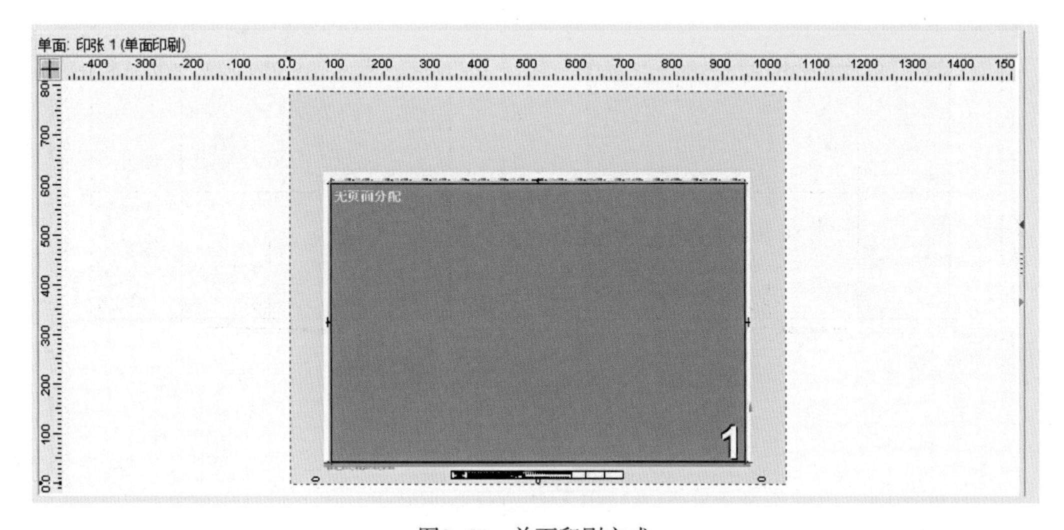

图2-67 单面印刷方式

从中间切开，可以得到两件完全一样的印刷品。装订时需要将印张对半裁开后再折页，如图2-68所示。

⑤ 对翻自翻版（单面滚翻）。这种印刷方式的应用跟单面侧翻一样，可以归纳为以下几个特点：使用一套印版，在印张的正反两面上印刷图文内容；正面印完后，将印张以水平中线为轴，前后翻转180°。然后使用相反的叼口位置，以同一套印版在反面完成完全相同的一次印刷。印刷完成之后，将印刷品沿着水平中心线切开，可以得到两份完全一样的折页帖，如图2-69所示。

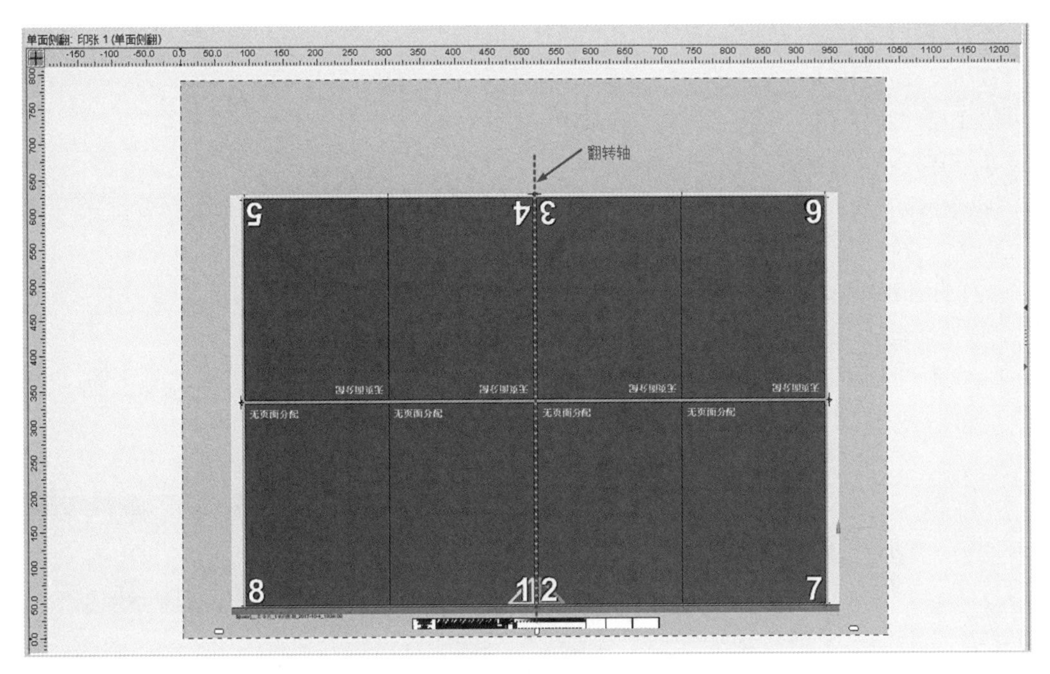

图2-68　单面侧翻方式

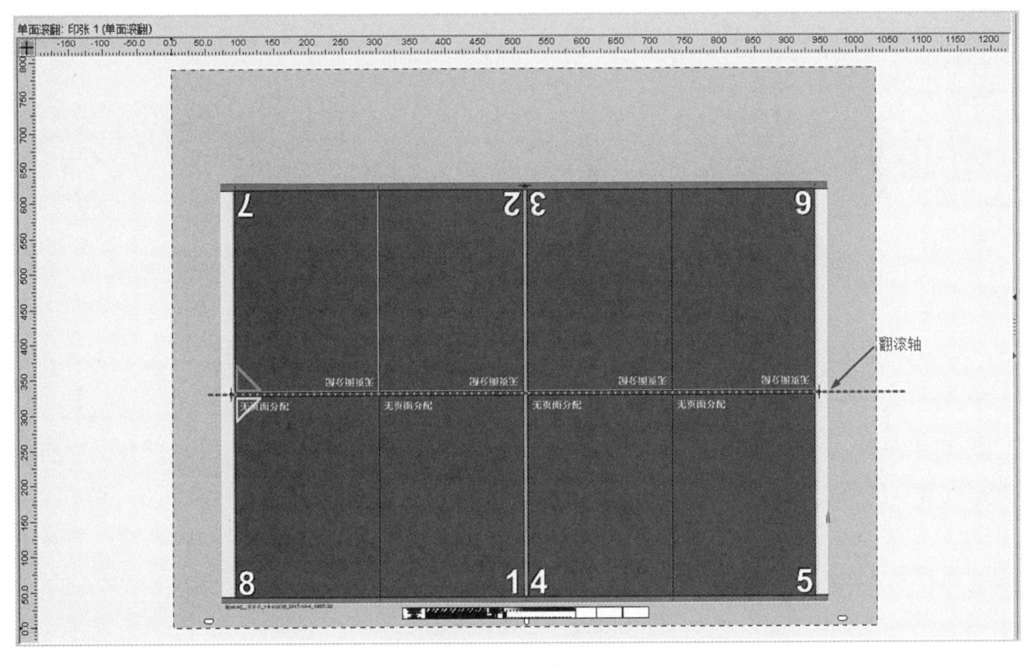

图2-69　单面滚翻方式

2. 胶装书拼大版

案例四　将案例文件32页胶装_210mm×285mm按照以下拼版要求进行拼版，并输出大版PDF文件。

印版尺寸：1030mm×790mm；

纸张尺寸：886mm × 595mm；

成品尺寸：210mm × 285mm；

出血尺寸：3mm；

装订方式：无线胶订，铣背3mm；

印刷拼版方式：正背套（拼2套，共32页）。

操作步骤如下：

（1）打开拼版软件，创建新活件。可通过点击“创建新活件”按钮，或菜单“文件”>“新建”，或快捷键Ctrl+N方式创建，如图2-70所示。

（2）在“活件”界面下输入活件序号信息（例：A2017-002）和活件名信息（例：32P胶装），如图2-71所示。

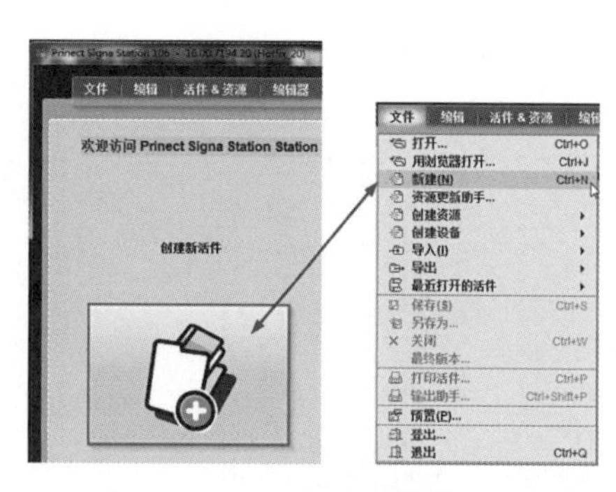

图2-70　创建新活件

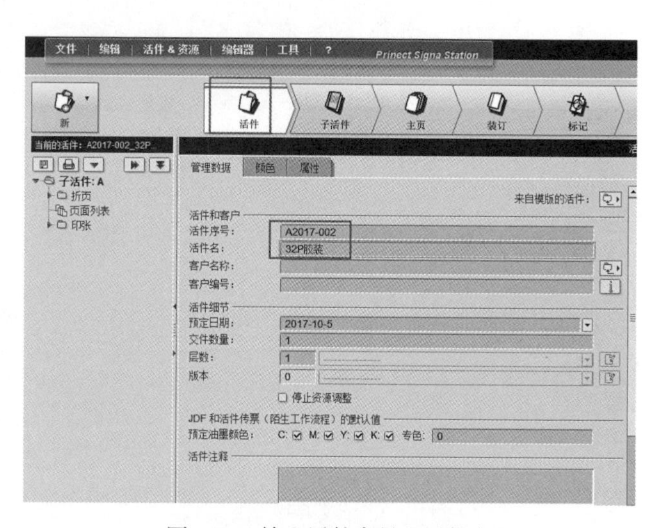

图2-71　输入活件序号和活件名

（3）切换到“子活件”界面，主要设置以下三个参数，如图2-72所示。

① 作业模式。选择（拼版时）排好页码，涉及折页的所有书刊拼版都可以选此选项。

② 启用条件。第一个印张、第一个折页、第一个页面默认都设置从1开始计数，它们会影响到相应参数的第一个编号和对应的文本标记变量信息。

③ 页面总数。这里输入这本书刊的总页数后回车确认，则底下的“页面名称”列表中会自动生成32个页面信息，本例为32页。

（4）切换到“主页”界面，主要设置以下三个参数，如图2-73所示。

① 宽度：210.0mm，高度：285.0mm，此处参数即为成品尺寸。

② 裁边：3.0mm，此处参数即为出血尺寸信息。

③ 指派页面的布局：选用“用户定义”>“居中”，此处选择该参数的意思是将PDF文件按照页面尺寸居中放置于主页位置。当然，如果PDF文件页面信息规范，已经设置好成品尺寸框（裁剪框）信息，那么此处也可以选用“来自裁剪框”即可。

（5）切换到“装订”界面，主要设置以下参数，如图2-74所示。

① 装订方式。根据案例要求，选择无线胶订。

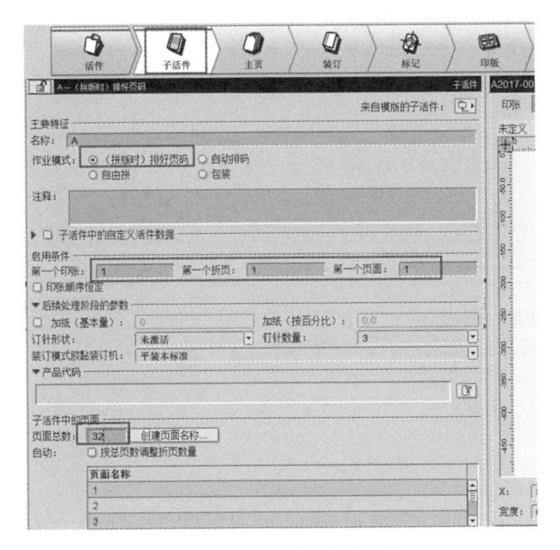

图2-72　子活件参数设置

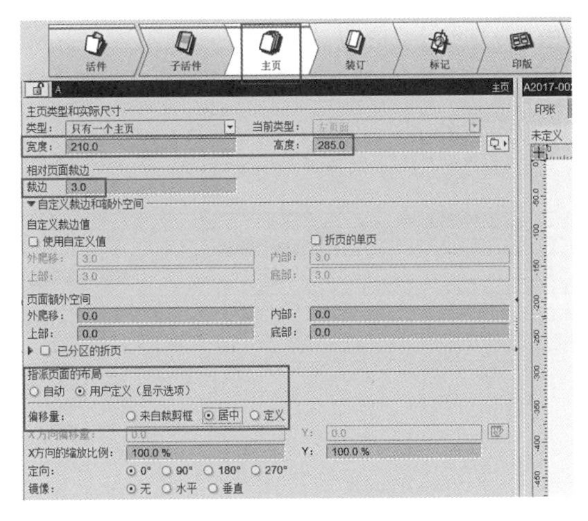

图2-73　主页参数设置

② 铣背深度。此处勾选“使用铣背深度”复选框，并设置参数为3.0mm，它代表的是在书脊位置单边空出3mm用于打磨（铣背），所以书脊的相邻两页间距为6mm。

③ 头部最大空隙。设置3.0mm，它代表的是折页方案页面“头对头”位置排放时，两个主页之间的间距为单边3mm，一共6mm。

④ 最大空隙。设置3.0mm，它代表的是折页方案页面在中间切口位置的相邻两个主页之间的间距为单边3mm，一共6mm。

（6）切换到“标记”界面，勾选所要添加的各项标记，选中标记后，可分别设置各标记所对应的参数，如图2-75所示。

配帖标记对应的参数含义如下：

① 颜色。默认帖标颜色显示在“所有资源颜色层上”，即套版色。此处可以下拉颜色菜单，选择只让它出现在某个单色版上（例如：黑色），则其他色版不输出配帖标记。

② 位置。此处勾选“订口”，即在书刊的书脊位置放置配帖标记。若装订方式为骑马订则一般不需要放帖标，或者放在天头位置。

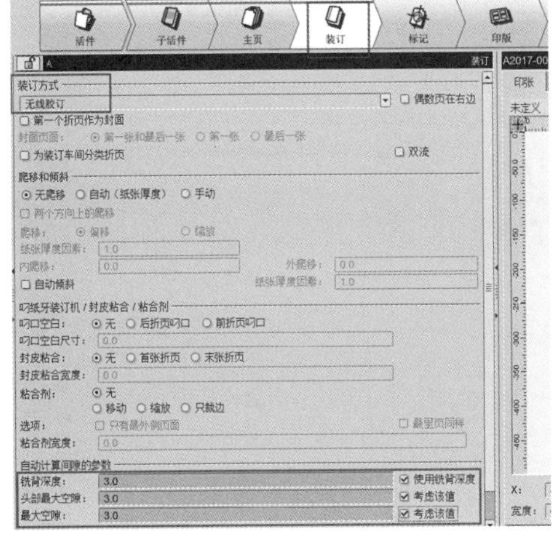

图2-74　装订参数设置

图2-75　添加标记

③ 间距。指的是每个配帖标记头与头之间的间距，此处手动定义数值跟帖标标记本身的宽度一致即可。本例中模版的帖标标记尺寸为10mm×1.5mm，故此处定义为10.0mm，则形成的效果图如图2–76所示。

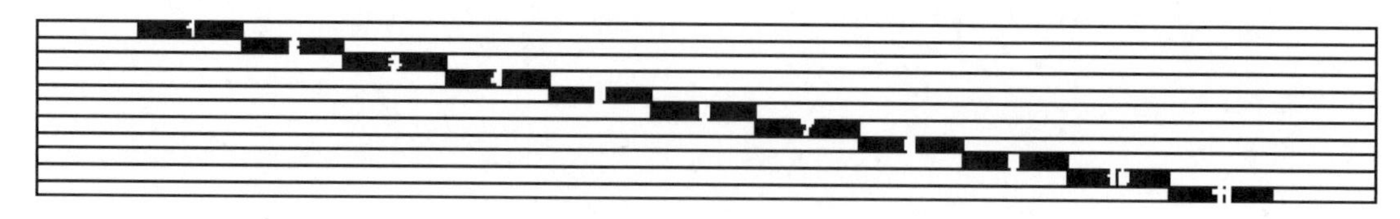

图2–76 此案例配帖标记

④ 范围。选择“自动”，指的是配帖标记在书脊位置的移动范围，自动根据书脊高度数值进行调整。

⑤ 方向。建议选择“下降–上升”或“上升–下降”。当一本书比较厚，帖数较多时（例如：英汉字典），帖标在书脊范围内，若朝一个方向一直顺延下去，则会超出书脊高度范围，需要使配帖标记折回以“之”字形排列，以便于后工序检查排书帖数的准确性，形成的效果如图2–77所示。

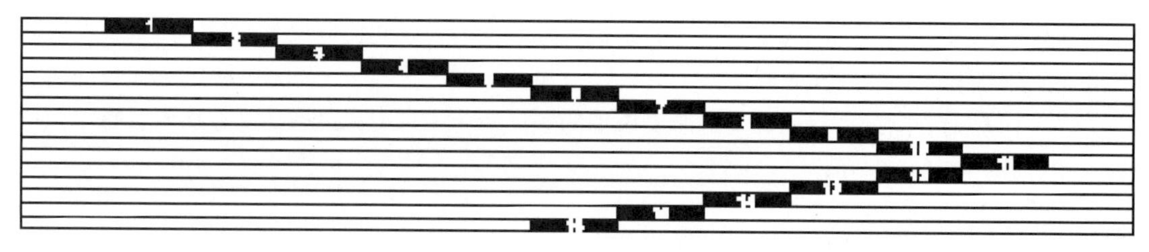

图2–77 “之”字形配帖标记

（7）切换到“印版”界面，从资源文件夹中选择名称为1030mm×790mm（PDF）的对开印版模版，如图2–78所示。选择印版模版为1030mm×790mm（PDF），放置模式为正背套。关于纸张参数，根据本例拼版要求，设置纸张宽度为886.0mm，高度为595.0mm，如图2–79所示。

图2–78 打开对开印版模版

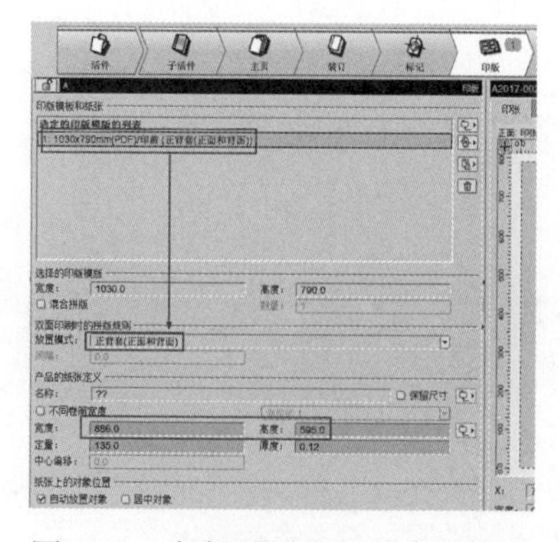

图2–79 印版及纸张相关参数设置

（8）切换到“方案”界面，点击折页方案文件夹浏览到“折手方案”自定义“印前”组下，当前组是空的，如图2-80所示。

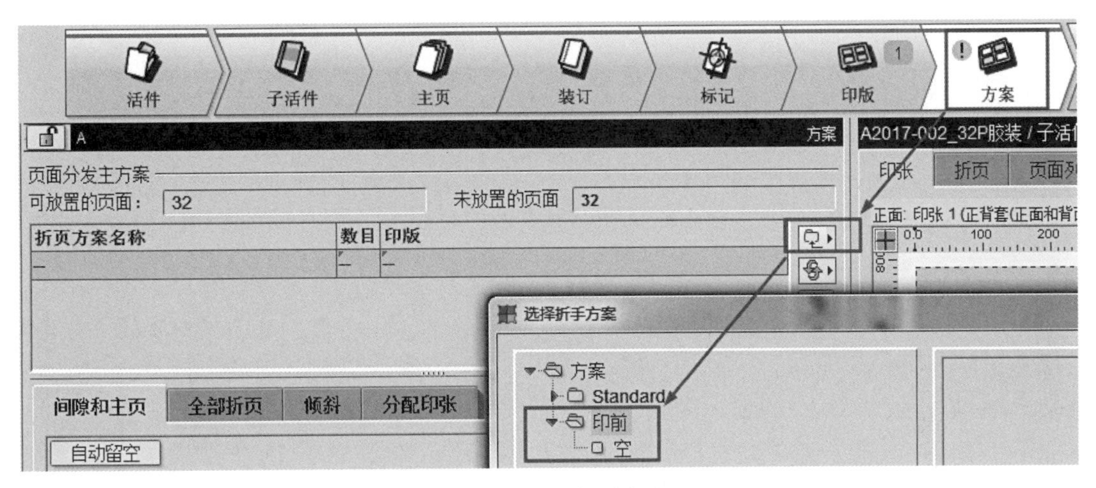

图2-80　查看折手方案

需要新建折页方案，首先，选中“印前”组，点击左下方“新建”按钮，弹出折页方案编辑器，如图2-81所示。

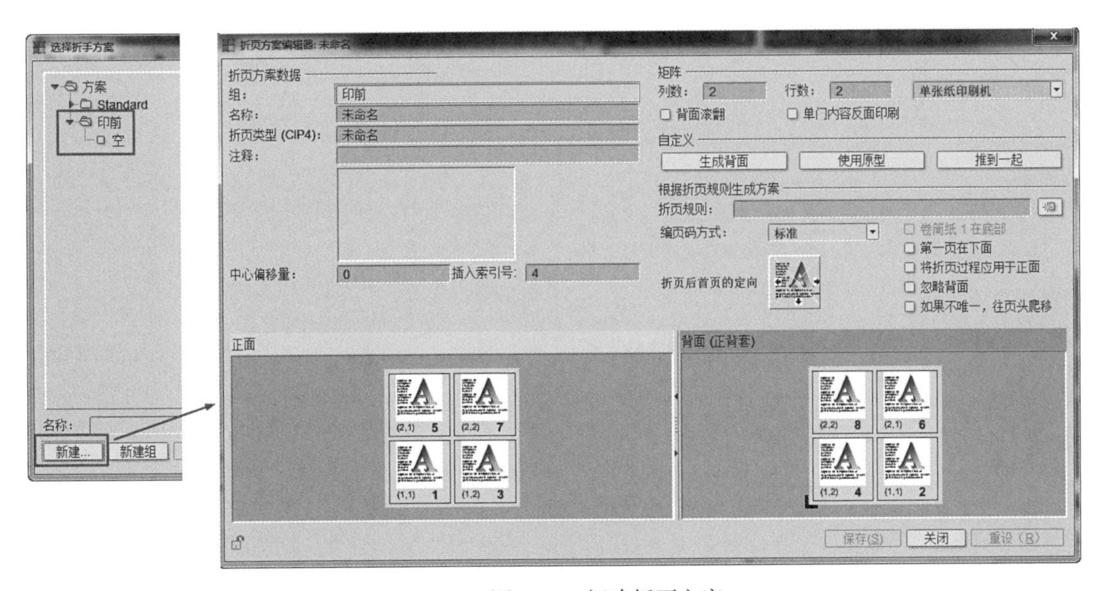

图2-81　新建折页方案

在折页方案编辑器中，需为本例编辑一个16页正背套的折页方案，步骤如下：

① 在名称处输入折手名称，建议根据折手特征命名，方便后续拼版搜索调用。例如：4×2_16页正背套。在列数和行数位置分别输入折手单面页码所需的行列数量，如图2-82所示。

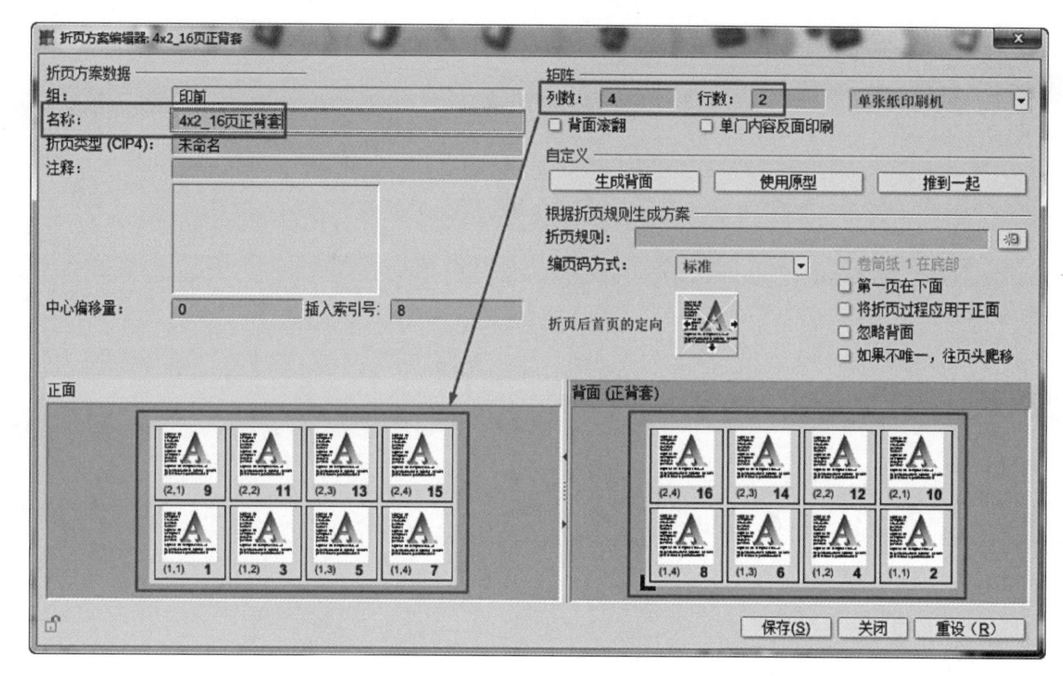

图2-82　输入折手名称及拼版的行数、列数

② 根据折页方法，修改正面的页面方向，此处以“头对头”方式为例。修改方法：用鼠标点击每一个页面的空白区域，贴近下方点击则头改为向下，贴近左方点击则头改为向左，如图2-83所示。

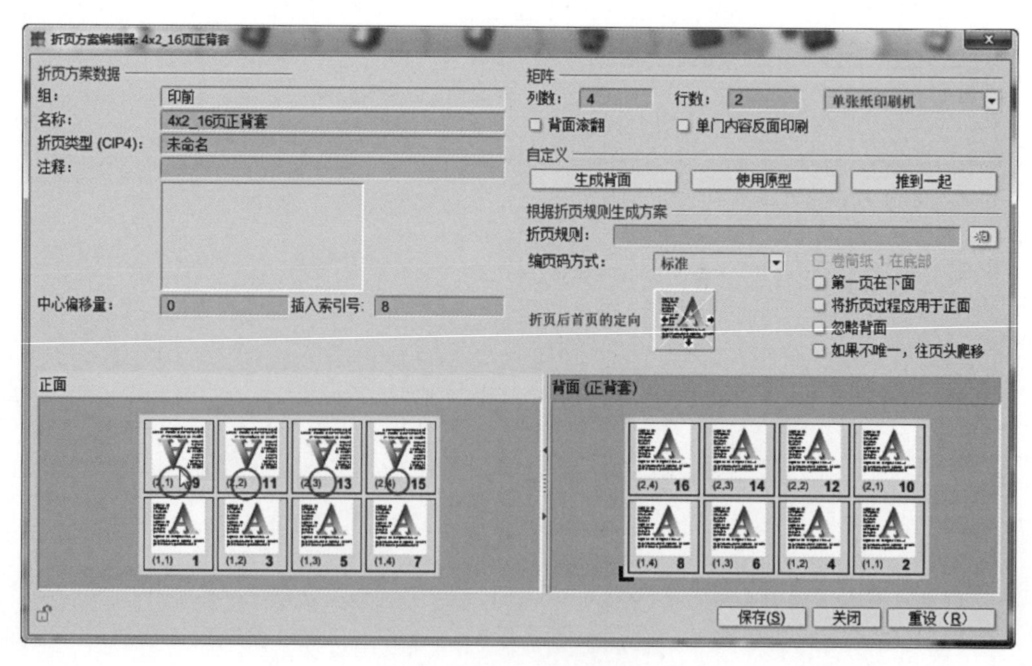

图2-83　修改正面页面方向

③ 根据折页顺序，修改正面的页码编号。修改方法：点击页码位置，则页码显示为可编辑状态，在页码框中输入正确的页码编号即可，如图2-84所示。

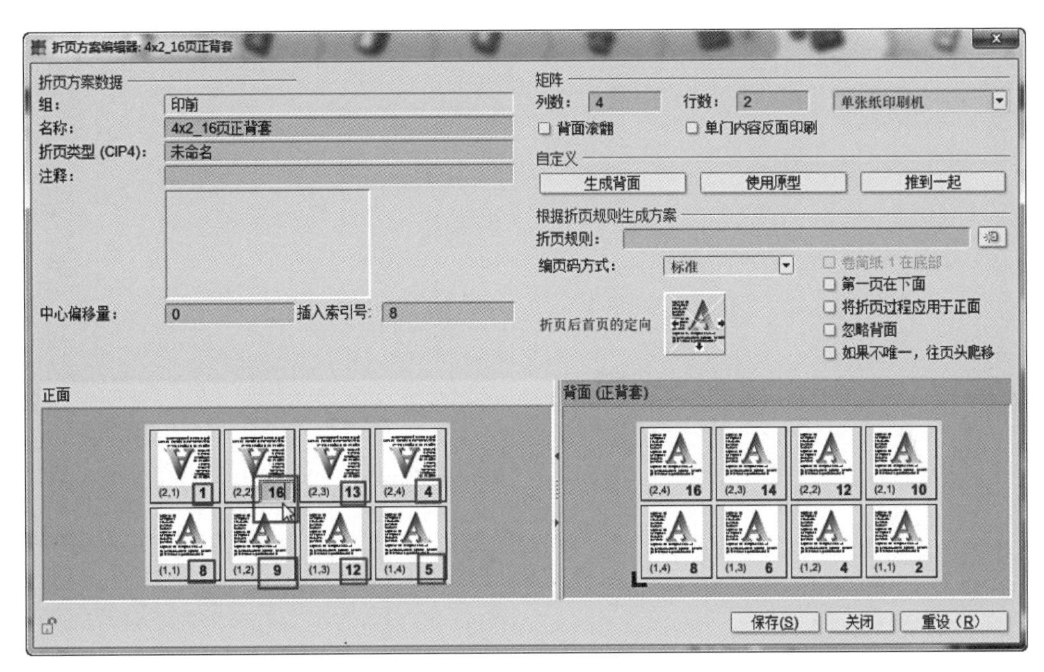

图2-84　修改正面页码编号

④ 调整好正面页面的方向和页码编号后，点击“生成背面”按钮，则背面的页面方向和页码编号会根据正面的方向和页码编号自动生成，如图2-85所示。

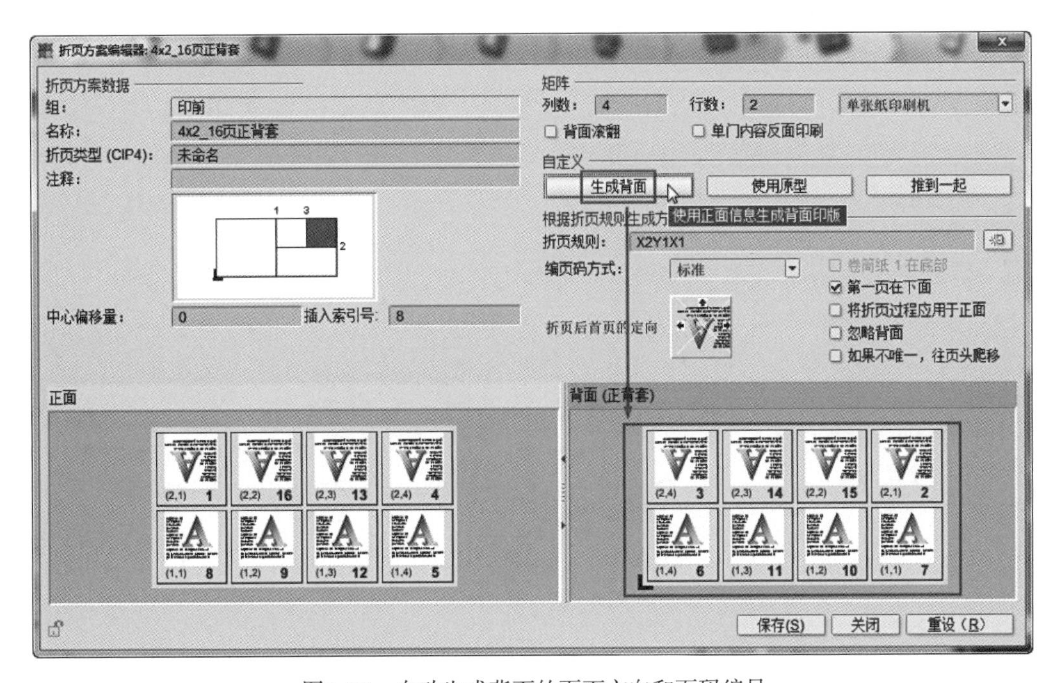

图2-85　自动生成背面的页面方向和页码编号

⑤ 点击“保存”，完成一个16页正背套的折页方案到“印前”组中供拼版选择，如图2-86所示。

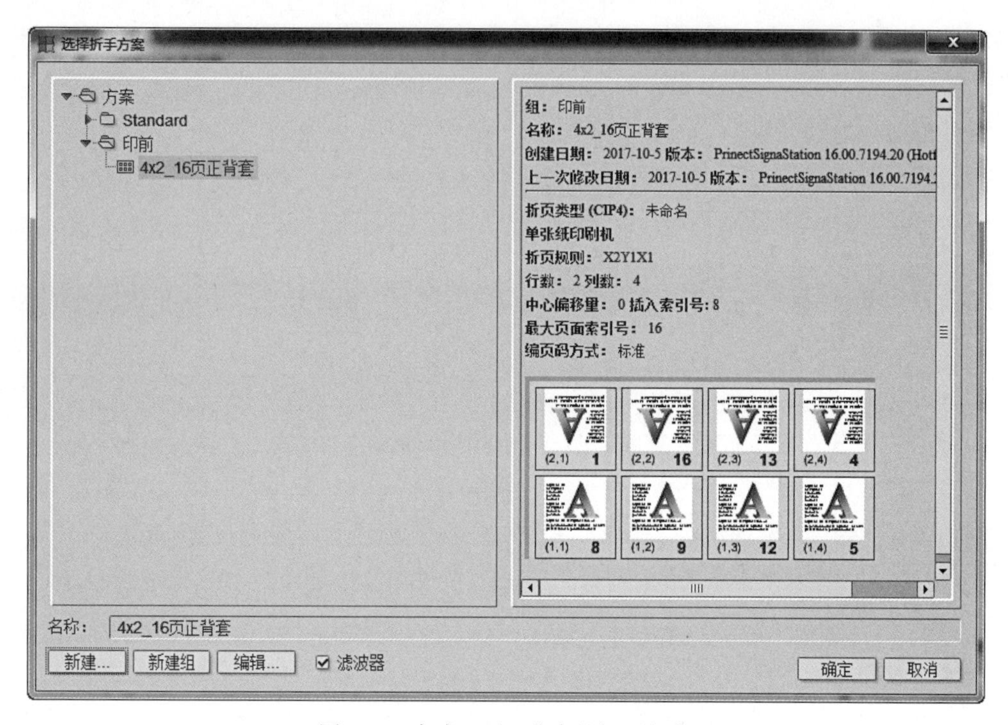

图2-86　完成16页正背套的折页方案

（9）应用步骤（8）中编辑号的折页方案。本例需放置PDF页面共32页，一个正背套折手为16页，则软件默认自动分配2套折手方案（数目2），以分配完所有页面，如图2-87所示。

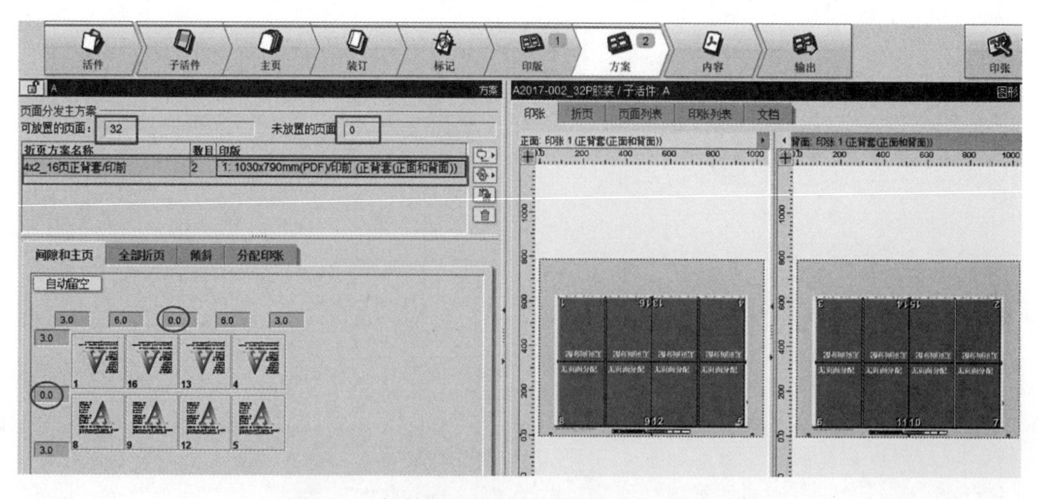

图2-87　软件按指定的折页方案自动分配页面

（10）点击“自动留空”，或在数值框中手动修改数值，设置各页面间的间距，如图2–88所示。

（11）切换到“内容”界面，添加本例案例文件。

① 选中“文档”，右键，点击“文档”按钮，浏览PDF文件所在文件夹路径，如图2–89所示。

② 打开本例案例文件“32页胶装_210mm×285mm.pdf”，如图2–90所示。

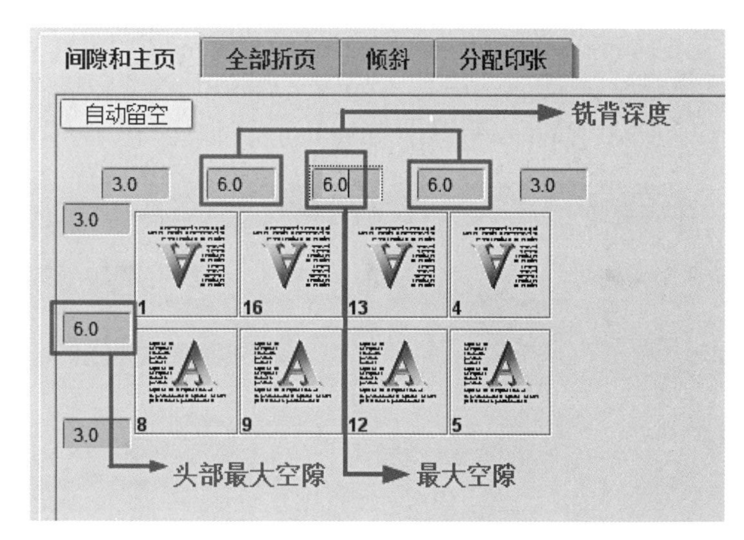

图2–88 设置各页面间的间距

图2–89 右键点击“文档”按钮

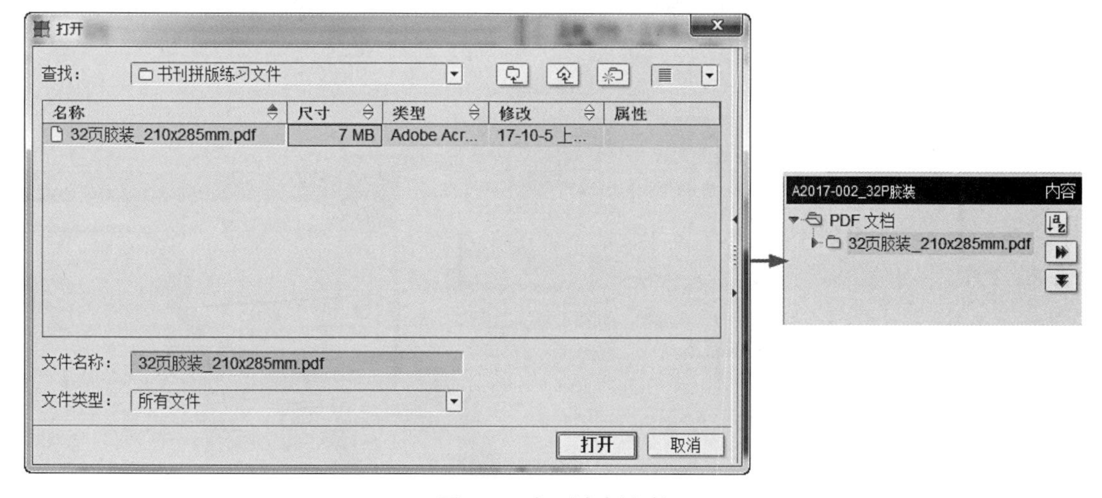

图2–90 打开案例文件

（12）拖放PDF文件到版面第1页的页面中心后松开鼠标（也可以在PDF文档上点击右键后选择“指派页面”），则软件自动按照文件的页码顺序，自动将PDF文件指派到折页方案所相对应的页面编号之中，如图2-91所示。

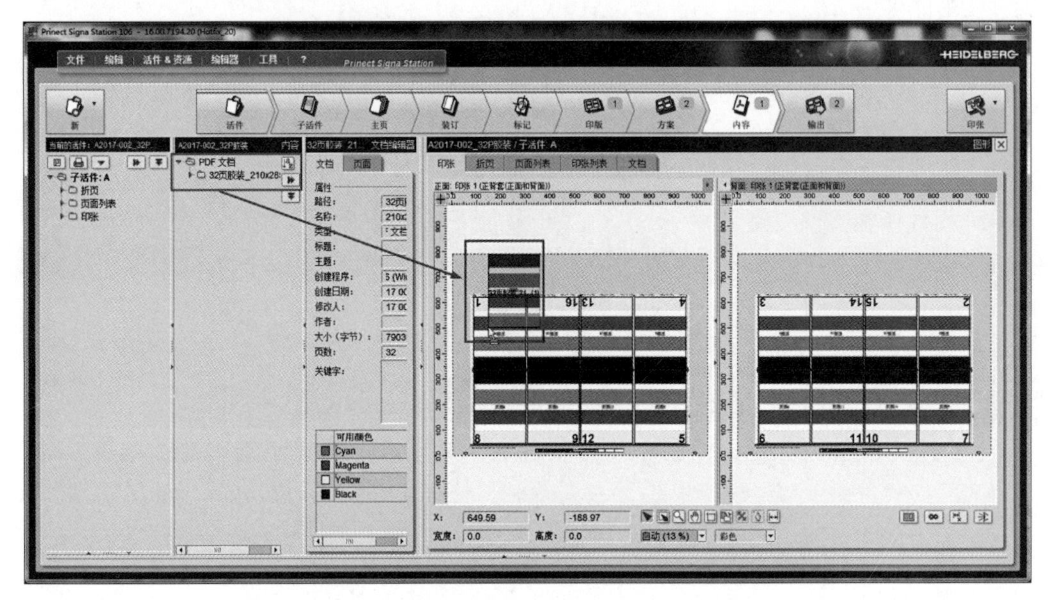

图2-91 拖放PDF文件到版面第1页的页面中心

（13）切换到“输出”界面，选择所有子活件（印张1和印张2），再点击“输出”按钮，则是按照输出参数集1030mm×790mm（PDF）中所设定的参数和路径来保存大版PDF，如图2-92所示。

（14）到输出文件夹中查看本例输出的所有PDF大版文件，如图2-93所示。

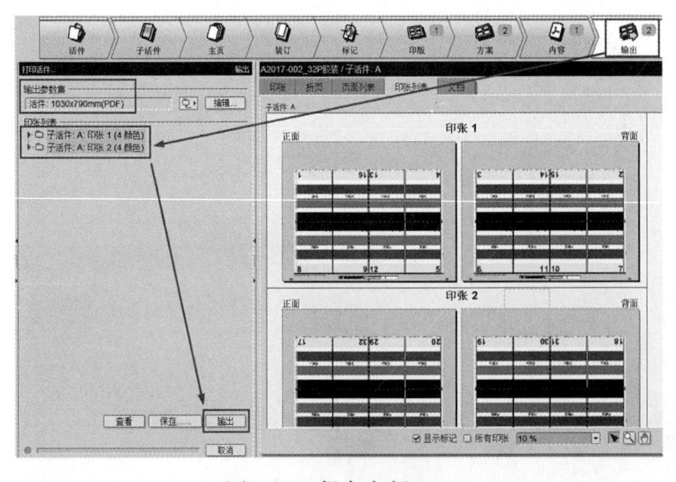

图2-92 保存大版PDF

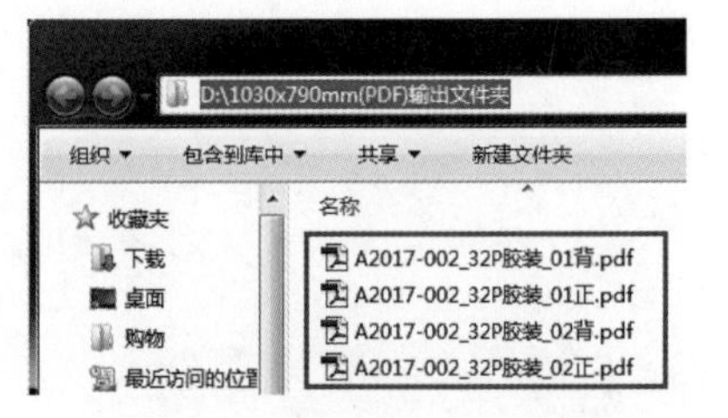

图2-93 查看PDF大版文件

3. 骑马订拼大版案例

案例五　将案例文件24页骑马订_210mm×285mm按照以下拼版要求进行拼版，并输出大版PDF文件。

印版尺寸：1030mm×790mm；

纸张尺寸：886mm×595mm；

成品尺寸：210mm×285mm；

出血尺寸：3mm；

装订方式：骑马订，爬移2mm；

印刷拼版方式：自翻版–单面侧翻（拼1套，共8页），正背套（拼1套，共16页），8页的折手作为外套帖，16页的折手作为内套帖。

（1）打开拼版软件,创建新活件。可通过点击“创建新活件”按钮，或菜单“文件”>“新建”，或快捷键Ctrl+N方式创建，如图2–94所示。

（2）在“活件”界面下输入活件序号信息（例：A2017–003）和活件名信息（例：24P骑马订），如图2–95所示。

图2–94　创建新活件

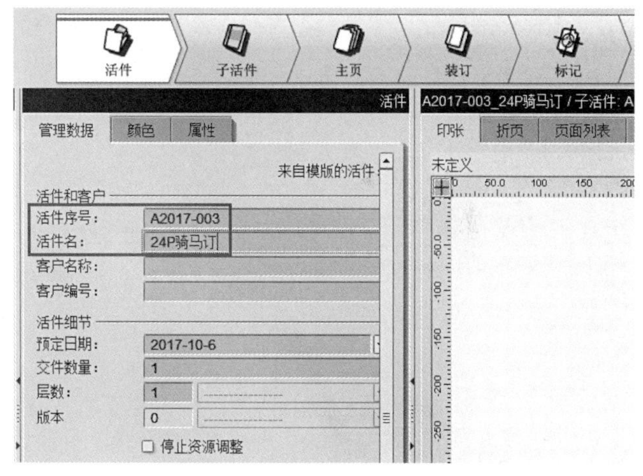

图2–95　输入活件序号和活件名

（3）切换到“子活件”界面，按照本例拼版要求，在页面总数处输入总页数为24，其余参数跟案例二胶装拼版相同，如图2–96所示。

（4）切换到“主页”界面，按要求设置主页相关参数，如图2–97所示。

（5）切换到“装订”界面，设置相关参数，如图2–98所示。

① 装订方式。根据案例要求，选择骑马订。

② 爬移。针对骑马订装订方式，通常都需要设置爬移参数。这里可以根据操作习惯设置手动爬移和自动爬移两种模式。

a. 选择手动爬移时，可以选择“偏移”和“缩放”两种方式来实现内页向订口方向（书脊方向）的移动。默认为“偏移”方式，如果遇到内页之间有跨图情况的，为了防止偏移后出现图文错位的问题，可以选择“缩放”方式。内页移动的距离则通过在“内爬移”处设置一个移动最大量即可。比如本例中输入–2.0mm，则表示最内页向订口移动2mm，它之前和之后的

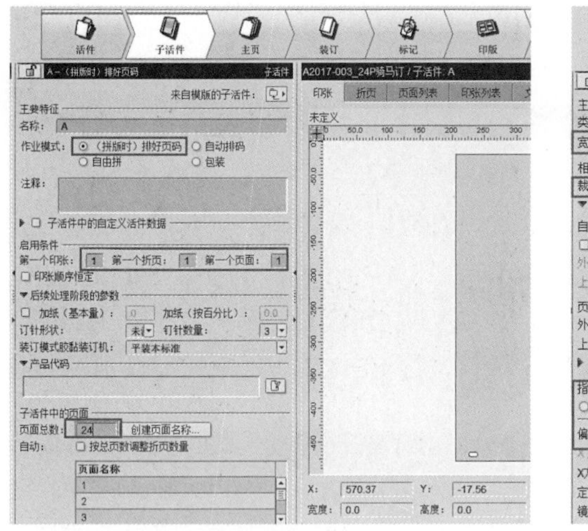

图2-96　按照拼版要求输入相关参数

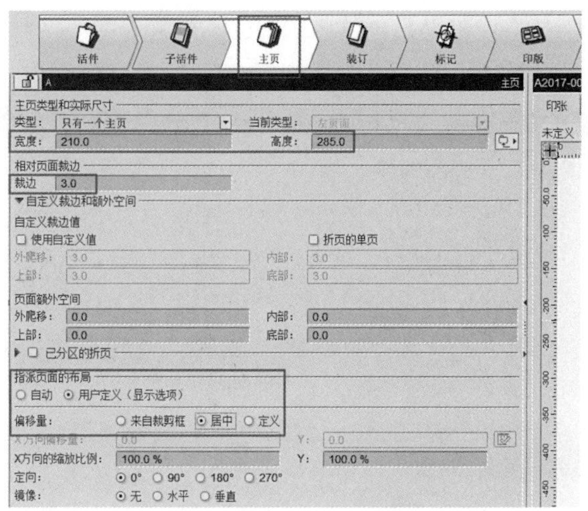

图2-97　设置主页参数

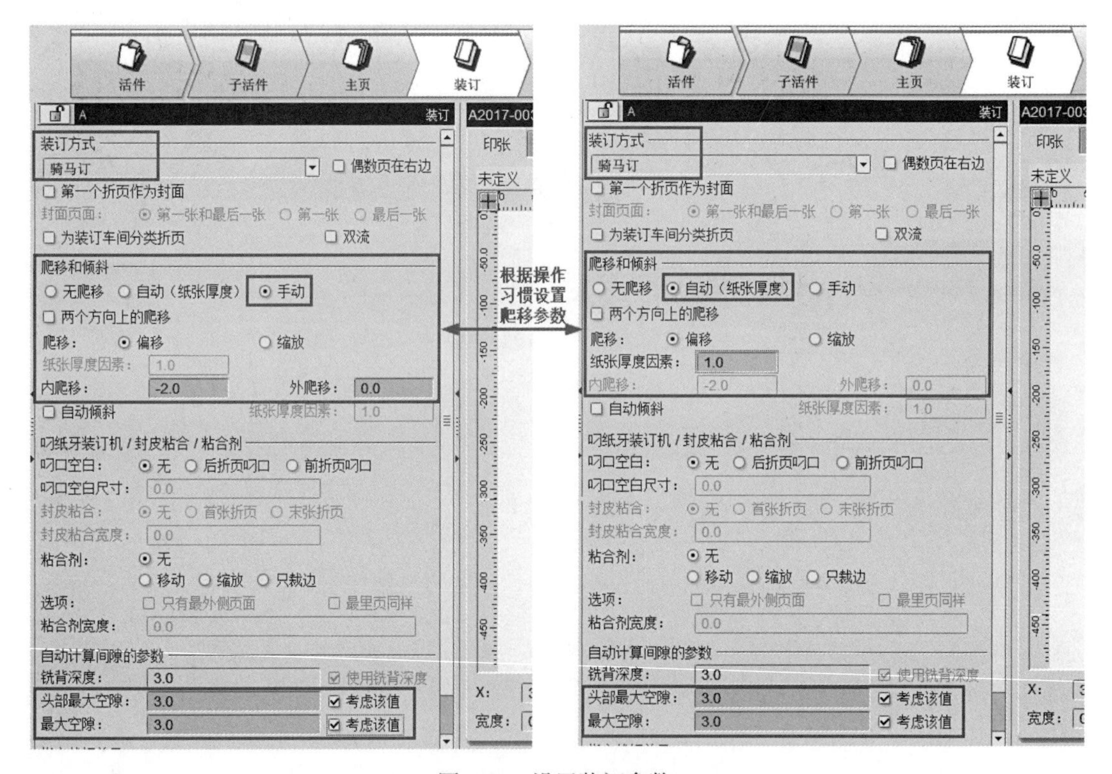

图2-98　设置装订参数

页面则由软件根据页面总数以逐页递减的方式自动计算偏移量，第一页和最后一页不动，即移动量为零。

b. 选择自动（纸张厚度）爬移时，爬移方式同样有“偏移”和“缩放”两种方式。它的偏移量通过“纸张厚度”和“纸张厚度因素”来自动计算。

计算公式为：（纸张厚度×纸张厚度因素）= 每页的需要爬移量。

所以最大偏移量=（纸张厚度 × 纸张厚度因素 × 总页数）/2。

若选择自动爬移方式，注意在后续的步骤“印版”中必须正确设置纸张厚度信息，如图2-99所示。

c. 头部最大空隙和最大空隙：设置3.0mm。它代表的是折页方案各主页之间的间距为单边3mm，一共6mm（书脊位置间距自动为零，骑马订无需铣背参数）。

（6）切换到“标记”界面，与无线胶订方式不同的是，骑马订通常不勾选配帖标记，以防止帖标裸露在书脊位置，而且骑马订通常帖数不会太多，不易出现排错书帖顺序的问题，如图2-100所示。

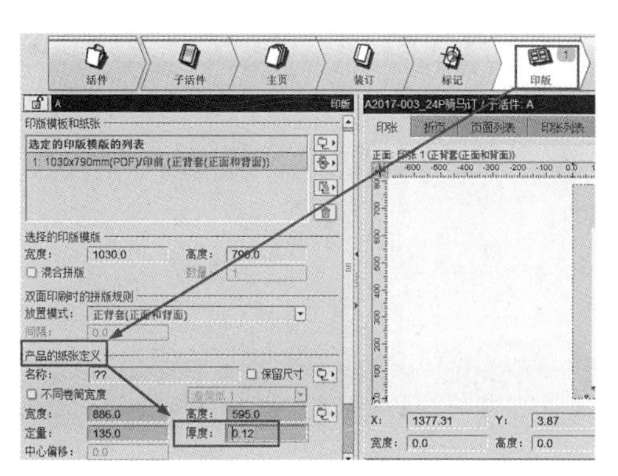

图2-99 装订设置自动爬移时需准确输入纸张厚度信息

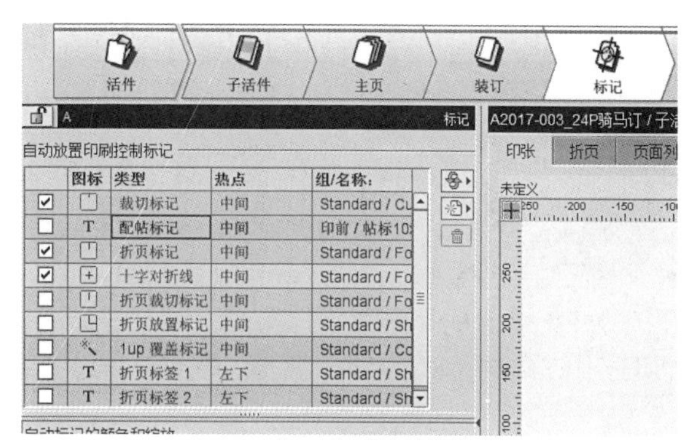

图2-100 添加标记

（7）切换到“印版”界面，从资源文件夹中选择名称为1030mm × 790mm（PDF）的对开印版模版，如图2-101所示。选择印版模版1-1030mm × 790mm（PDF），设置其放置模式为正背套，同时在纸张参数中根据案例拼版要求，设置纸张宽度为886.0mm，高度为595.0mm，如图2-102所示。

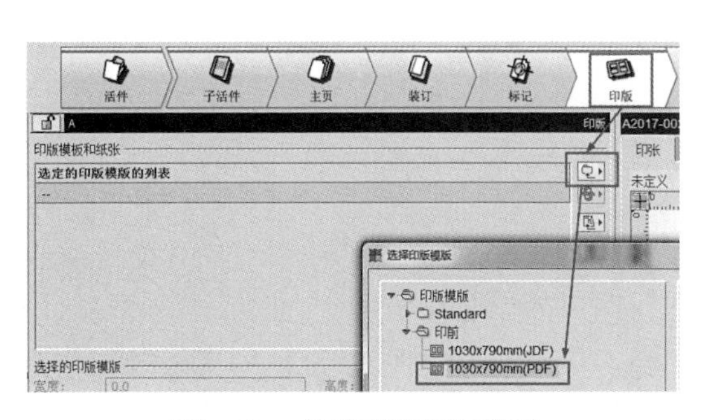

图2-101 选择对开印版模版

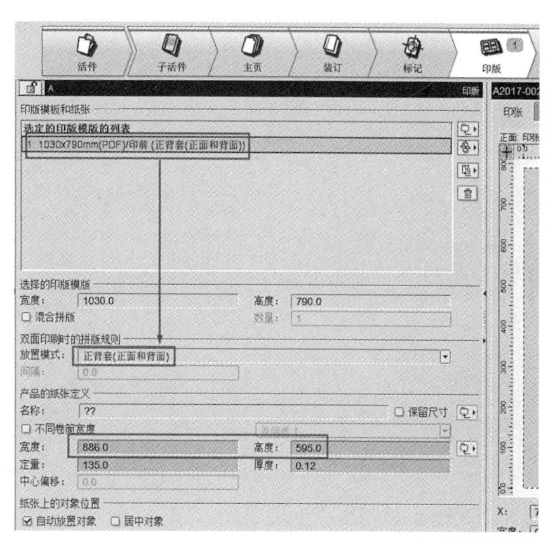

图2-102 设置印版模版1的放置模式和纸张参数

用同样方式，再添加一次1030mm×790mm（PDF）这个对开印版模版，供8页单面侧翻折手调用。选择印版模版2-1030mm×790mm（PDF），设置其放置模式为单面侧翻，按要求设置纸张相关参数信息，如图2-103所示。

（8）切换到“方案”界面，点击折页方案文件夹浏览到“折手方案”对话框，选择分配正确的折手方案，如图2-104所示。

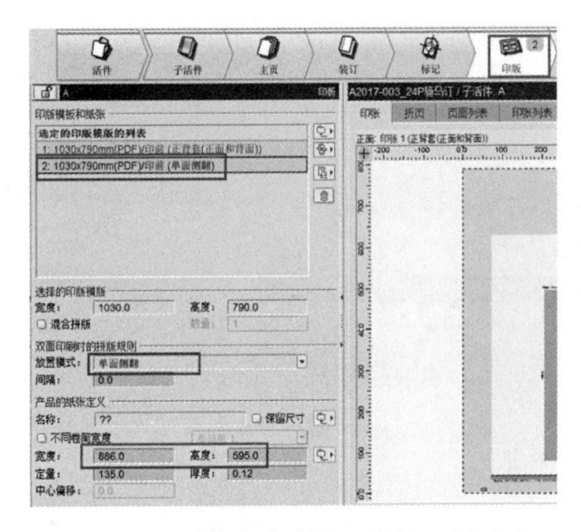

图2-103　设置印版模版2的放置模式和纸张参数

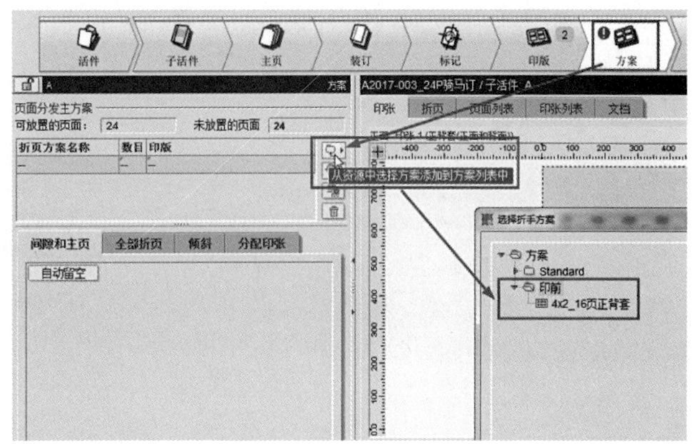

图2-104　浏览折页方案

① 创建折页方案。本例需要2个折页方案：一个包含8个页面的折手用于单面侧翻印版，一个包含16个页面的折手用于正背套印版。16页的折手我们在胶装案例中已经创建过，在此可以直接调用。在此我们新建一个“2×2_8页正背套”的折手方案用于“单面侧翻”印版，页面方向和页码编号定义同“4×2_16页正背套”的创建过程方法一样，不再赘述，具体参数如图2-105所示。

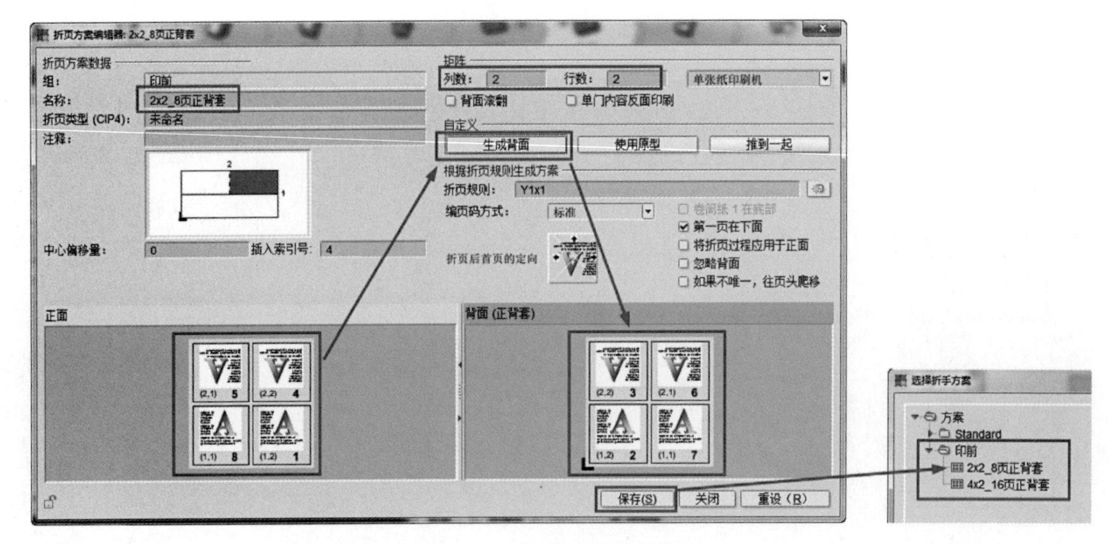

图2-105　折页方案参数设置

② 添加折页方案。按照拼版要求，要将8页单面侧翻作为外套帖，操作上建议先添加单面侧翻对应的折手，如图2-106所示。

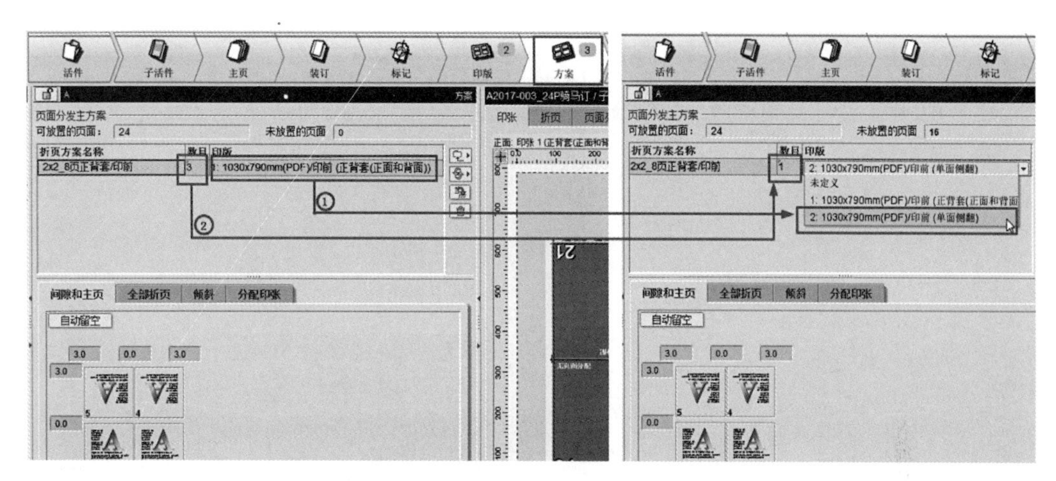

图2-106　添加单面侧翻对应的折手

添加“2×2_8页正背套”折页方案后，软件默认会分配数目“3”，以尽可能将24页分派完，所以需要修改两处参数。

a. 在印版出双击，下拉菜单选择印版2：1030mm×790mm（PDF）单面侧翻这个印版。

b. 在数目处，将3改成1，即分配一套折手即可，余下的16个页面分配给16页正背套。

③ 调整页面间距。点击自动留空，或手动设置，如图2-107所示。

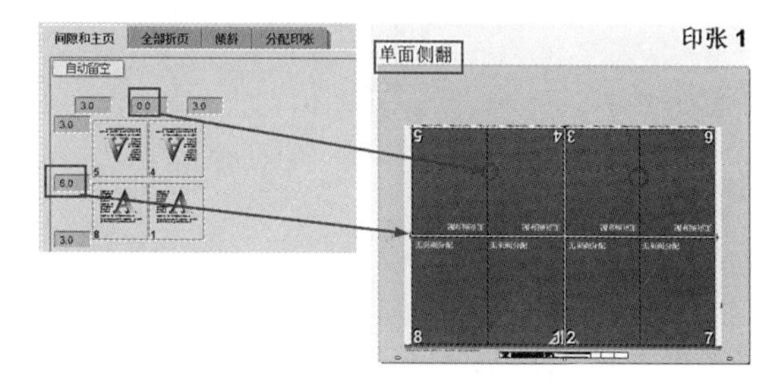

图2-107　调整页面间距

用同样方法添加16页正背套折页方案，并选择正背套模式的印版1，调整数目和留空，如图2-108所示。查看印张列表，如图2-109所示。

图2-108　添加折页方案

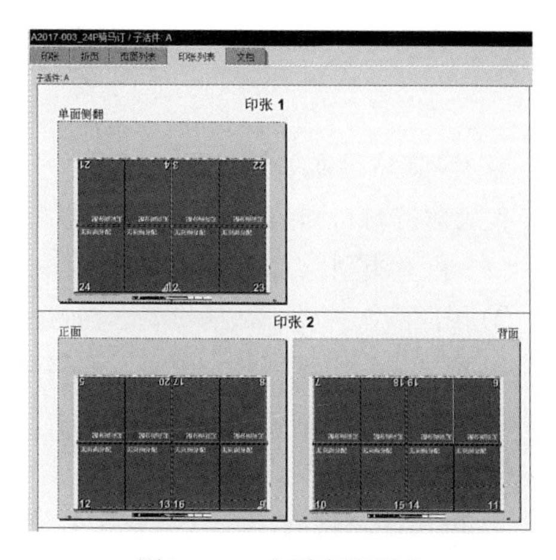

图2-109　查看印张列表

（9）切换到“内容”界面，添加本例“24页骑马订_210mm×285mm.pdf”文件，并分派页面到版面之中，如图2-110所示，操作方法同案例二胶装拼版。

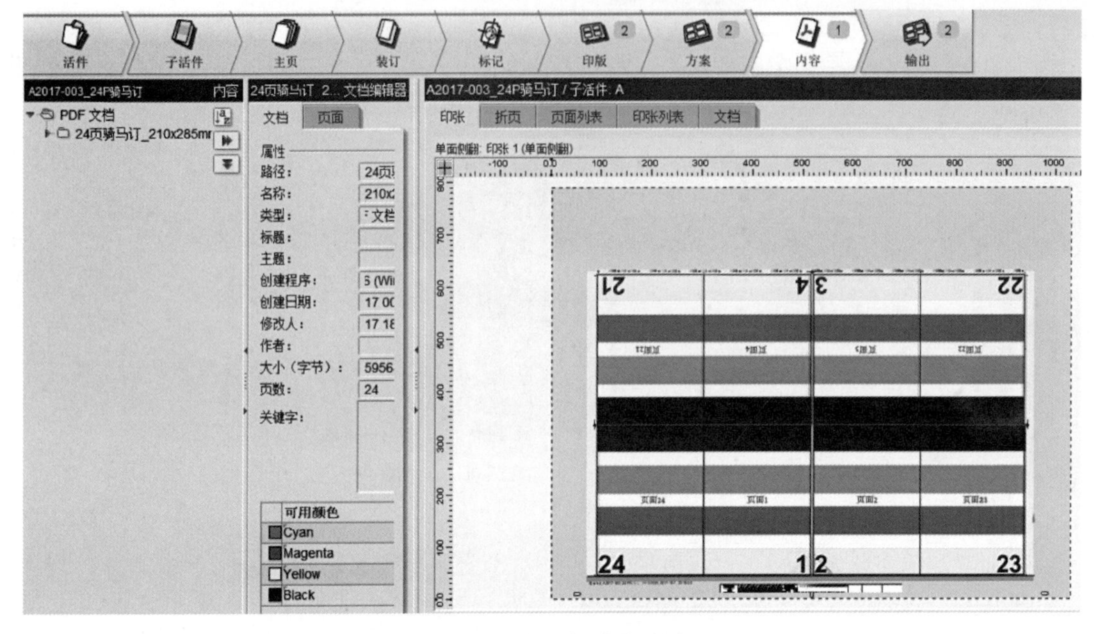

图2-110 添加文件并分配页面

（10）切换到“输出”界面，输出所有大版PDF文件到指定路径，保存并查看大版PDF文件，如图2-111所示，操作方法同案例二胶装拼版。

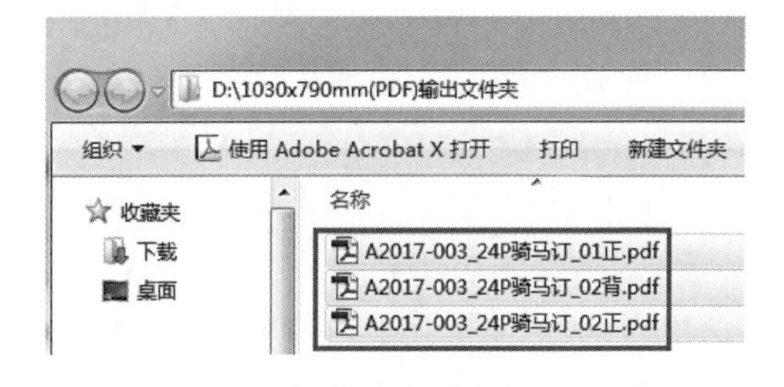

图2-111 保存并查看大版PDF文件

任务三 包装盒拼大版

1. 包装盒基本知识

包装盒的材料和结构种类繁多，目前应用较多的类型是纸盒。

（1）纸盒类型

① 按照纸张种类。瓦楞纸盒、白板纸盒、卡板纸盒、茶板纸盒等。

② 按照材料厚度。厚板纸盒、薄板纸盒。

③ 按结构。折叠纸盒、固定纸盒。

④ 按形式。抽屉式、摇盖式、套盖式、手提式、开窗式、陈列式、组合式等。

⑤ 按用途。食品用纸盒、纺织品用纸盒、化工产品用纸盒、药品用纸盒、化妆品用纸盒等。

（2）纸盒的基本结构

① 锁扣式。指盒式部分的面相互之间可以相互锁扣、连接。主要包括相互插入式切口的插扣式和相互叠压的压扣式结构。此外，还有外加封套的套扣式等。

② 粘接式。粘接是包装纸盒设计中重要而有效的结构手法，是用粘接的方法，连接不同的面和其他附加部分的结构形式。

③ 间壁式。为了加强纸盒的抗震荡、抗压强度，可加以间壁结构处理，其形式包括盒面的延长自成间壁与附加间壁装置两类。

④ 捆扎式。这是利用条状物，如金属细丝及其他材质的绳之类对包装纸盒进行了捆扎的一种处理手法。

（3）包装拼版注意事项

在包装盒组版时需要注意以下两点：①钢刀与钢刀之间的距离至少留有5mm；②出血的多少要根据做包装盒的纸张材料而定。一般白板纸做的小盒出血3~5mm，裱有瓦楞纸的大包装盒出血为8~10mm。

2. 案例六　基于标准CF$_2$大版刀模文件的包装拼版

这种拼版方式是在刀模设计软件中（如海德堡公司的Heidelberg Prinect Packaging Designer、艾司科公司的Esko ArtiosCAD等软件）提前设计好单个刀模文件，并按照一定规则排列好大版刀模，保存输出为大版刀模格式文件（如“*.cf2”），最后到拼版软件中依据其刀模图位置置入图文内容进行自动拼版的方式。

案例所用软件：海德堡Prinect SignaStation和Adobe Acrobat Pro。

案例相关文件：包装测试文件1.pdf（图文内容）和Packaging1.cf2（大版刀模文件）。

拼版要求：按以下参数拼版，并输出大版PDF文件。

印版尺寸：1030mm × 790mm；

纸张尺寸：980mm × 650mm；

印刷方式：单面印刷；

所有模切图上放相同的盒子内容，操作步骤如下：

（1）打开拼版软件SignaStation，创建新活件。

（2）在“活件”界面下输入活件序号信息A20170910和活件名信息包装盒，如图2-112所示。

（3）切换到“子活件”界面，在作业模式下选择“包装”，如图2-113所示。

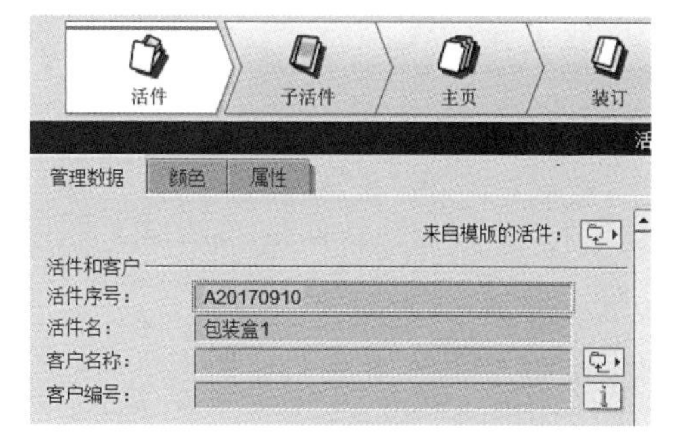

图2-112　输入活件序号和活件名

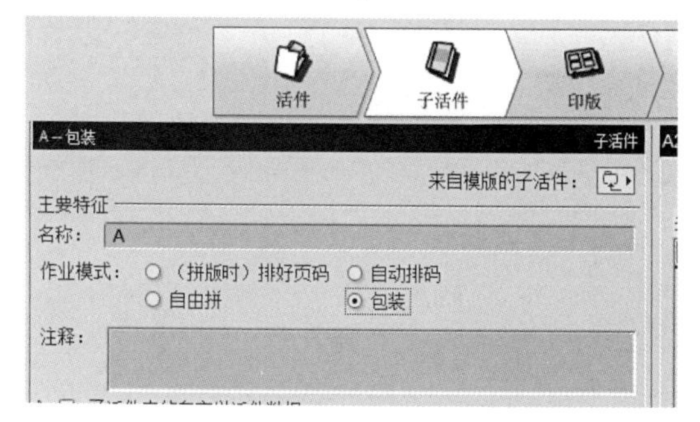

图2-113　选择作业模式为包装

（4）切换到“印版”界面，通过文件夹资源选择1030mm×790mm（PDF）印版模版，如图2-114所示。然后，按照拼版要求，设置印版模式为“单面印刷”，纸张尺寸为980mm×650mm，如图2-115所示。

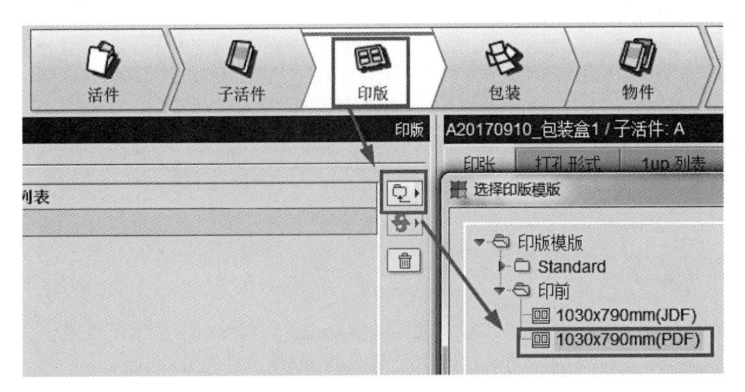

图2-114　选择印版模版

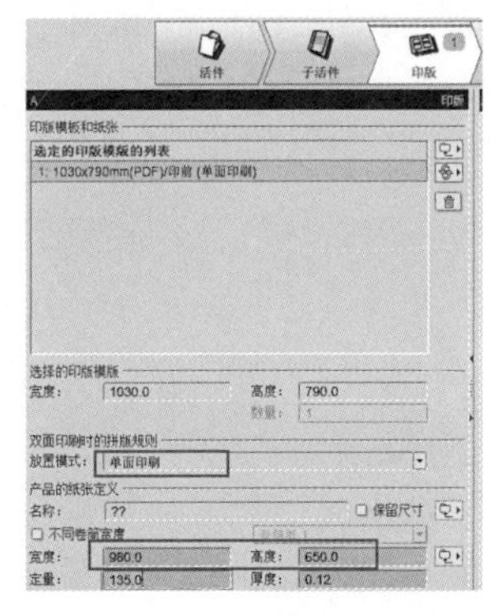

图2-115　设置印版模式和纸张尺寸

（5）切换到“包装”界面，通过文件夹找到本例刀模文件“Packaging1.cf2”文件所在路径，打开，选中状态下，在右边有版式缩略图显示，如图2-116所示。然后，勾选“一个模切图中所有1up具有相同的内容”，则软件自动为每个模切图分配相同的位置信息，如图2-117所示。

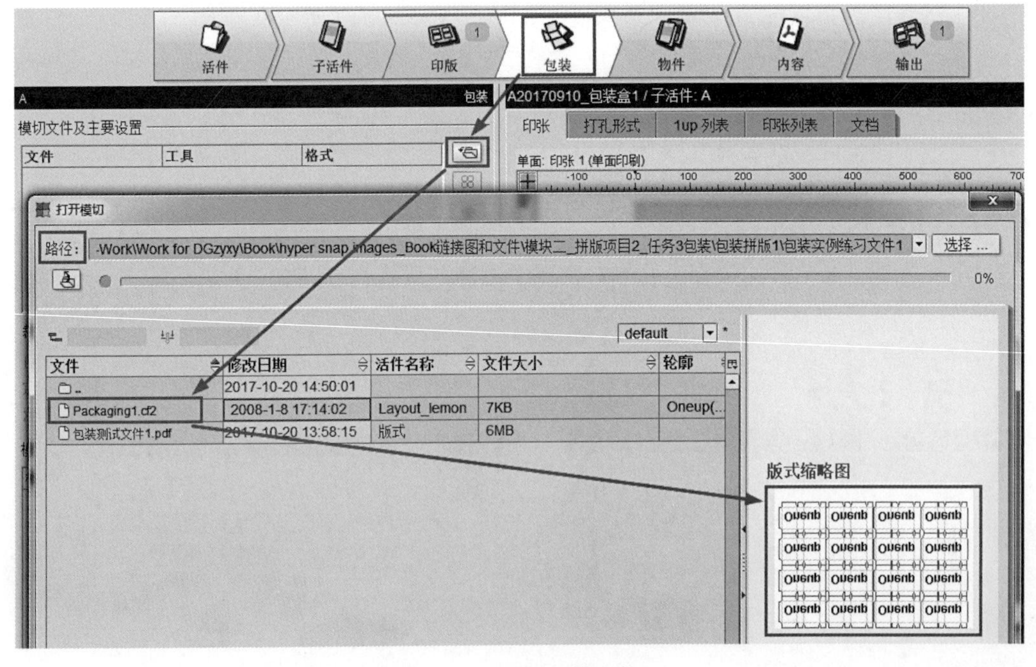

图2-116　添加刀模文件

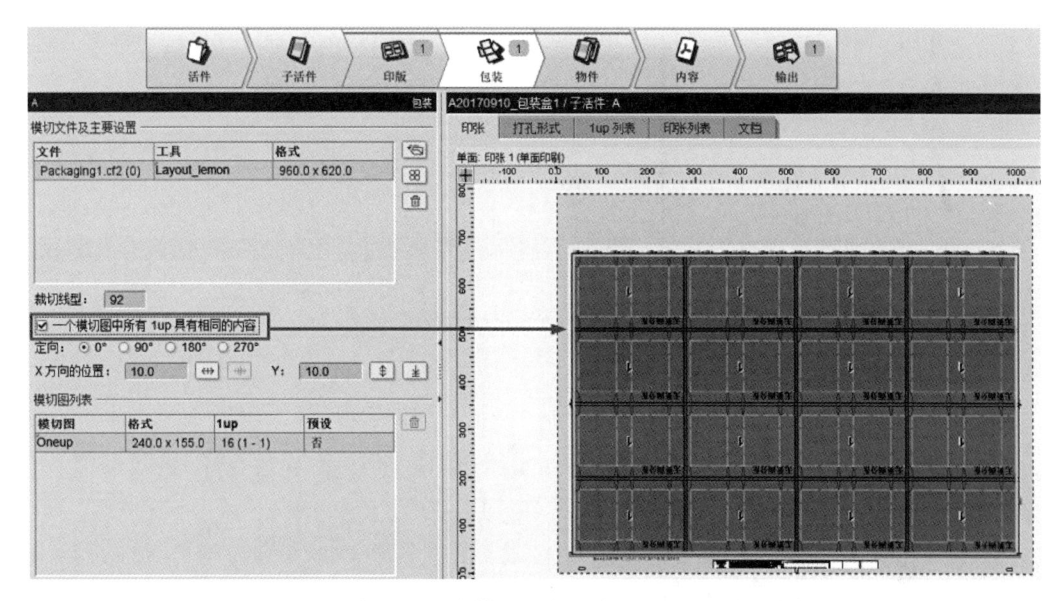

图2-117　勾选“一个模切图中所有1up具有相同的内容”

（6）切换到“内容”界面，添加该案例所对应的文档“包装测试文件1.pdf”打开，如图2-118所示。

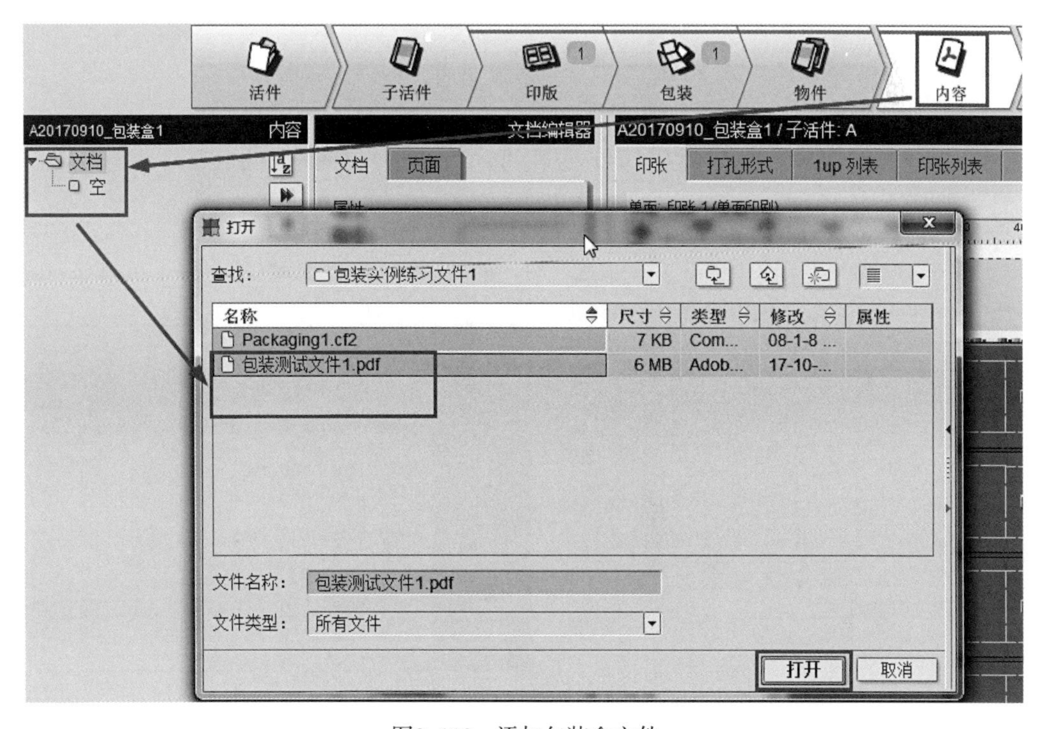

图2-118　添加包装盒文件

（7）将PDF文档以拖放的方式拉到“印张”的任意一个模切图上方，完成自动拼版，如图2-119所示。

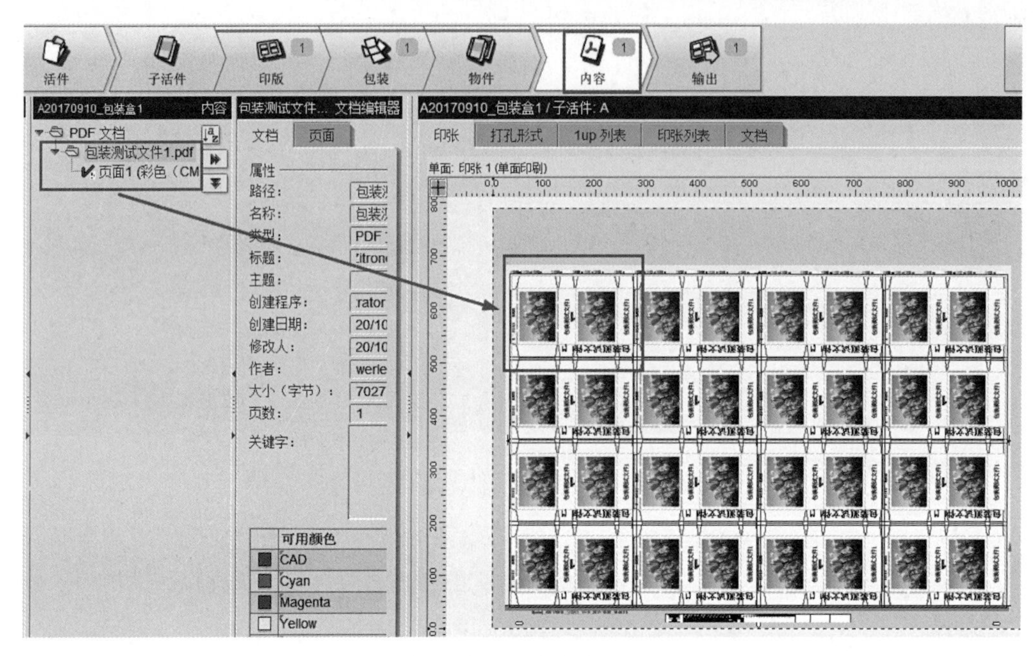

图2-119 将包装盒文件拖放到模切图上方

（8）切换到“输出”界面，选择子活件印张，点击“输出”按钮，将大版PDF文件输出到输出参数集所指定的路径，如图2-120所示。

（9）到输出路径下查看大版PDF文件，用Adobe Acrobat Pro软件打开，检查拼版结果，如图2-121所示。

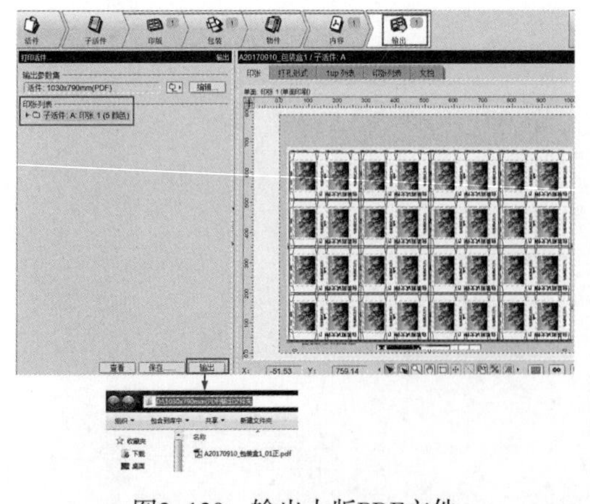

图2-120 输出大版PDF文件

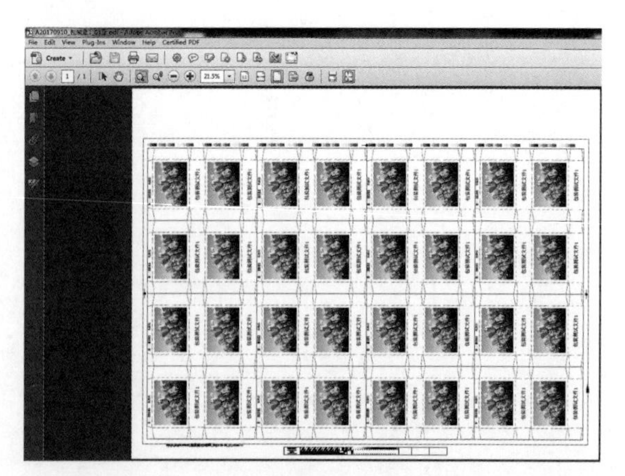

图2-121 检查大版PDF文件

3. 案例七　基于1up刀模文件的包装拼版

1up指的是只提供单个盒型刀模文件，到拼版软件中通过自动识别刀模的刀线位置来实现盒型的对扣功能。SignaStation软件支持的刀模文件格式有：cf2、dxf、dwg、ai、eps、ps、pdf以及其他专业软件生成的刀模文件格式，例如Packaging Designer软件导出的*.evd格式文件。

本案例以最常用的设计软件Adobe Illustrator（后面简称AI软件）所生成的*.ai格式刀模文件为例进行拼版演示。

所需软件：海德堡Prinect SignaStation（必须包含包装拼版功能模块）和Adobe Acrobat Pro。

案例相关文件：Packaging2.ai（刀模文件）、包装测试文件2.pdf（包装盒图文文件）。

按以下拼版要求拼版，并输出大版PDF文件。

印版尺寸：1030mm × 790mm；

纸张尺寸：820mm × 540mm；

印刷方式：单面印刷；

所有模切图上放相同的盒子内容，操作步骤如下：

（1）准备刀模文件，设置线条类型。用AI软件打开该刀模文件“Packaging2.ai”，检查线条类型设置。在拼大版软件中，各模切图之间相互“对扣”的位置、距离和出血参数设置需要正确定义“切线”和“压痕线”这两个最重要的线条属性。在AI软件中，我们可以将切线用实线表示，将压痕线用虚线表示，到后续拼版时SignaStation软件可对它们进行自动识别，如图2-122所示。

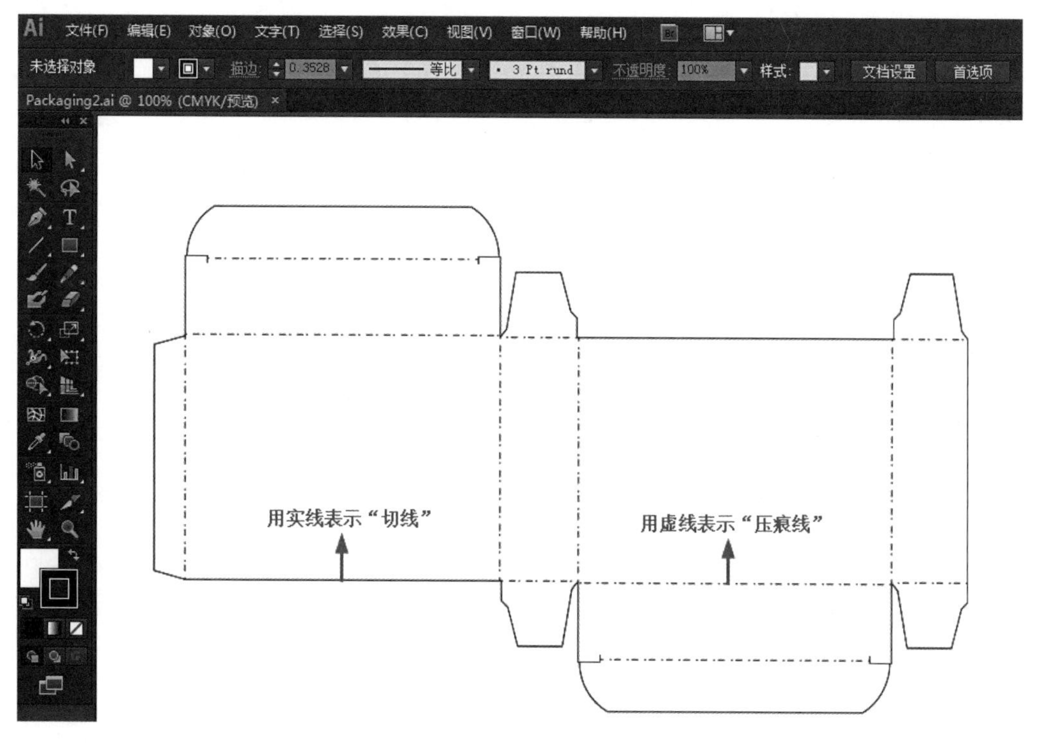

图2-122　刀模文件

（2）打开SignaStation软件，创建新活件。

（3）在“活件”界面下输入活件序号信息A20170911和活件名信息（包装测试2）。

（4）切换到“子活件”界面，在作业模式中选择“包装”模式，如图2-123所示。

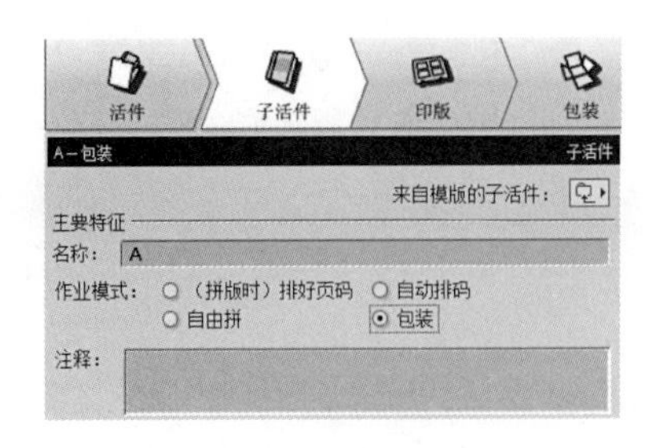

图2-123　选择作业模式

（5）切换到“印版”界面，选择1030mm×790mm（PDF）印版模版，并设置放置模式为“单面印刷”，设置纸张尺寸为宽度820mm，高度540mm，如图2-124所示。

（6）切换到“包装”界面，通过文件夹浏览到“Packaging2.ai”刀模文件所在路径，选择打开它，如图2-125所示。然后，在出现的“导入预览”对话框，这里默认显示跟AI软件中的一致，线条仍显示为实线和虚线的形式，可以在“版式配置过滤器”中选择“AI线条自动识别”过滤器，实现将实线识别为“切线”，虚线识别为“压痕线”，如图2-126所示。

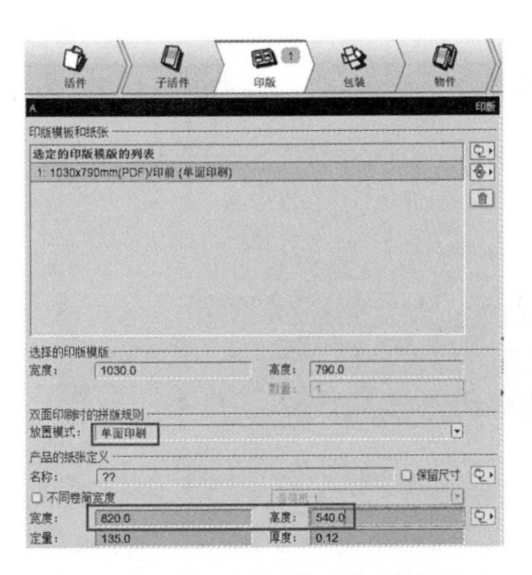

图2-124　设置放置模式和纸张尺寸

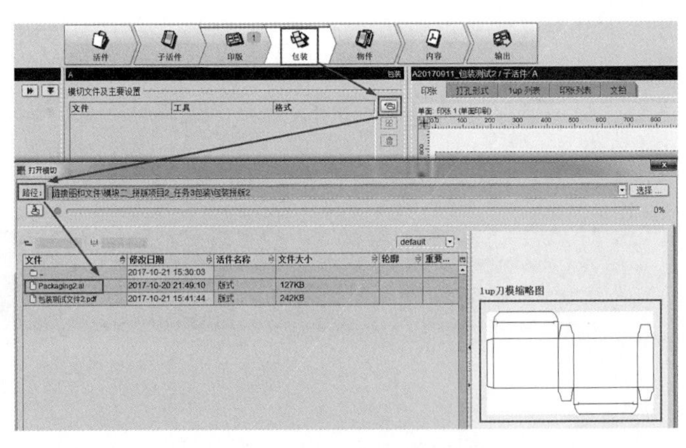

图2-125　打开刀模文件

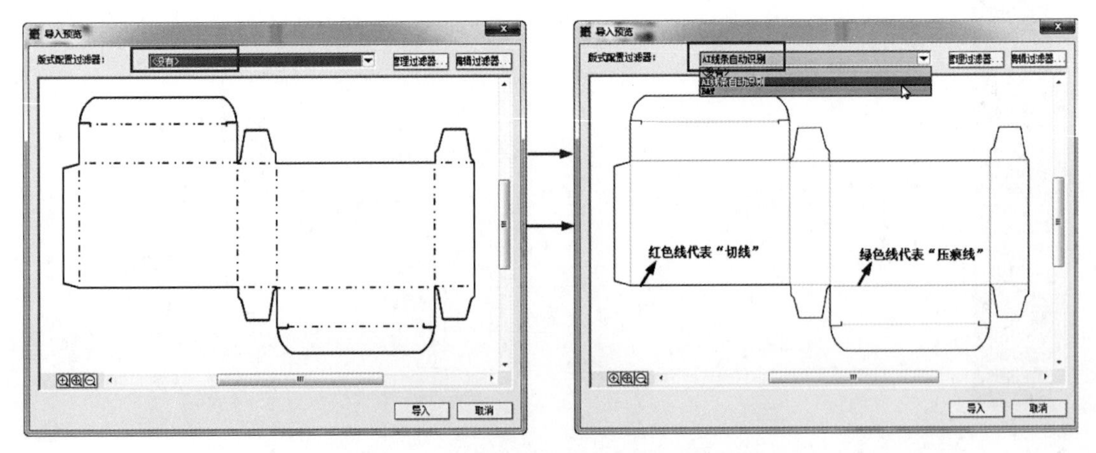

图2-126　在版式配置过滤器中设置线条

关于过滤器的参数设置：过滤器是可以用户自定义的。在“编辑过滤器”对话框内，可以按照线条颜色、宽度、点绘形式等多种方式对线条进行规则定义。本例是按照点绘形式，将所有直线定义成“切线”，同理，可将所有虚线定义成“压痕线”，如图2-127所示。

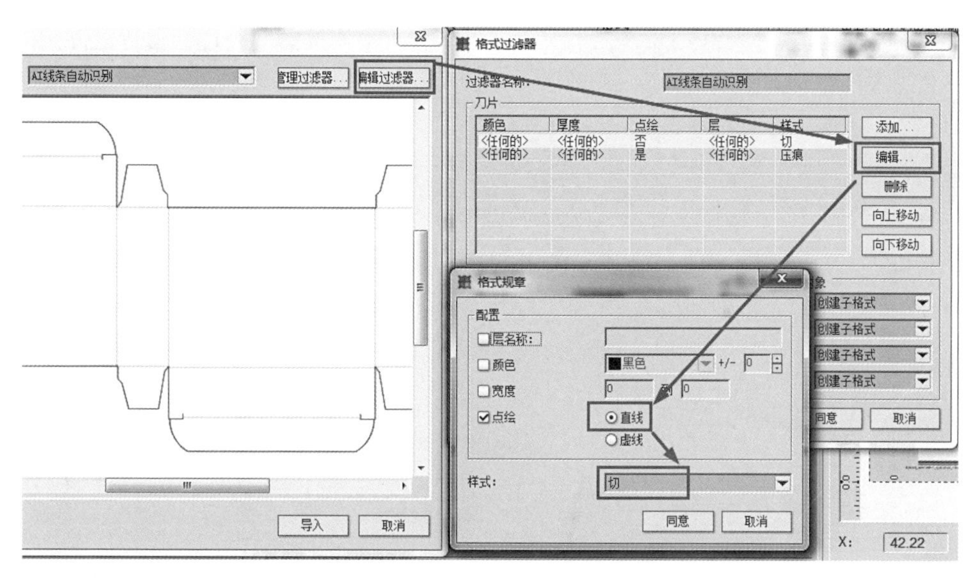

图2-127　自定义过滤器

（7）点击“导入”按钮，进入模切图拼版界面，此处有两个主界面，如图2-128所示为1up模切图文件，可以对模切图进行编辑修改，或者定义出血限制等参数；如图2-129所示“版式”界面为拼版界面，在这里可以将1up模切文件按照客户需要的规则进行拼版组合。

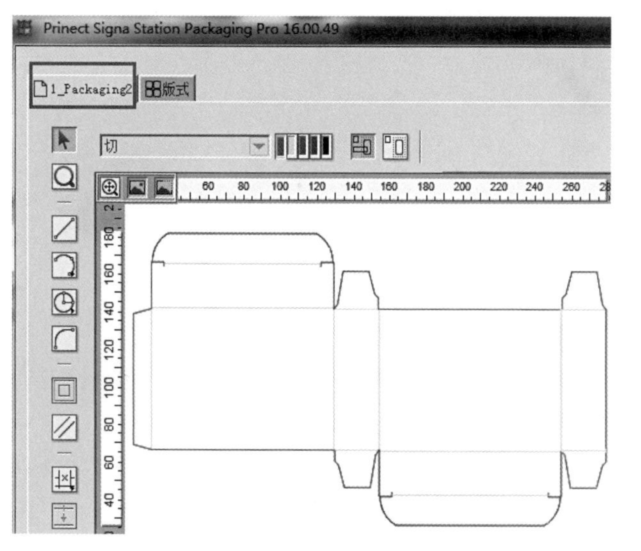

图2-128　1up模切图文件

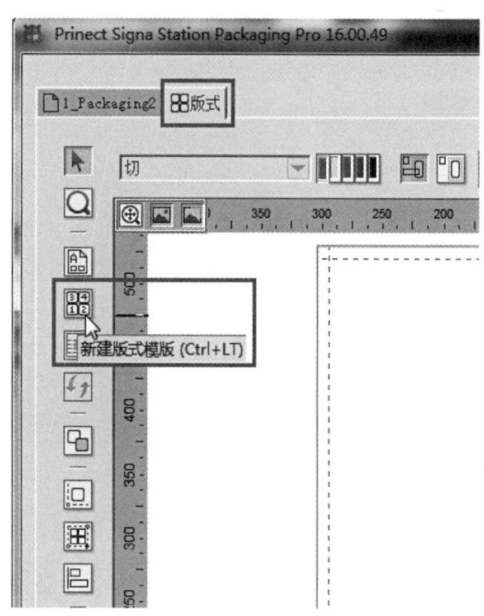

图2-129　拼版界面

（8）在版式中点击“新建版式模版”按钮，在弹出的“布局助手”对话框中按照向导进行模切文件的拼版。

① 选择模版，可以定义模切文件的方向，通常要考虑纸张纹路、咬口方向等因素，如图2–130所示。

② 点击“继续”进入第二部分。第二部分为设置水平摆放的两个模切文件之间的间距，根据工艺需求设置，本例设置为零，如图2–131所示。

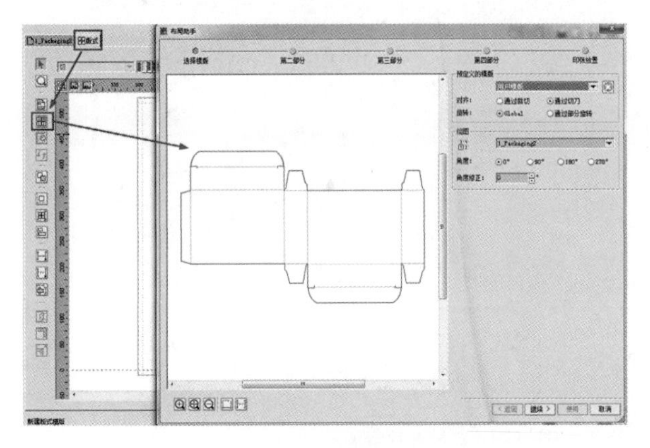

图2–130　设置模切文件方向

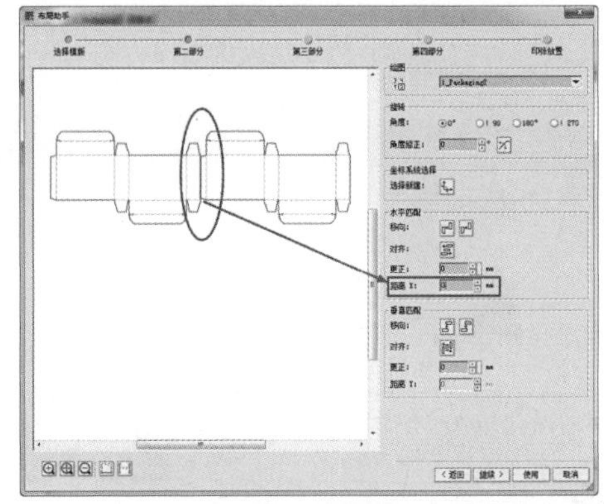

图2–131　设置两个模切文件水平间距

③ 进入第三部分设置，这里需设置垂直摆放的两个模切文件之间的间距，软件默认为零，本例设置为3mm，如图2–132所示。

④ 第四部分，确定四个模切文件之间的左右、上下间距，本例此处设置为默认值，如图2–133所示。

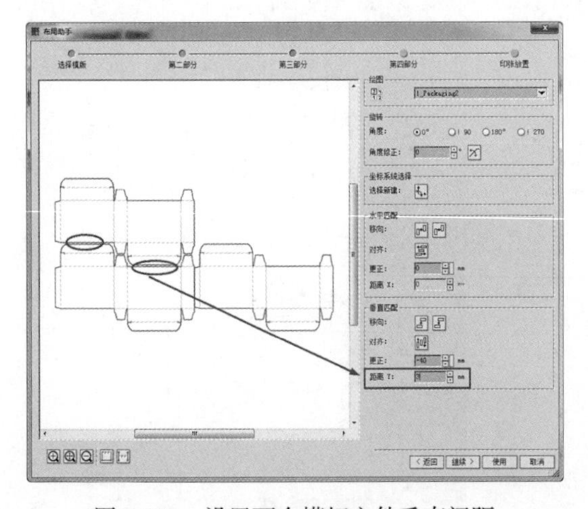

图2–132　设置两个模切文件垂直间距

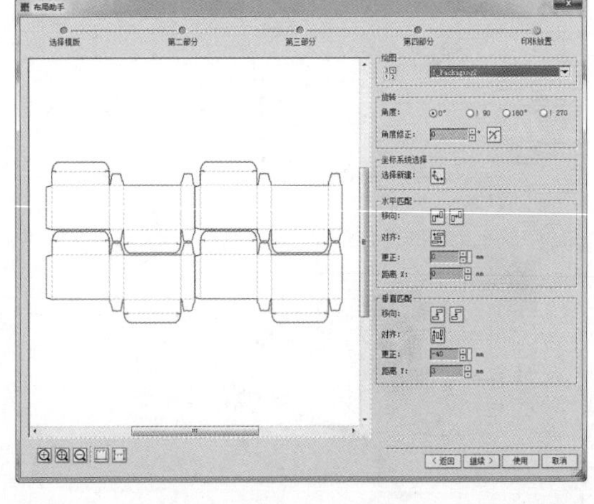

图2–133　设置四个模切文件之间的左右、上下间距

⑤ 第五部分为印张放置，软件会默认根据在印版中定义的纸张尺寸，以及前四部分所定义的规则自动充满印张，如图2–134所示。

⑥ 点击“结束”按钮，返回到版式界面，此时已经将模切文件“对扣”完毕，对于图文内容有出血的情况，接下来需要对文件出血做规则限制。

⑦ 切换到单个模切图界面，点击“根据重要性生成出血框”按钮，如图2–135所示，这里可以定义“重要区域”和“不重要区域”，以设置不同的出血限制。先激活“重要区域”功能框，再点击盒子的前后、左右、上下六面主体部分，将它们设置为“重要区域”，如图2–136所示。

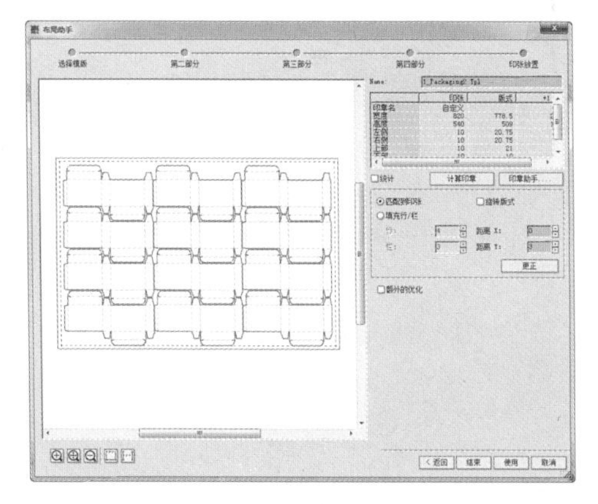

图2–134　印张放置

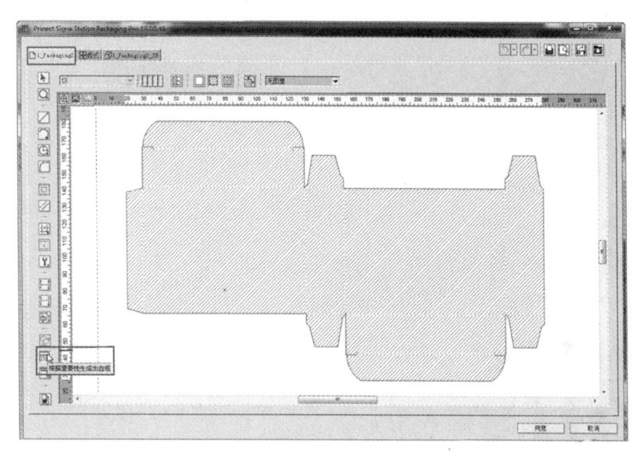

图2–135　生成出血框

⑧ 点击“生成出血框”按钮，设置重要区域的出血尺寸为3mm，不重要区域的出血尺寸为1mm，之后点击“同意”。沿模切图外框会添加一个黑色外框，所有重要区域的外框由“切线”向外扩3mm，所有不重要区域的外框由“切线”向外扩1mm。后续拼版时，图文内容的出血将被限制在该黑色出血限制框范围之内，如图2–137所示。

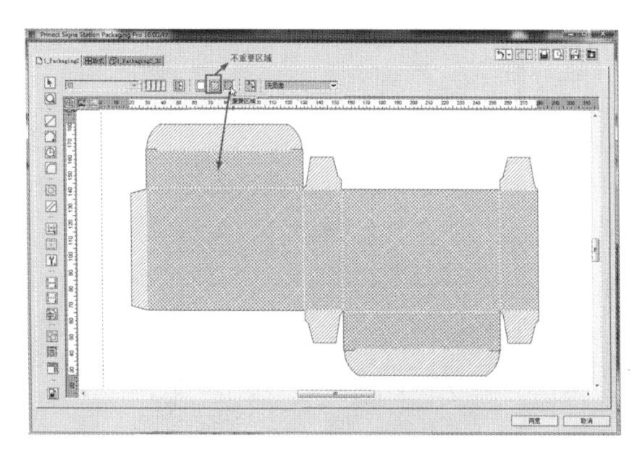

图2–136　设置“重要区域”

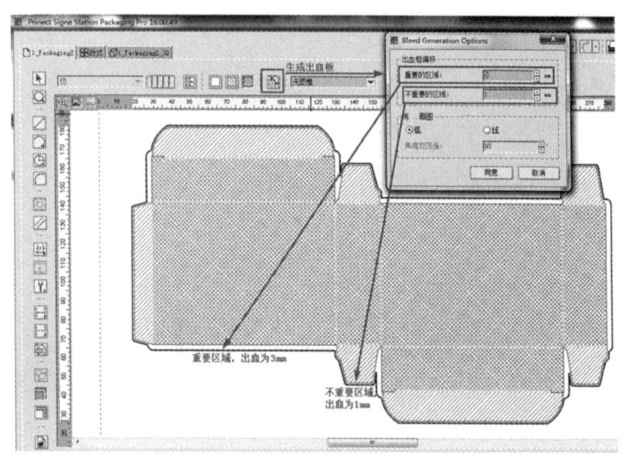

图2–137　设置出血尺寸

⑨ 定义好单个模切图出血框信息后，切换到“版式”界面，可以看到所有1up模切图均按此规则添加了出血框，同时由于间距的原因，每两个相邻模切图之间的出血位置发生重叠部分，在此我们称之为出血“冲突”，如图2–138所示。

⑩ 解决出血冲突。点击“裁剪路径的冲突解决”按钮，并激活“自动解决”功能按钮，如图2–139所示。在弹出的“自动解决问题”对话框中，重新根据需要定义出血限制规则，点

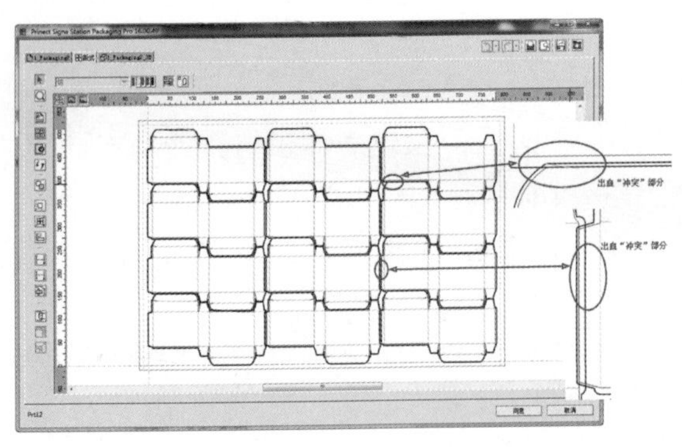

图2-138　出血"冲突"

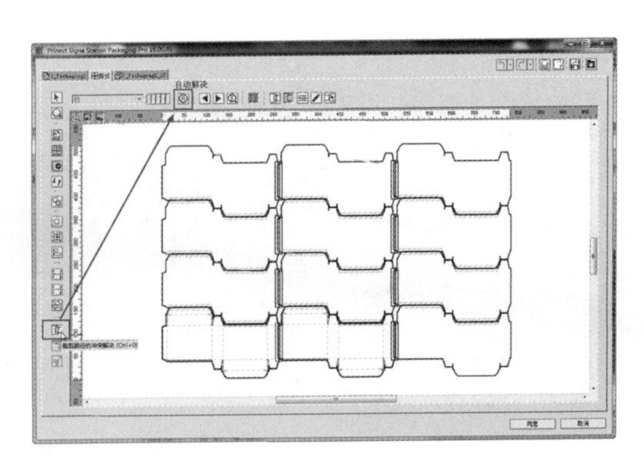

图2-139　"自动解决"按钮

击"同意"后，本案例中软件自动解决26个冲突情况，冲突解决的原则是保证重要区域的出血，牺牲不重要区域的出血，如图2-140所示。

⑪ 点击"同意"保存以上步骤中的设置信息，在印张中形成正确的盒子对扣拼版，如图2-141所示。

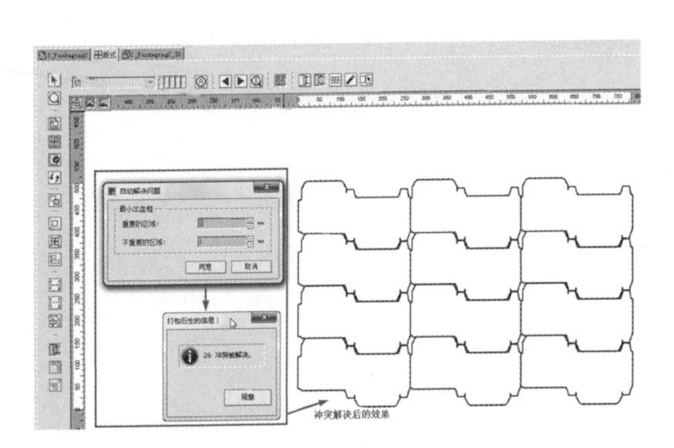

图2-140　自动解决出血冲突

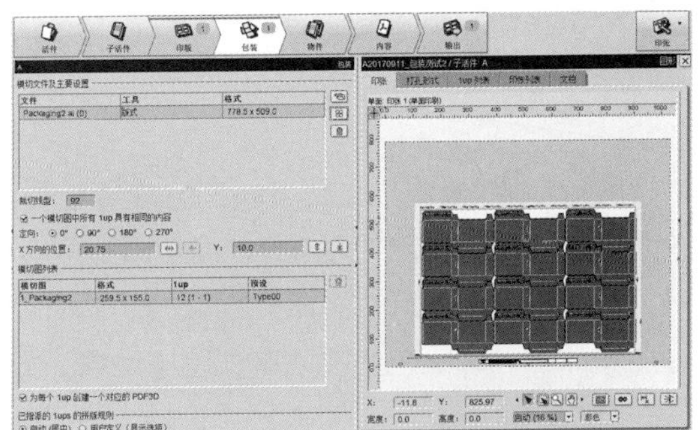

图2-141　形成盒子对扣拼版

⑫ 切换到"内容"对话框，在此界面下添加PDF文档（本例为"包装测试文件2.pdf"），跟之前所有拼版案例一样，可通过拖拉PDF文件到1up模切图上方的方式进行自动拼版，如图2-142所示。

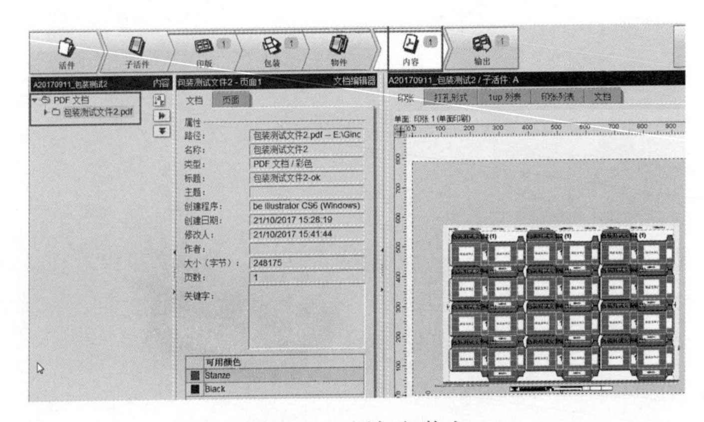

图2-142　添加包装盒

⑬ 切换到“输出”界面，选择印张列表下面的子活件，再点击“输出”按钮将其输出到输出参数集1030mm×790mm（PDF）所指定的输出路径，并用Adobe Acrobat Pro软件打开检查，如图2-143所示。

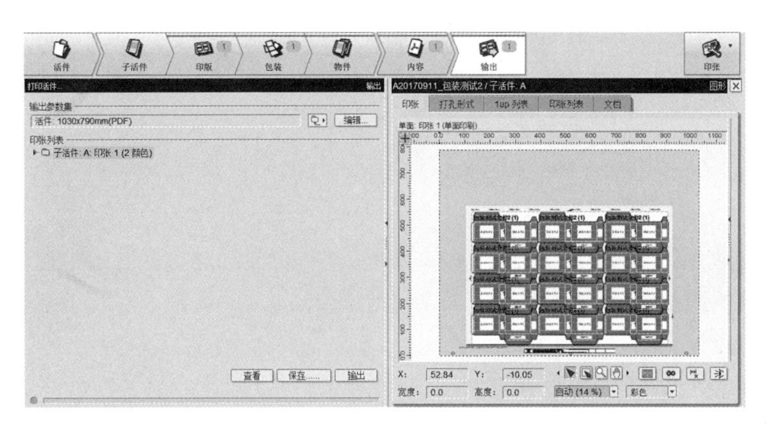

图2-143　保存大版文件

打样

印前文件经过预检、转换处理、拼大版之后，通常要先经过打样输出检查这一环节，才会进行后续的计算机直接制版与印刷。

打样输出环节通常有以下几个目的：

① 完稿的确认。对于一些设计稿，客户经常会有多次修改意见，在最终定稿前，需要打样给客户作修改批注。

② 错误检查。一旦客户定稿之后，在输出印版之前，为了防止RIP过程产生的输出问题，也要通过打样再次检查图文内容，以便提前发现错误，降低生产的风险和成本。

③ 颜色的参考与确认。通过数码打样，为印刷提供颜色参考。

④ 样本制作。配合后工序，比如割盒样等，为最终成品样提供参考。

打样输出按照用途的不同可以分为校版打样、合同打样；按照实现方式不同可分为传统打样和数字打样。

在计算机直接制版技术出现之前，传统的打样方式称为机械打样，基本操作流程是将图文页面信息通过在照排机上输出胶片，之后再到传统晒版机上晒制PS版，然后在打样车间通过打样机按照印刷的色序、纸张和油墨印制各种分色或彩色样张。这种打样方式需要的打样设备占地面积大，打样过程人为干预因素多，质量难以保持稳定，输出样张的色彩重复性较低，工序复杂，生产时效性差，相对投资成本较高。随着计算机直接制版技术（CTP）的引入以及色彩管理技术应用的逐渐普及，数码打样技术作为CTP数字化工作流程的重要组成部分，在打印速度和色彩模拟方面有很大提高，在技术上越来越成熟，使用率越来越高。

本模块将着重介绍数字打样的几种方式以及操作流程。

项目一　数字打样基础知识

项目描述和要求

了解数字打样的分类、数字打样系统、相关输出设备等。

1. 数字打样的分类

现代数字打样按照输出模式可分为软打样和硬拷贝打样。

（1）软打样（屏幕打样） 软打样是指在显示屏上显示图文效果，以预测印刷时图文的色彩和内容，没有实体样张输出。软打样通过色彩管理技术使显示器的显示色域与印刷色域接近一致，主要用于报纸和远程的印刷样张，其主要设备是显示设备，同时结合相关的软件来实现。

（2）硬拷贝打样（硬打样） 硬拷贝打样是利用各种打印机输出实体样张，以此作为印刷时图文的色彩和内容依据，又称为硬打样。没有特殊说明，数码打样一般是指数码硬拷贝打样。

① 硬打样按照其用途可分为两类。一类为版式打样，在印刷厂通常称之为“打蓝纸”，沿袭于传统版房晒蓝图纸方式的叫法。它主要用于校对图文内容、套准、色彩突变、折手、拼版方式等版面信息。另一类为色彩打样，在印刷厂通常称之为“打数码稿”。它主要用于给客户确认颜色并签样，同时交付给印刷机台做印刷时的跟色参考。

② 硬打样按照接受数据类型方式的不同可分为RIP前打样和RIP后打样。RIP前打样是指数码打样管理软件直接接受PS、TIFF、PDF等页面描述文件，依靠数码打样系统自身的RIP解释这些文件，并将其生成的光栅化文件用于打样。特点是处理文件的数据量相对小，文件计算速度快，生产效率高。

RIP后打样也称为网点打样或真网点打样，是指数码打样管理软件直接接收其他系统（如CTP或照排机输出系统）的RIP所生成的光栅化文件（1-Bit TIFF），并基于这些文件进行输出打样。

直接使用印刷输出系统（照排机和CTP）的RIP数据在打样机上输出，能够最真实地反映印刷输出版面的全部信息，包括文字、版式、图像、图形及印刷网点结构（网点线数 网点形状与角度）的所有信息，特点是一次RIP多次输出，即ROOM方式（Rip Once Output Many）。采用与印刷同样加网数据输出数字样张，保证了色彩、层次和清晰度的一致性。但是由于来自照排机和CTP RIP的光栅化文件（1-Bit TIFF）数据量巨大，在实际生产运用过程中对软硬件要求非常高。

③ 从数字样张的网点形态来区分，可分为真网点数码打样（Screen proof）和普通彩色数码打样（Color proof）。真网点数码打样模拟印刷调幅网点的半色调形态来表达层次，达到用最接近的网点物理结构来尽量真实地模拟印刷样张的视觉效果。而彩色数码打样则是采用连续调和调频网表达层次，注重强调对颜色的真实复制，而无法满足对半色调微观结构以及相应细节的描述。

2. 数字打样系统

数字打样系统由数字打样输出设备和数字打样控制软件两个部分组成，采用数字色彩管理与色彩控制技术来将印刷色域同数字打样的色域保持一致。其中数字打样输出设备包括任何能够以数字方式输出的彩色打印机，如彩色激光打印机、彩色喷墨打印机、彩色热升华打印机、彩色热蜡打印机等。目前国内最常用且能够满足出版印刷打印速度、幅面和质量要求的多为大幅面彩色喷墨打印机，如惠普的HP DesignJet T790/T795、HP DesignJet T1300等型号被广泛应用于版式打样，爱普生的Epson Stylus Pro 9890/9809（PX-H9000）、Epson SC-P60x0/SC-P70x0等型号被广泛应用于色彩打样。

数字打样控制软件是数字打样系统的核心与关键，直接决定了数字打样的发展进程，包括RIP、色彩管理软件、拼大版软件等，主要完成页面的拼合、印刷油墨色域与打样墨水色域的匹配、不同印刷方式与工艺的数据保存、各种设备间数据的交换等工作。

数字打样以印刷品的呈色范围和与印刷品内容相同的RIP数据为基础，采用色域范围较大的彩色打印匹配色域空间较小的印刷方式来再现印刷色彩，能够满足平、凹、凸、柔、网等各种印刷方式的要求，并能根据用户的实际印刷状况来制作样张，解决打样与后续实际印刷工艺不能匹配的问题。数字打样采用数字控制，设备体积小、价钱低廉，对打样人员知识及经验的要求比传统打样工艺低，易于普及和推广。

数字打样的质量控制采用控制标准样张（如ECI2002 IT8.7-4）和密度计（分光光度计）的数据测量方式，重点控制高达1485个色彩区域（ECI2002）乃至1617个色彩区域（IT8.7-4）的还原，远远优于传统打样重点控制1%、2%、25%、50%、75%、98%、99%、实地密度还原等。降低了对操作人员经验的要求，提高了控制数据的准确性。

3. 数字打样输出设备

（1）激光打印机　激光打印机是平印制版系统的校样输出设备之一，应用十分广泛。它主要用于输出单色校样，供校对文字以及图像的大小、位置等。激光打印机是将激光扫描技术与电子照排技术结合起来的产物，20世纪90年代激光打印机开始成为打印机领域的主流产品，其成像原理如图3-1所示。

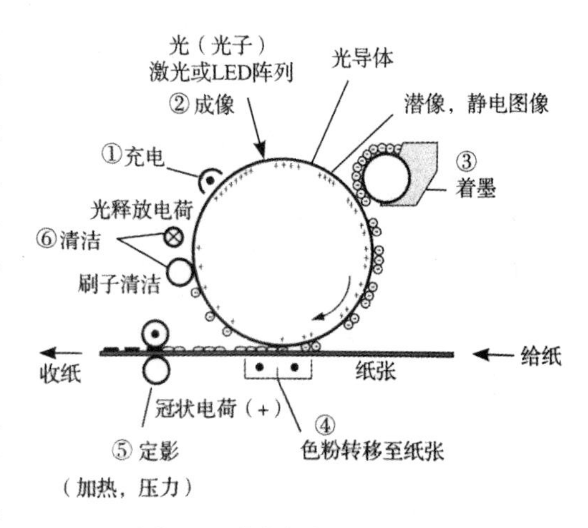

图3-1　激光打印机工作原理

① 充电。在扫描滚筒表面附近安置一根直径为0.1mm的钨丝作为充电电极，在其上加有5~7kV的静电正电压，在此高压作用下，钨丝与滚筒表面之间的空气被电离，电离后的空气中带有的大量正电荷就会均匀聚集在扫描滚筒的表面。

② 曝光。当载有版面点阵信息的扫描光束扫过滚筒表面时，见光区域因滚筒表面的半导体材料电阻急剧下降，电荷经地线消失，而暗区电荷依然存在，从而使滚筒表面形成静电潜像。

③ 显影。显影是利用静电潜像对显影墨粉的吸附作用而形成墨粉图像，于是在感光鼓表面形成可见的图文。

④ 转印。转印是利用转印电极的静电作用力，将墨粉图像吸附到转印电极连续传动的记录材料上。

⑤ 定影。每一微小的墨粉颗粒都含有热熔性树脂，被吸附在记录材料表面的墨粉经过加热器时，树脂被熔化，墨粉就会被黏附在记录材料上，成为永久性图形字符。

⑥ 记录材料的输出和感光鼓的清洁。将记录材料从激光打印机中输出，用消电灯照射扫描滚筒，使其表面的残余电荷全部消去，再用清扫器清除滚筒表面的残余墨粉，使扫描滚筒表面恢复到初始状态，为进入下一次打印循环做好准备。

不同的厂家生产的激光打印机的各个部件可能不一样，但其基本原理和步骤大致相同。

（2）喷墨打印机　喷墨打印机是通过控制喷嘴喷出的细微墨滴在承印材料上的沉积产生密度而形成图像的图文输出设备。喷墨打印机最突出的优点是易实现彩色化，在硬拷贝彩色输出设备中发展很快，广泛应用于彩色绘图、彩色图像打印等方面。

喷墨打印机的打印不通过中介物而直接将墨滴喷射在记录材料上，是一种新的打印方式。

按喷墨打印技术的工作原理上，喷墨打印机可以分为连续喷墨方式与按需喷墨方式两种。按需喷墨方式的驱动主要采用压电式喷墨技术和热泡式喷墨技术。

喷墨打印机主要由控制部分、驱动电路、喷墨机构三部分组成：

① 控制部分。控制部分是控制喷墨机构按计算机产生命令动作的部分，也是控制电气驱动电路动作的部分。

② 驱动电路。用于控制喷墨机构动作，包括喷墨头传动电机驱动电路、走纸电机驱动电路、高压偏转电压电路、墨水泵控制电路、墨水微粒带电荷的控制电路等，以及控制墨水循环、喷墨头、墨水微粒偏转系统等。

③ 喷墨头。喷嘴喷出的墨滴可以是连续式和按需式两种。

a．连续式。喷嘴连续式喷出墨滴，在墨滴运动过程中按墨滴的性质（比如充电与否）控制其运动的方向，使形成图文的墨滴落到纸上，不形成图文的墨滴落到墨滴收集器中，回收使用。这种方式的墨滴喷射速度高，容易实现高速打印，但是需要墨水泵和墨水回收装置，机械结构比较复杂，设备规模比较大，其原理如图3–2所示。

b．按需式。喷嘴对墨滴喷射与否进行控制，即有图文的部分喷墨，非图文部分的就不喷墨，原理如图3–3所示。

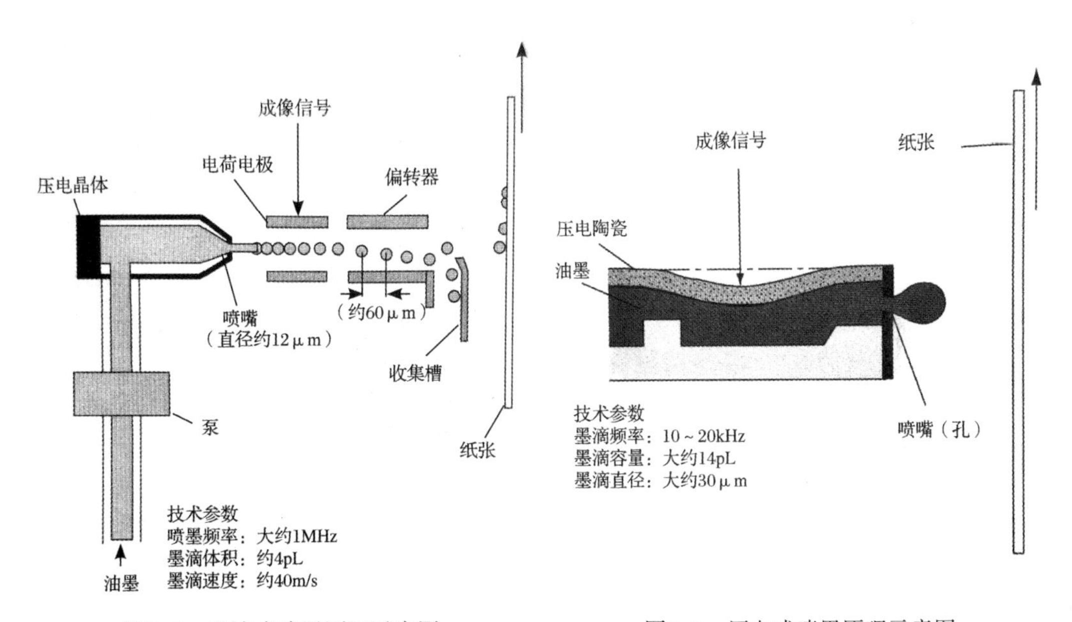

图3–2　连续式喷墨原理示意图　　图3–3　压电式喷墨原理示意图

4．数字打样控制软件

数字打样控制软件可以是集成到印前工作流程一体化的方式，例如海德堡印通工作流程，也可以是独立的一套数码打样专用系统软件，例如EFI、CGS、GMG等数码打样软件。

（1）EFI数码打样系统　EFI ColorProofXF是目前最为通用的数码打样软件，它同时适用于喷墨、激光的输出形式。EFI ColorProofXF软件使用简单，操作界面方便，能够满足报业出版商、广告公司、印刷制版公司甚至摄影爱好者对图像色彩准确复制的需要。

（2）CGS　CGS ORIS色彩管理系统是一套优秀的数码打样系统，ORIS Color Tuner/Web是其数码打样客户端。CGS ORIS数码打样软件适用于爱普生、惠普、佳能等设备，能够满足自动打印机校准、自动色彩匹配、色彩校正微调、专色独立处理等功能。此外CGS ORIS色彩管理系统还拥有显示器校正、油墨节省、印刷机匹配等多个可选的功能模块。

（3）GMG GMG ColorProof是主要面向于图像艺术作品高端打样软件，其拥有独特的“四维色彩转换引擎”，保证多种输出设备得到最好的质量效果。新版的GMG ColorProof大大拓展了其所能支持的文件档案格式，PS、EPS、PDF、TIFF、JPEG的文件格式都可以用于直接打样。

5. 远程打样

远程打样是指利用网络系统将数字文件传送到目标所在地，直接通过安装在目标所在地的数字打样设备输出样张。远程打样系统是以网络传版技术、数字打样技术与色彩管理技术为基础的跨空间距离的打样生产体系，是印刷产业向信息化迈进的重要表现之一。不仅实现了异地打样，而且同时实现了远程校样、异地印刷、网络印刷等，带动了整个印刷生产模式的网络化发展。随着网络化、数字化时代的到来，远程打样已经成为很多大的印刷企业的投资项目或投资目标。

现有的远程打样系统主要包括数字文件远程传输和在色彩管理下的异地打样两个过程。它利用网络环境完成数字文件的远程传输，利用色彩管理达到异地打样的色彩一致。由于安装在客户端的打样系统直接反映了印刷企业的生产环境，因此，客户可以放心的根据样张反复修改自己的稿件，并迅速反馈修订信息给印刷企业，直到满意为止。

（1）远程打样的分类 远程打样分为两种：一种是以彩色喷墨打印或彩色激光打印的样张为最终打样结果的硬打样；还有一种是以彩色显示器的屏幕显示为最终打样结果的软打样。

（2）远程打样系统的组成 远程打样系统包括本地和远程端两套数码打样系统、网络和专业的远程打样软件，通过网络和专业的远程打样软件将两套数码打样系统相连接。两端的数码打样系统各自是一个由数字化色彩管理软件和专业数码打印机组成的应用系统。由于其目的在于实现远程客户端打样系统模拟本地数字打样效果以及最终印刷输出效果，因此该系统的色彩管理牵涉到远程和本地双方两个数字打样系统。它要求两个输出端的呈像特性一致，建议使用同样的打样设备、墨水、打印纸张、打样软件及版本。配置举例：

本地软硬件配置：

① 打印机。EPSON Stylus Pro 7908大幅面喷墨打印机。

② 数码打样软件。海德堡满天星数码打样软件MetaDimension。

③ 色彩管理工具软件。海德堡色彩工具箱Color Toolbox。

④ 分光光度计。X-Rite i1 iSis2。

远程软硬件配置：

① 打印机。EPSON Stylus Pro 7908大幅面喷墨打印机。

② 数码打样软件。海德堡满天星数码打样软件MetaDimension。

③ 色彩管理工具软件。海德堡色彩工具箱Color Toolbox。

④ 分光光度计。X-Rite i1 iSis2。

其中远程端可以根据实际情况，无需配置色彩管理工具软件、分光光度计这两项，而由本地端色彩管理人员定期去给远程端客户提供设备的校准和色彩维护服务。

项目二 | 屏幕软打样工作流程

项目描述和要求

掌握屏幕软打样的工作流程。

屏幕软打样是非实体输出的打样方式，通过RIP解释输出某种特定的文件格式（如JPEG、PDF、柯达流程的VPS等），从而在显示器上通过相关软件或工具检查其图文内容或色彩，所以也是最节约成本的一种打样方式。

屏幕软打样通常有两个不同的要求标准。一是只需要校对图文内容，不要求颜色准确性，这种要求标准情况下，一般在印刷工厂只需要配置家用或商用级别的显示器即可，目前市场上价格在千元级别上下的显示器即可满足要求。二是需要能为印刷提供颜色参考的显示效果，这种情况下，通常需要配置可视角度更大、显色更加均匀稳定的专业级显示器，如艺卓ColorEdge CG系列的显示器，通常价格在万元以上。

屏幕软打样的工作流程如下：

1. 校正显示器

屏幕软打样的主要设备是显示器，出于软打样的色彩检查需要，要求对显示器进行色彩校准。常用的显示器校准软件有专业的面向大众化的显示器品牌软件，如爱色丽公司的i1 Profiler；也有一些专用的校正软件，如艺卓ColorEdge系列显示器的专用免费校正软件Color Navigator。通过这些软件，配合分光光度计如爱色丽的Eyeone等仪器设备，完成显示器的校准。通常校准过程比较简单，按照软件向导式的指示操作即可，进行校准前建议至少要打开显示器热机半小时，以达到色彩显示的稳定性和校准数据的准确性。

2. 设置屏幕软打样模版

设置一个SoftProof，分辨率为300dpi的屏幕软打样模版

① 进入海德堡印通流程客户端软件Prinect Cockpit，切换到“管理”→“模版”→“序列模版”界面，如图3-4所示。

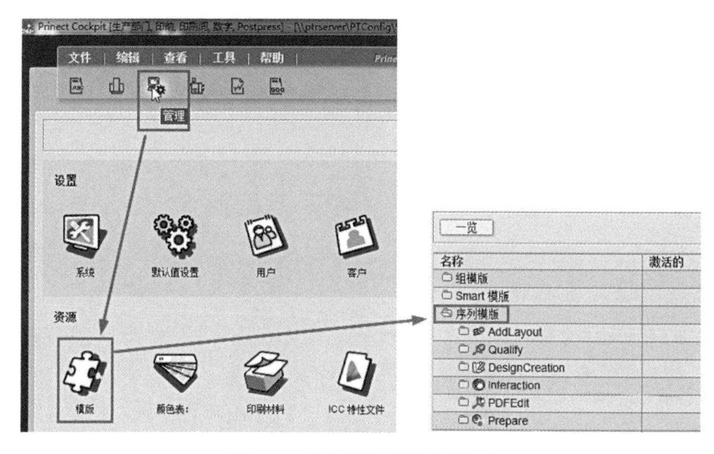

图3-4　打开序列模版界面

② 在“序列模版”中选择ImpositionProof_SoftProof模版，进行参数修改设置，可以将分辨率设置为300dpi，印刷特性文件选择ISOCoated_V2_eci.icc，如图3-5所示。设置完参数后，另存一个自定义软打样模版名称，如“屏幕软打样_300dpi”。

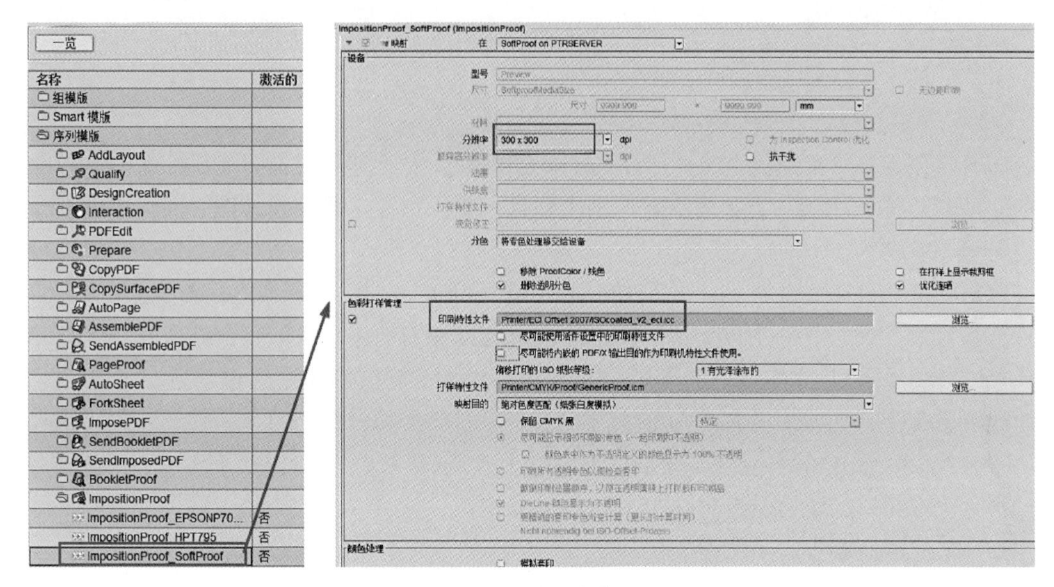

图3-5　设置参数

3. 输出屏幕软打样文件

当设置好屏幕软打样模版以后，在印通工作流程中切换到“打样”模块，选择拼版文件并提交给相应的软打样模版，即可输出屏幕软打样文件，如图3-6所示。

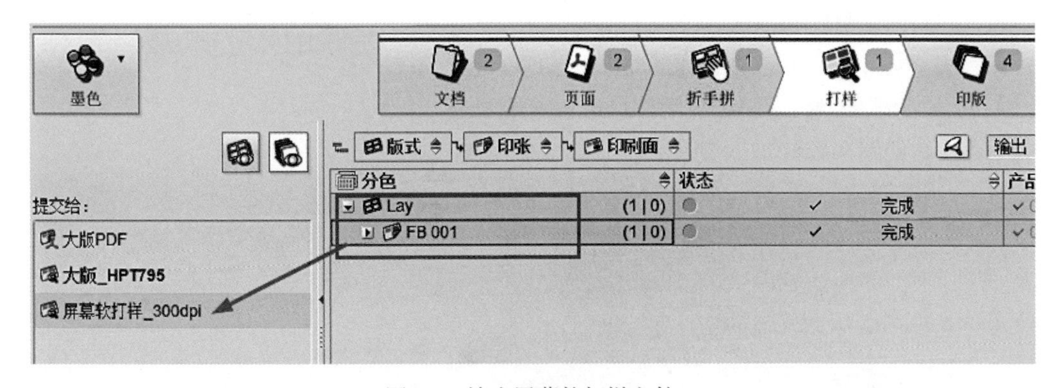

图3-6　输出屏幕软打样文件

4. 检查屏幕软打样输出文件

屏幕软打样处理完毕后，在“打样”界面下，在版式文件上点击“打样状态”快捷按钮，可以打开软打样文件进行预览检查。检查项目包括图文内容、拼版方式、印版尺寸、咬口尺寸信息、颜色信息等。

项目三 数码/蓝纸打印工作流程

项目描述和要求

掌握数码打样、蓝纸打印工作流程。

数码/蓝纸打印输出工作流程是用数码打样设备对文件进行实体打印输出，用于图文内容、版式、颜色的校对。蓝纸打样通常只是用于校对内容，对色彩准确性要求不高，一般在印刷工厂大多采用改装替代墨水的方式在普通非涂布纸张（如80克书纸）上打印，相对打样成本较低，打印精度较低（通常为300dpi），打印速度较快。数码打样除了校对内容作用以外，对颜色准确性要求高，通常要作为后续印刷工序的颜色参考标准，所以在印刷工厂内一般使用品质好、色域广、稳定性相对较高的原装墨水（如Epson的大幅面喷墨打印机系列和墨水），结合专用的数码打样纸张（如爱普生Proofing Paper White Semimatte、泛太克UH180A等品牌型号的纸张）进行打印输出，相对打样成本较高，打印精度较高（通常为720dpi以上），打印速度相对较慢。

以Epson SC -P7080型号打印机为例，介绍数码打样的工作流程。

1. 校正打印机（打印机线性化）

喷墨打印机在长期或一段时间不打印的情况下，容易出现喷头堵塞的情况，在进行打印机线性化工作之前，应首先检查打印机喷头状态，以防止后续的打印测试结果不理想造成色彩偏差和材料的浪费。

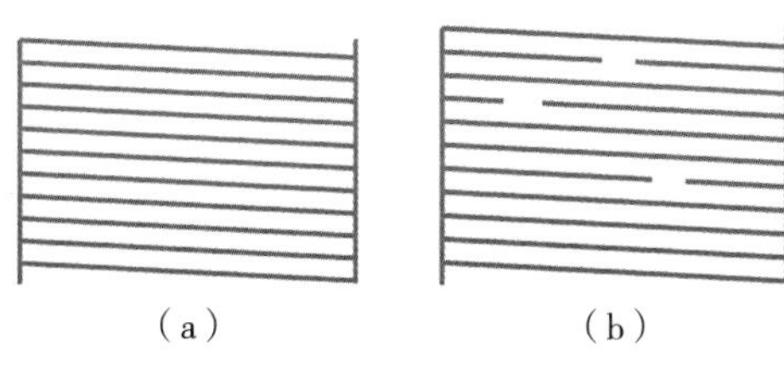

图3-7 打印喷嘴检查图案

（a）合格 （b）不合格

在打印机操作面板上选择打印机“菜单”→“TEST PRINT”→“NOZZEL CHECK”，打印喷嘴检查图案，若图案出现断线，如图3-7所示，则需要清洗打印头。

清洗方法：进入“打印机菜单”→“维护菜单”→“清洗”→“正常清洗”（或根据堵塞情况选择“逐色清洗”），清洗完成后，要再次打印喷嘴检查图案，确认图案正常后再进行后续的线性化校准步骤。喷头的检查和清洗工作也可以通过在电脑操作系统上安装打印机驱动，通过打印机驱动的打印首选项菜单进行操作控制，如图3-8所示。

图3-8 在电脑上进行喷头的检查和清洗

在海德堡印通流程软件中，打印机的基本线性化步骤如下：

① 打开Heidelberg Color Proof Pro软件，选择“创建基础线性化”，并选择数码打印机型号、纸张尺寸和类型，如图3-9所示。

② 在“设置”中，选择测量设备、打印介质、墨水类型、输出分辨率等，一般高要求的客户打印精度选择“720×1440dpi/Super”,打印方向选择“单向打印”，在“打印介质”对话框中输入自定义名称，如图3-10所示。

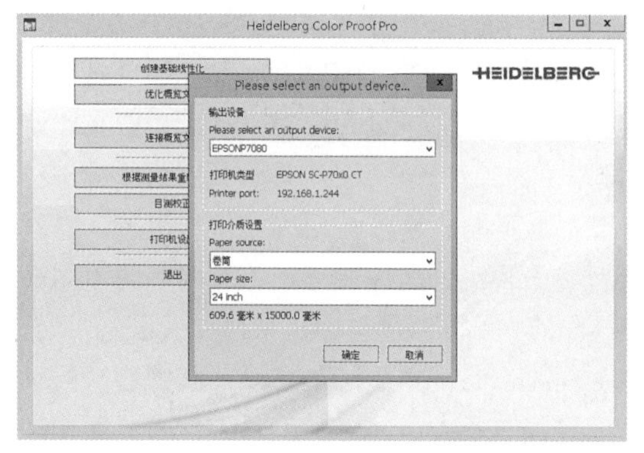

图3-9　在Heidelberg Color Proof Pro软件中创建基础线性化

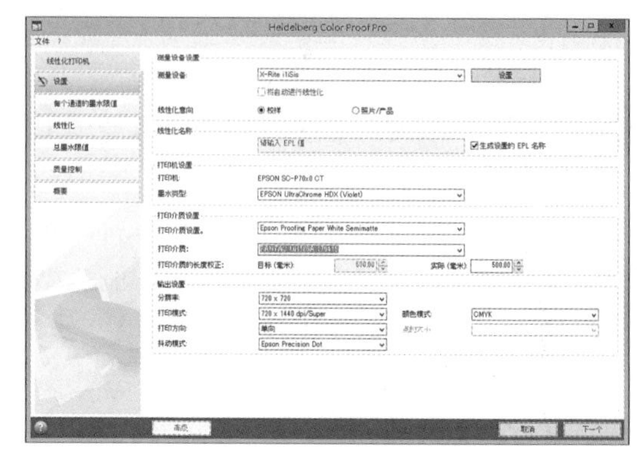

图3-10　设置相关参数

③ 完成“设置”后，进入“每个通道的墨水限制”。点击“打印”，Epson打印机将打印彩色测试色表Ink limit。待测试色表打印完毕并晾干后（约30min），点击“测量”，用Eyeone iSiS扫描测试色表，如图3-11所示。

扫描完测试色表后，点击“高级”选项，选择添加参考概览文件，即打印机的目标ICC。通常数码打印机模拟的是印刷机的效果，所以这里可以选择本单位印刷测试结果生成的ICC，本例此处选择GRACoL 2006 coated 1.icc。在“高级选项”中还可以分别控制每个通道的墨量限制，在这里要保证调整之后的色域范围仍然能够比参考概览文件所显示的色域范围大，否则数码打样颜色将无法模拟到印刷机的色彩效果，如图3-12所示。

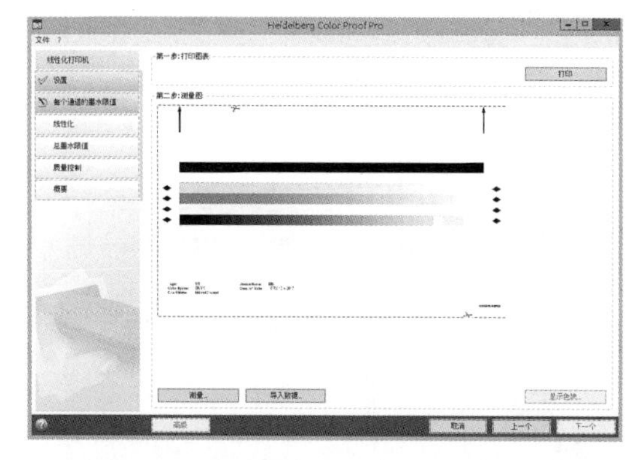

图3-11　打印测试色表并生成ICC文件

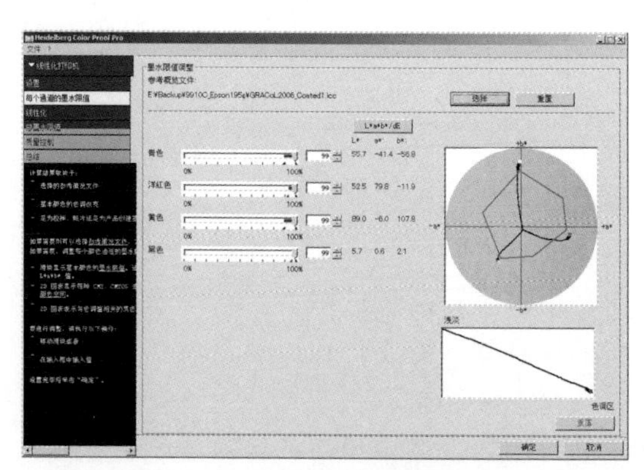

图3-12　控制通道的墨量限制

④ 点“下一个”进入到“线性化”步骤，点击“打印”，打印出CMYK测试色表，晾干后点击“测量”进行扫描，如图3-11所示。

扫描完成后，点击“高级”选项，打印机将模拟印刷机的网点扩大，在这可独立控制CMYK 各通道50%的网点扩大数值，如图3-13所示。

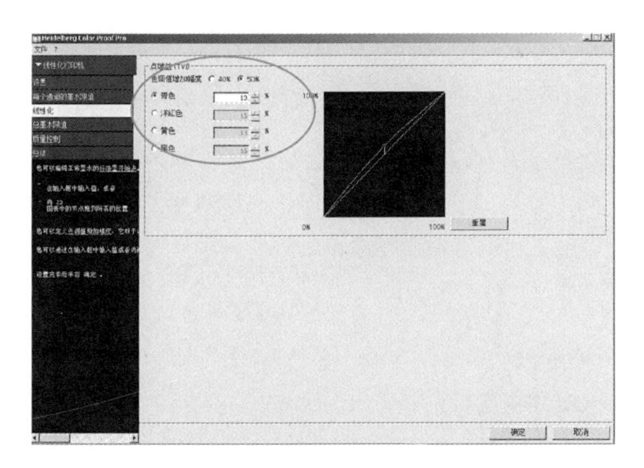

图3-13　控制50%的网点扩大数值

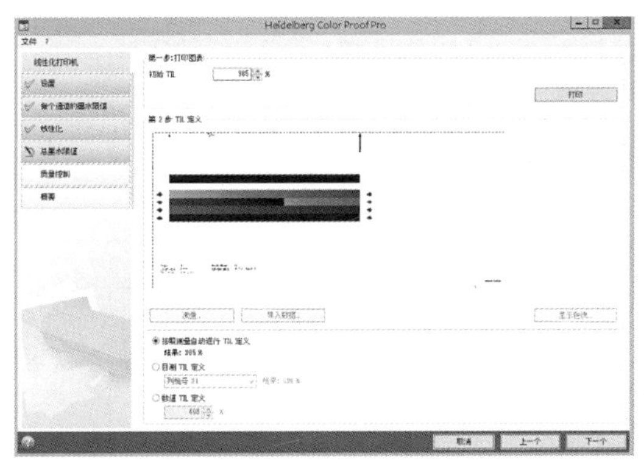

图3-14　总墨水限值

⑤ 完成线性化测量和设置后，进入“总墨水限值”，这里可以根据需要设置初始总墨量，以控制打印机的最大喷墨量，点击“打印”，打印出测试色表，晾干后扫描。可以根据扫描结果采用软件自动分析得到的数据结果，也可以根据目测自定义总墨量，如图3-14所示。

⑥ 进入“质量控制”，打印测试色表，晾干后扫描，如图3-15所示。

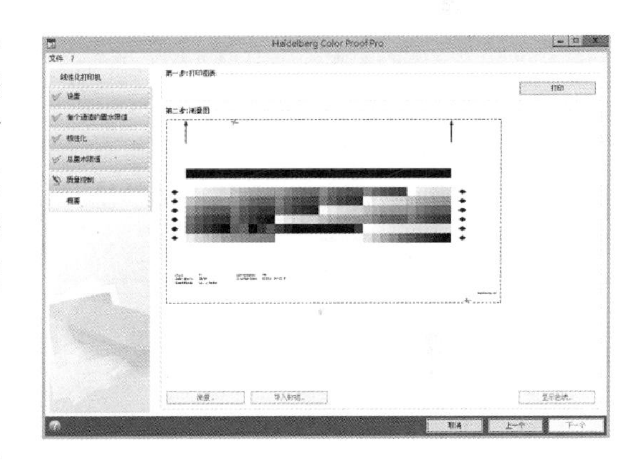

图3-15　打印测试色表并扫描

⑦ 进入到最后一步“概要”，点击“选择”，针对本单位的测量仪器选择对应的测试色表。本例为针对iSis分光光度仪选择IT8.7-4色表，如图3-16所示。

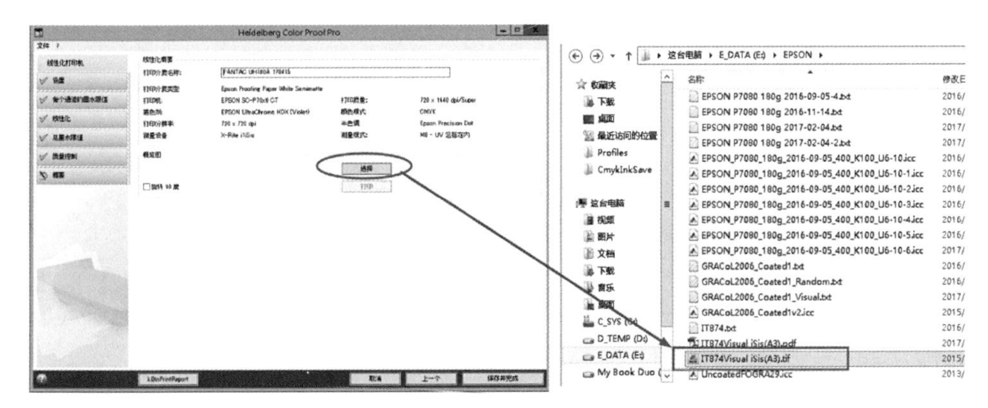

图3-16　选择对应的测试色表

⑧ 点击“保存并完成”,存储*.epl 文件，即打印机线性化文件，如图3–17所示。

ProgramData ▸ Heidelberg ▸ Color Proof Pro ▸ Profiles ▸ My Profiles ▸

名称	修改日期
EPP7080_720x720_Proof	2017/3/27 12:2
Fogra29L uncoated	2017/4/15 16:5
HPT790_300x300_plain	2016/7/14 14:3
SC-P70x0CT_720x720_050916_103001	2017/4/14 17:1
SC-P70x0CT_720x720_120916_151810	2016/10/26 14:
SC-P70x0CT_720x720_140417_171234	2017/4/15 15:2
SC-P70x0CT_720x720_150417_160706	2017/4/15 18:3
SC-P70x0CT_720x720_160417_CCNB	2017/4/17 14:2
SC-P70x0CT_720x720_160417_CCNB.epl	2017/4/16 14:0

图3–17　保存打印机线性化文件

2. 创建打印机特性文件（打印机ICC）

在对打印机完成线性化校准之后，就可以为其建立颜色特性文件ICC Profile。比较常用的ICC生成软件有爱色丽公司的Profile Maker以及海德堡公司的Color Tool Box软件。这里以Color Tool Box为例，介绍打印机ICC的创建过程。

① 打开Color Tool Box软件，在“测量”界面下点击“新建”，在弹出的对话框中选择相应的测试色表名称和色表类型，色表类型有Visual和Random两种，即色块的排列是以视觉化规律排列的或是随机分布排列的，这里要选择与打印机线性化步骤⑦中所打印的“IT8.7–4 Visual iSis（A3）.tif”色表类型一致，即IT8.7–4 + Visual，如图3–18所示。

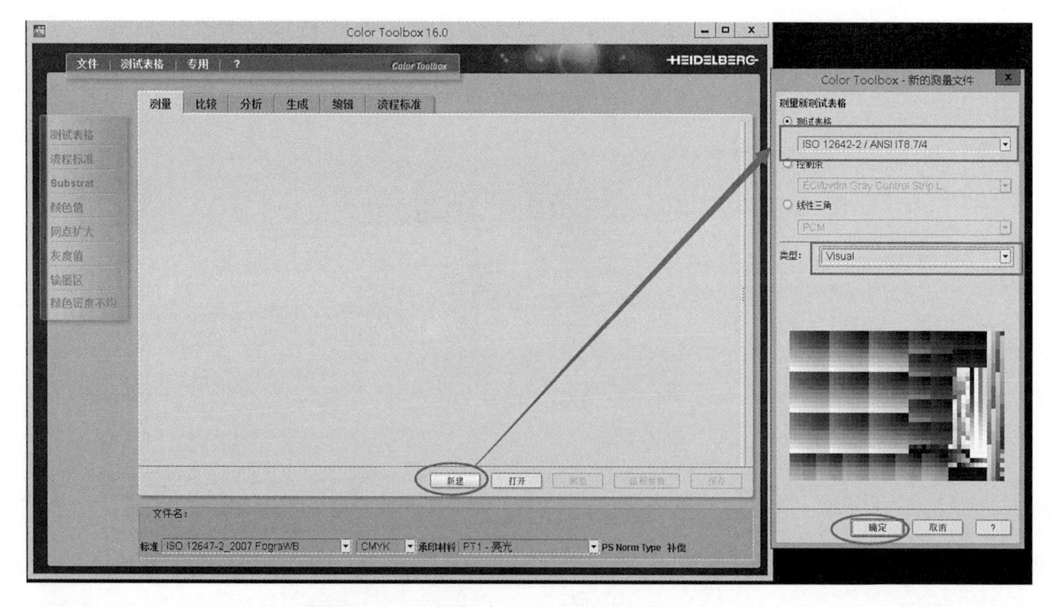

图3–18　选择相应的测试色表名称和类型

② 点击“测量”按钮，在弹出的对话框中选择对应的测量仪器，进行“连接”、“校准”后点“开始”，即开始对色表的测量工作，如图3–19所示。

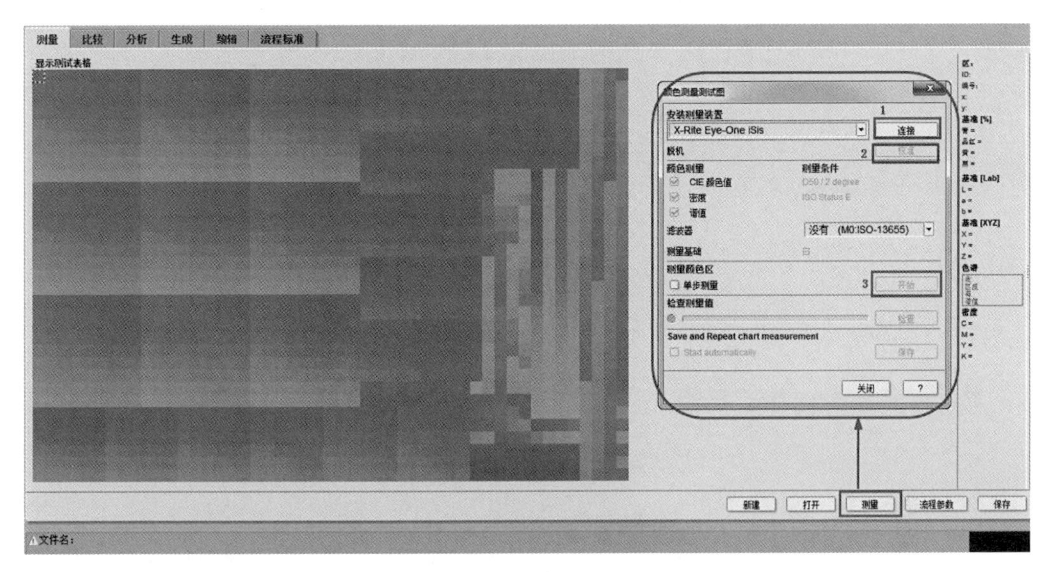

图3–19　测量色表

③ 所有色块测量完毕后，检查测量结果是否正常，点击“检查”按钮，提示“测得的颜色值都合格”后，可以保存测量结果，保存的文件格式为*.txt，如图3–20所示。

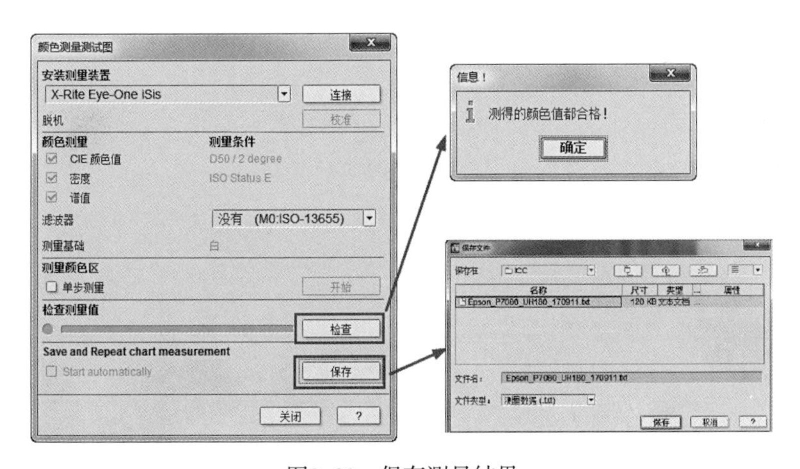

图3–20　保存测量结果

④ 切换到“生成”界面，打开步骤③中保存的txt文件，设置“特性文件参数”，对于喷墨打印机来说，流程技术选“Proof”，纸张等级根据数码纸张类型选择，其余参数没有特别说明情况下可以参考软件默认参数，如图3–21所示。

⑤ 设置好基本参数以后，点击“计算”按钮，在弹出的对话框中点“开始”，计算生成ICC特性文件，如图3–22所示。

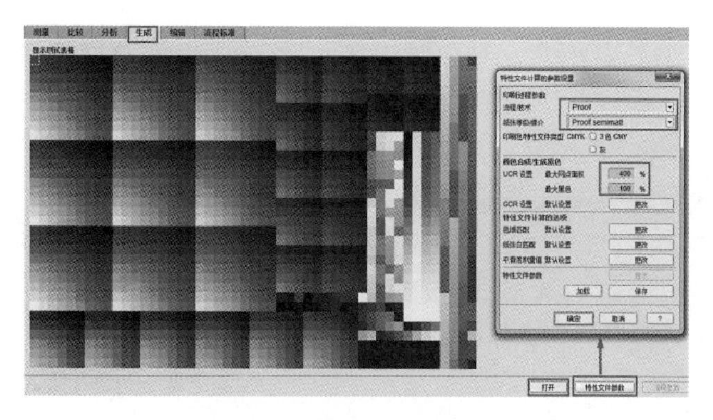

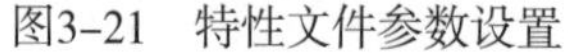

图3-21　特性文件参数设置

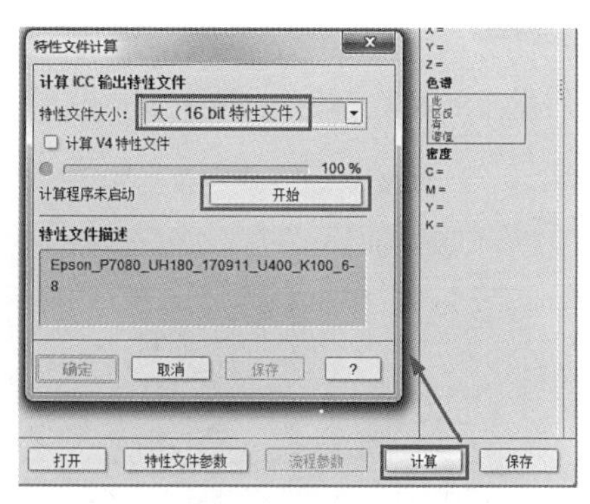

图3-22　生成ICC特性文件

⑥ 计算完成后，保存ICC特性文件，如图3-23所示。

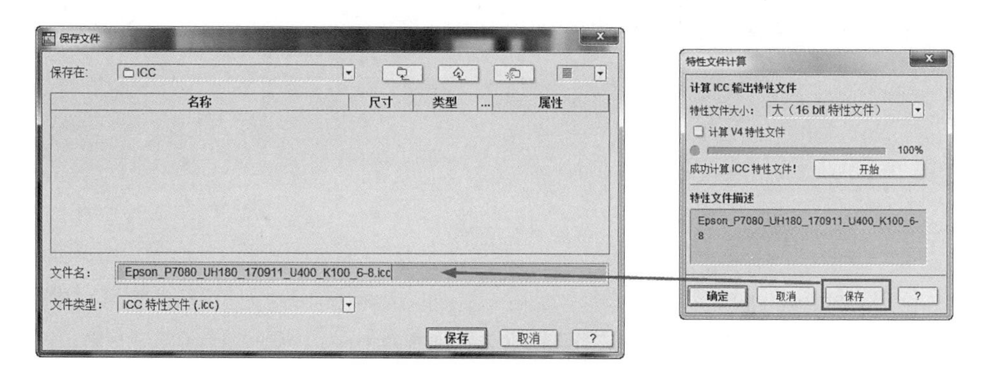

图3-23　保存ICC特性文件

3. 绑定打印机线性化和打印机ICC文件

① 在“Heidelberg Color Proof”软件中，选择“链接概览文件”（Profile Connector），绑定流程1生成的epl文件和流程2生成的icc特性文件，如图3-24所示。

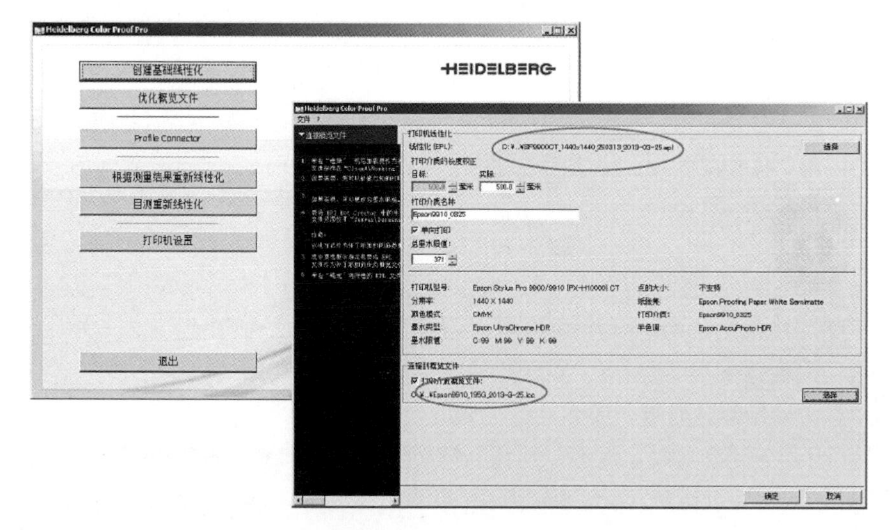

图3-24　绑定打印机线性化和ICC文件

② 绑定完成后，将生成新的epl 文件，需要将此epl文件存放在指定路径下：/ProgramData/Heidelberg/Color Proof Pro/Profiles/My Profile，如图3-25所示。

③ 在打印机设置中，浏览“描述文件”，确认已经加载以上所有步骤所保存的打印机线性化和特性文件，如图3-26所示。

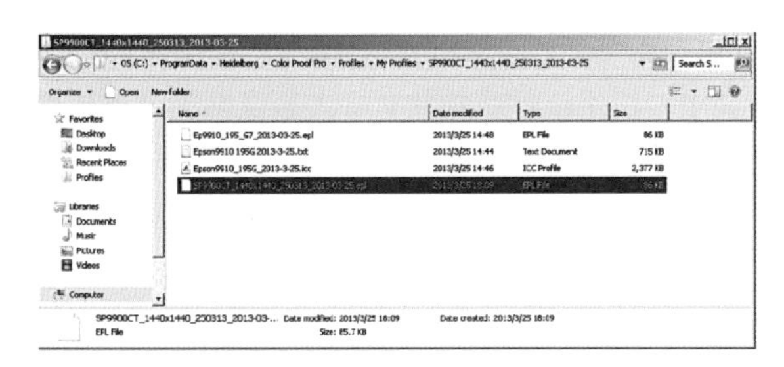

图3-25 保存新生成的epl文件

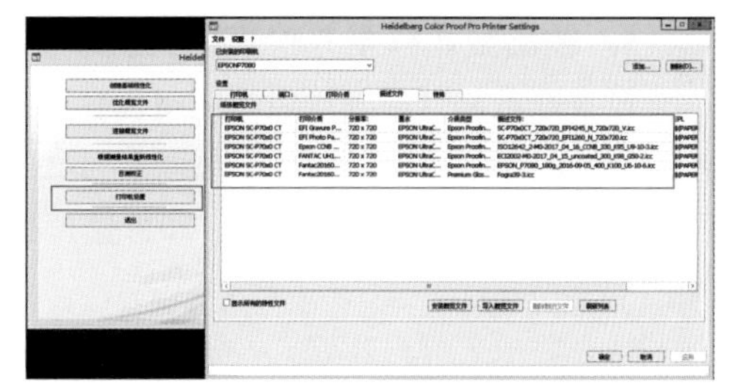

图3-26 确认已加载打印机线性化和特性文件

4. 设置数码打印模版

打印机线性化和ICC创建完成后，可以到流程工作模版中调用它们，进行打印色彩控制，步骤如下：

① 在海德堡印通流程中，打开流程客户端Prinect Cockpit软件，切换到“管理”→“模版”→“序列模版”，如图3-27所示。

② 在序列模版下，设置ImpositionProof模版参数，如图3-28所示。这里主要设置以下三个参数。

a. 材料。这里选择打印机线性化步骤中所设置的介质名称，它已经与打印机ICC绑定。

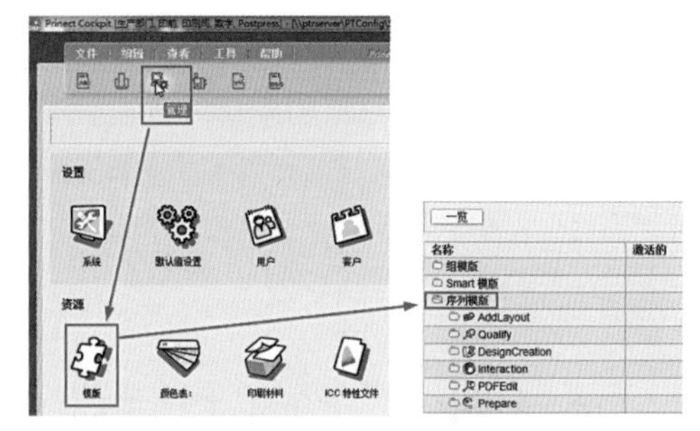

图3-27 打开序列模版

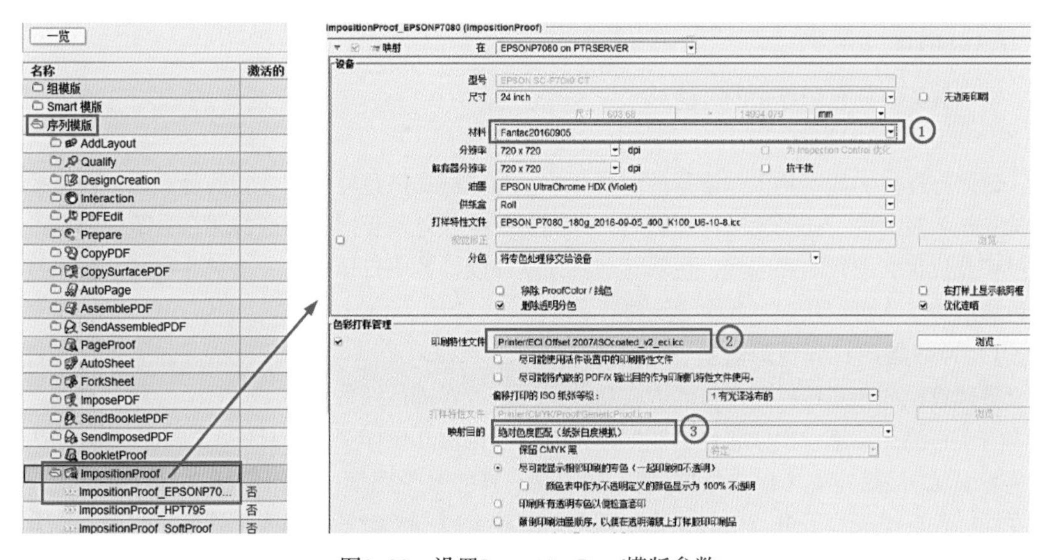

图3-28 设置ImpositionProof模版参数

b．印刷特性文件。这里选择“目标特性文件”，即数码样所要模拟的印刷色彩目标。

c．映射目的。对数码打样来说，因为数码纸张与实际印刷纸张的白度通常存在一些差异，这里通常选择绝对色度匹配（纸张白度模拟），打印的时候会在数码纸张上打印细微墨点以模拟印刷纸张颜色。

设置完毕后可另存为自定义模版名称，如“EPSONP7080_模拟ISO”。

5．输出数码样张并检查图文及颜色

设置好数码打样模版后，就可以在工单活件中，使用该模版参数对拼大版文件进行打样输出。在活件中切换到“打样”模块，选择需要打印的版式，将其拖放到相应的数码打样模版中（如“EPSON7080_模拟ISO”），即可进行打印输出，之后对打印样张进行内容和颜色的检查，如图3–29所示。

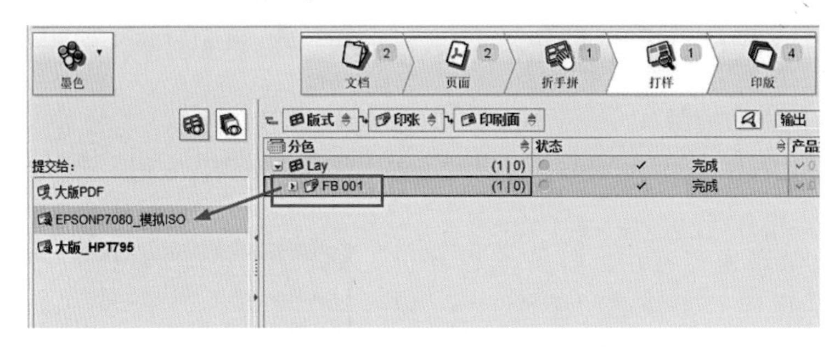

图3–29 打样输出拼大版文件

项目四 数码打样的色彩维护

项目描述和要求

掌握数码打样色彩维护的方法。

数码打样作为数字化工作流程的重要环节，为印刷提供色样参考，它的色彩稳定性监控及维护是至关重要的。如果无法保证数码打样的每批次颜色基于同一标准，那么会给整个生产交货过程造成很大的影响和困扰，色彩管理将无从谈起，数码打样也将失去它的意义。数码打样的色彩维护工作可以从以下几个方面进行：

1．评估数码打样色彩偏差

数码打样的色彩可以通过目测方式和数据测量方式进行评估。

（1）目测　在第一次做完色彩匹配样张时可以保留几份样张（密封好，防止存放时间久后颜色发黄），然后定期（比如每1星期）打印同一样张文件跟第一次打印样进行目测对比，注意在同一种标准光源下进行比对，发现颜色偏差较大时应及时查找原因并处理。这种操作方式由于人为干预的因素在内，只能作为粗略的色彩评估。要想更精确的控制色彩稳定性，建议采用数据测量方式。

（2）数据测量　通常在数码打样控制软件中，都有选项可以设置在打印时自动为每一个样张添加质量监控测试条，如UgraFogra Media Wedge V3.0，如图3-30所示。

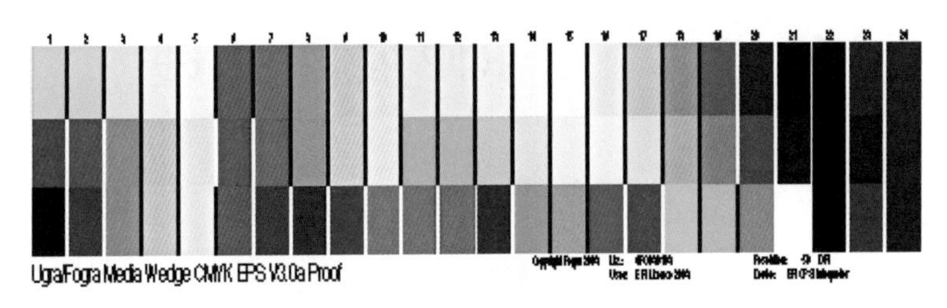

图3-30　UgraFogra Media Wedge　V3.0测试条

通过扫描这些色块，将每一个时间段所打印的样张分别测量，生成数据进行对比，检查不同时间打样的样张色彩是否一致。通常平均色差在1以内，最大色差值在3以内，可以不用重做色彩匹配，具体的评估标准需要结合工厂和客户要求。这种评估方式有数据依据，人为干预因素小，可以保存数据，便于管理。

2. 数码打印机硬件维护

（1）清洁　平时注意打印机防尘处理，做好清洁工作。

（2）喷头检查　随时检查喷头是否有堵塞情况，打印样张是否出现条痕情况，发现问题及时清洗喷头或根据实际情况请专业人员进行维修甚至更换。通常在Epson打印机控制面板上可以设置自动喷嘴检查，检测到喷嘴有堵塞时会自动清洗。

3. 材料和环境控制

（1）数码纸张　生产过程中要注意数码打样纸张选用同一品牌同一型号的纸张，若纸张发生改变，必须重新做线性化及ICC。

（2）打印墨水　建议使用数码打印机厂商的原装墨水，检查是否有过期墨水。

（3）材料存储环境　通常建议存储在温度25℃左右，湿度在40%~70%左右的环境中。

4. 定期重做打印机线性化和特性文件

随着时间的推移，不管是环境、材料，还是机器设备，多少会发生一些变化，从而引起打样色彩慢慢偏离原来的标准。因此，最好定期为数码打印设备重做线性化和特性文件，并进行色彩闭环校正。这样可以保障在数码打样的色彩出现较大偏差之前，就对其进行修正，从而有效控制数码打样颜色。

RIP加网处理

在平版制版工艺流程中，印前文件经过预检→必要的处理转换→拼大版→打样输出工序，确定图文内容及颜色之后，就可以开始对连续调的图文进行分色加网处理，从而用于印版输出以进行批量印刷。这个分色加网的过程，我们称之为RIP。

RIP（Raster Image Processor），即光栅图像处理器，在彩色桌面出版系统和大幅面打印输出领域的作用是十分重要的，它关系到输出的质量和速度，可以说是彩色桌面出版系统或大幅面输出的核心。RIP的主要作用是将计算机制作版面中的各种图像、图形、文字解释成打印机、照排机或直接制版机能够记录的点阵信息，然后控制打印机、照排机或直接制版机等设备将图像点阵信息记录在纸张、胶片、印版上。

RIP通常分为硬件RIP和软件RIP两种，也有软硬件结合的RIP。

硬件RIP实际上是一台专用的计算机，专门用来解释页面的信息。由于页面解释和加网的计算量非常大，过去通常采用硬件RIP来提高运算速度。软件RIP是通过软件来进行页面的计算，将解释好的记录信息通过特定的接口卡传送给输出设备，因此，软件RIP要安装在一台计算机上。目前，计算机的计算速度已经有了明显的提高，RIP的解释算法和加网算法也不断改进，所以软件RIP的解释速度已不再落后于硬件RIP，甚至超过了硬件RIP，加上软件RIP升级容易，可以随着计算机运算速度的提高而提高，越来越受到用户的欢迎。

加网技术的发明是人类印刷史上一个重要里程碑。1852年，英国物理学家塔布特（W.H. Fox.Talbot）以类似于纱布的东西作为网屏，成功地将连续调图像分解为由大小不同而各点密度均匀的网点组成的半色调图像，通过大小不同的网点，表现不同层次深浅的图像。此项发明在英国获得了专利，从此以后，印刷技术日新月异。随着时代的发展，技术的进步，加网技术从传统的玻璃网屏加网、接触网屏加网、电子网屏加网，发展到如今的数字加网。加网技术的数字化标志着印刷新时代的到来。

本模块将着重介绍数字加网技术中常用的网点类型及其应用。

项目一 | 加网技术相关知识

项目描述和要求

了解网点和加网基本知识点。

1. 网点的概念和作用

网点是将原稿丰富的色彩和层次正确转移到承印物上的基本元素，它是构成印刷图像的基础，是表现连续调图像层次与颜色变化的基本单元，起着传递版面阶调的作用。网点的状态（大小、形状）和行为特征影响到最终的印刷品能否正确地还原原稿的阶调和色彩变化。

国标GB/T 9851.2–2008《印刷技术术语第2部分：印前术语》的解释为：网点（dot）是构成印刷图像的基本元素。通过其面积、空间频率的变化再现图像的阶调和颜色。可见，对原稿加网的结果是使连续调图像某一小区域的平均亮度转化为一个网点，而大小不同的网点构成了网目调的图像。

网目调（也称半色调）是将连续变化的图像变成不连续、由小网点组成的图像，通过改变小网点在纸张上覆盖面积的比例来改变油墨的浓度或图像的明度。单位面积内网点面积越大，油墨在纸张上覆盖的比例就越大，产生的颜色就越深，反之颜色就越浅。为了方便地表示油墨量大小，印刷行业通常用网点的百分比来表示图像色调的深浅，如10%表示浅色、亮调，50%表示较鲜艳的颜色、中间调，90%表示饱和度大的颜色、暗调。

印刷品的颜色和层次均靠网点来呈现，在彩色复制中，网点的作用主要有以下几点：

① 在胶印中，网点是感脂单位，也就是接受和转移油墨的单位。从这个意义讲，网点的大小起着调节油墨量的作用。

② 网点在印刷效果上起着组色的作用。在四色印刷中，画面上的每一种色彩都由黄、品红、青、黑四色网点以不同比例混合而成。

③ 网点起着冲淡墨色的作用。如果以50%的网点黑墨印刷，另外50%的面积是白纸的颜色，经过加色混合呈现为灰色。

2. 网点的种类和特点

随着数字化加网技术的发展，网点的种类越来越多，以适应各种不同产品或工艺的表现需要。按照其各自的网点特征大致可以分为以下几种：调幅网、调频网、混合网和其他特殊网点类型。

(1) 调幅网　调幅加网技术，又称AM（amplitude modulated screening）技术，是一种传统的加网技术。调幅加网是在印刷时通过改变印刷品网点面积的大小来实现半色调图像的印刷，网点大的地方颜色深，网点小的地方颜色浅。它的主要特点表现在版面图像是由大小不同的网点组成，且各网点彼此间的中心距是一样的。

对调幅网的描述通常包含三个方面，我们称之为调幅网点三要素，它们分别为：网点形状、网点角度、加网线数。

① 网点形状。网点形状是指单个网点的几何形状，即网点的边缘形态或50%网点所呈现的几何形态。不同形状的网点除了具有各自的表现特征外，在图像复制过程中还有不同的变化规律，会产生不同的复制效果，并影响对复制结果的质量要求。在现代数字加网技术中，可选用的网点种类很多，其中比较常用的网点形状有：圆形网点、方形网点、椭圆形网点、圆方形网点，如图4-1所示。

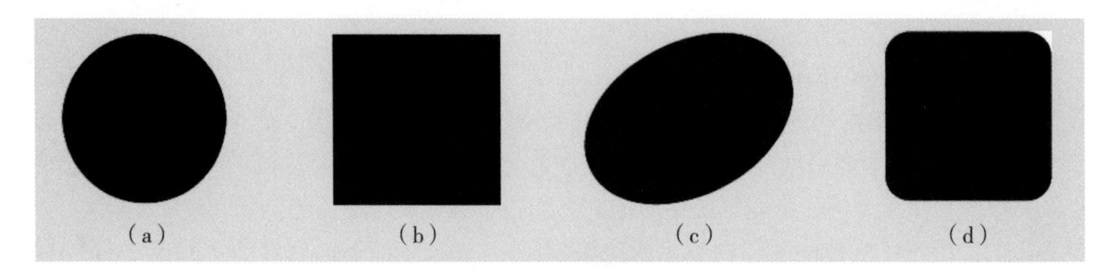

图4-1　常用网点形状

（a）圆形网点（b）方形网点（c）椭圆形网点（d）圆方形网点

a．圆形网点。圆形网点最初是为柔版印刷方式开发的，它的网点形状在网点面积率从0%到100%变化过程中均呈圆形。在同面积的网点中，圆形网点的周长是最短的。当采用圆形网点时，画面中的高光和中间调处网点均互不相连，仅在暗调处网点才互相接触，因此画面中间调以下的网点增大值很小，可以较好地保留中间调层次。相对其他形状的网点而言，圆形网点的扩张系数较小。在正常情况下，圆形网点在大约70%面积率处四周相连。一旦圆形网点与圆形网点相连后，其扩张系数将会很高，从而导致印刷时因暗调区域网点油墨量过大而容易在周边堆积，最终使图像暗调部分失去了应有的层次。

因此，圆形网点因表现暗调层次的能力较差，在使用上受到一定的限制。通常情况下，在平版印刷方式中往往避免使用圆形网点，特别是采用胶版纸印刷时。但是，如果要复制的原稿画面中亮调部分较多，暗调部分较少时，采用圆形网点来表现高、中调区域层次还是相当有利的。

b．方形网点。当选用正方形网点复制图像时，则在50%网点处黑色与白色刚好相间成棋盘状，很容易根据网点间距判别正方形网点的相对面积百分率，它对于原稿层次的传递较为敏感。

网点形状的最终形成与制版和印刷工艺密切相关。正方形网点在50%网点面积百分率处才能真正显示出它的形状，当大于50%或小于 50%时，由于网点形成过程中受到光学的和化学的影响，在其角点处会发生变形，结果是方中带圆甚至成为圆形。在印刷时，由于压力作用和油墨黏度等因素的影响会引起网点面积的扩张。与其他形状的网点相比较，正方形网点在50%的面积率处扩张系数是最高的。产生这一现象的原因是正方形网点的面积率达到50%后，网点与网点的四角相连 ，印刷时搭接部分容易引起油墨的堵塞和粘连，从而导致网点急剧增大。

c．椭圆形网点。椭圆形网点是平版印刷或丝网印刷方式比较理想的网点选择。与方形或圆形网点不同，它具有长短不同的两根轴线。当网点面积率大约为40%时发生椭圆形网点长轴的交接（称为第一次交接），当网点面积率在大约60%处，则发生短轴的交接（称为第二次交接）。由于网点增大是不可避免的，因此椭圆形网点会在大约40%和60%两处产生阶调跳跃。

但是，由于椭圆形网点的边缘是圆滑的，它的交接产生的阶调跳跃要比正方形网点四个角均相连时缓和得多。因此，它对整个阶调的表现都相对比较柔和，适合于同时拥有亮调、中间调、暗调细节的原稿再现还原。

d. 圆方形网点。圆方形网点也被称作为欧几里德（Euclidean）网点，它只有在50%面积率时呈现方形，在50%以下面积率时是黑点呈现圆方形，50%以上面积率时则是空白点呈现圆方形。它兼顾方形网点和圆形网点的优点，因此也是大多数平版印刷客户所喜欢使用的网点类型。

e. 特殊形状网点。从技术的角度考虑，改变和选择不同的网点形状是印刷适性的需要。但为了满足艺术品复制、广告宣传等需要，有时也使用特殊形状的网点（或称艺术网纹），借以增加画面的艺术气氛，获得特定的艺术情趣，产生常规网点无法产生的特殊复制效果。常用的艺术网纹有同心圆网纹、水平波浪形网纹、水平线形网纹、垂直线条形网纹、交叉十字纱布形网纹、砂目形网纹和墙砖形网纹等。不同的网点形状对印刷过程中产生的网点增大会有不同的影响。

② 网点角度。网点角度又称为加网角度。国标GB 9851.1-2008《印刷技术术语第1部分：基本术语》的解释为：网目角度screen angle：不同色版网目轴与基准轴之间最小的夹角。国内的基准轴一般指水平线，但国外的基准轴一般指垂直线，国外的网目角度是指网目线（排列较密的方向的网点中心连线）和垂直线的夹角。

网点角度是表示网点排列方向的位置，是网点中心连线与水平线的夹角，一般按逆时针方向测得的角度就是该加网结构的网线角度。网点的排列结构由相交90°的纵横两列方向组成，因此，30°的网线角度与120°、210°、300°是一样的。为了简便，仅在第一象限表示网线角度，即从0°到90°表示网线角度，其中0°和90°表示同一种网点排列方向。

在四色印刷中，传统的网点角度分别为15°，45°，75°，90°（0°），如图4-2所示。

由于菱形网点与椭圆形网点在纵向和横向的网点形状不同，这样的网点排列时在一个方向由长轴对角线连接，另一个方向则由短轴对角线连接，相差90°的网点排列并不一致，只有相差180°的排列方向才能算是完全一致的。因此，菱形和椭圆形网点的排列方向要在180°内表示，网点角度一般以长轴对角线与水平线夹角来定义，如图4-3所示。

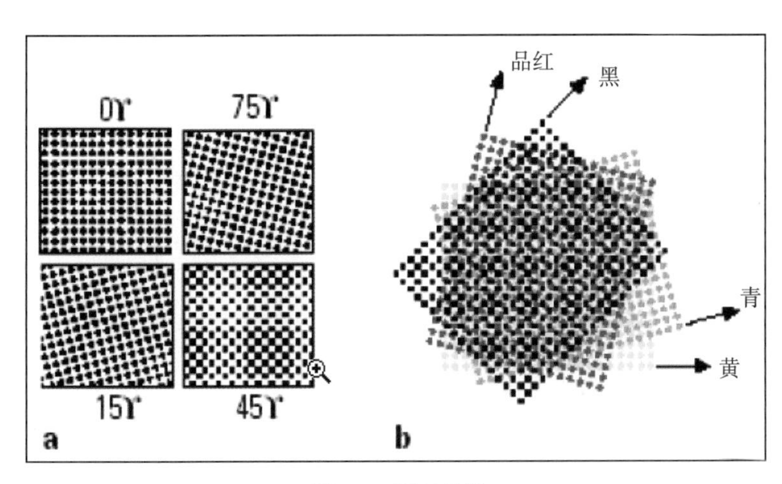

图4-2 网点角度

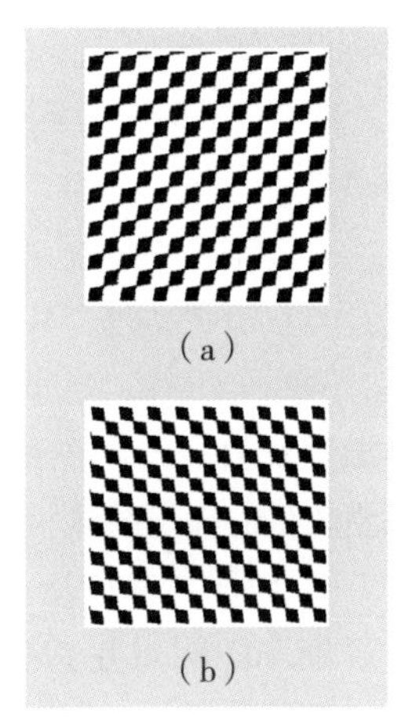

图4-3 网点角度
（a）45°链形（b）135°链形

从视觉效果来看，当网点角度为0°时，人眼能看清每个网点排成的行列线，视觉效果最差，当网点角度为45°时，人眼对行的印象变得模糊，点还能看得见，但排列线看不出来，视觉效果最柔和。所以，在四色印刷中，通常把对人眼刺激最小的黄色版安排在0°角，而把原稿画面所要变现的主要颜色安排在45°，比如以人物图像为主的原稿，加网时通常将品红色版安排在45°，而对于黑白原稿，则将黑色安排在45°。

如上所述，从视觉效果上看，45°角是最理想的加网角度，那么对于四色印刷来说，加网时为什么不将青 、品红、黄、黑都安排在45°角呢?

因为两种或以上网点相互叠加进行套印时，由于网点的分布及大小的变化、套印精度、承印物材料等因素的影响，相互叠加部分会因遮光和透光作用引起莫尔条纹（Moire），俗称龟纹。而错开色版之间的角度，有助于改善这种莫尔条纹效果。实验证明，当两套印版的网点角度差为30°时，龟纹对人眼的干扰最小。如图4-4所示，显示的是网点角度差30°和15°的视觉效果。

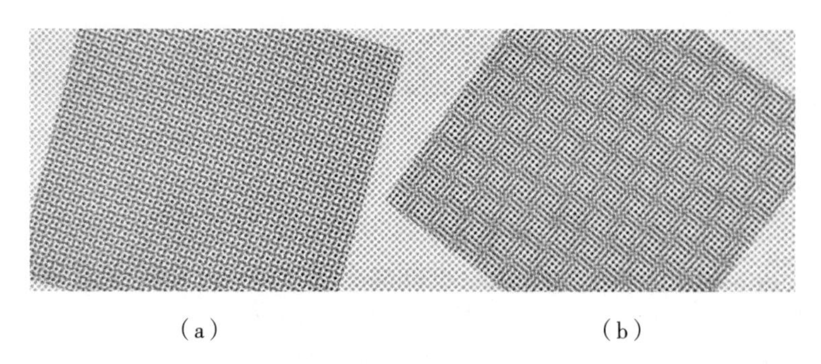

（a）　　　　　　　　　　（b）

图4-4　网点角度差30°和15°的视觉效果

（a）网角相差30°（b）网角相差15°

所以，以最柔和的45°角为基准，在第一象限0°到90°范围内，向逆时针和顺时针方向分别偏差30°，得到相对理想的15°和75°角的分配，而颜色最浅的黄色则设置为0°（90°）。

③ 加网线数。加网线数又称网目线数或网点频率（screen frequency），它以单位长度内网点的个数度量，与物理中频率的概念类似。常用加网线数计量单位为线/英寸（L/inch）或线/厘米（L/cm），如200L/inch，300L/inch，数值越大代表单位长度内网点数量越多，网点越精细。

印刷生产时加网线数并不是越高就一定越好，通常可以从以下几个方面考虑去选择合适的加网线数。

a．视距。在进行彩色复制时如何选择加网线数主要由视距来决定，因为在不同的距离下观看同一印刷品时，其层次在人眼中的反应是不同的。一般的规律是视距近时网点要细，视距远时网线可粗些。当印刷品是用于近距离观看目的，比如陶瓷、家私等宣传画册，可以用较高的加网线数，通常在200L/inch以上。而用于远观的印刷品，例如大幅面的海报或宣传画，可以用较低的加网线数，通常可以在175L/inch以下。

b．承印物的质量。对于胶版纸等非涂布类的纸张，由于它的表面比较粗糙，吸墨量大，过于细小的网点在其表面很容易丢失，无法表现亮调区域的网点和颜色，通常选用150L或133L进行印刷，一般最高不会超过175L。而铜版纸等表面比较光滑，网点还原比较好的材料上，则可以选用200L以上加网线数。

c．原稿和产品的精细程度。对于一些精细程度要求比较高、幅面比较小的产品，比如艺术品复制、摄影集等具有鉴赏价值的画册，他们在原稿的输入阶段通常就已经采用更高分辨率、层次更好的图片，需要在制版印刷时采用更高线数的网点，一般可以在250L及以上。当然，同时对版材、纸张、油墨等材料和对机器状态的要求也相应提高。

d．印刷工艺。平版印刷、凹印的网点扩大较小，网线数可选高一些，柔性版印刷、丝网印刷的网点扩大较大，网线数要低一些。

（2）调频网　调频网点又称FM（frequency modulated screening）网点，它依靠网点的距离和网点的数量来调节印刷在纸张上的墨量，由此控制颜色的深浅和阶调的亮暗，每个网点在空间的分布是随机的，不像调幅加网有固定的角度。调频网点用微米（μm）作为单位来表示网点大小，如20μm、30μm，数字越小说明网点越精细，印刷品表现得越细腻，相当于调幅网点加网时的高网线效果。

调频网点有两种基本类型：一种是每个网点大小（面积）一定，仅网点的空间分布随机变化，称为一级调频网点（first order FM dot）；另一种是网点面积和空间分布频率均在变化，被称为二级调频网点（second order FM dot）。

调幅网点和调频网点的区别主要表现在两个方面：

① 网点大小方面。调幅网点大小可变，根据网点大小的变化来表现图像层次；调频网点大小固定（一级调频网点），根据网点分布的多少来表现图像层次。

② 网点角度方面。调幅网点有固定角度，调频网点无固定角度。

与调幅网点相比，调频网点主要由以下几个优点：

a．有效避免龟纹　由于调频网点在二维空间中是随机分布的，不存在网点角度的问题，多个颜色的网点相互叠加时不会产生莫尔条纹。

b．对细节层次表现较好　由于网点细小，调频网在图像的高光层次部分，能够通过网点的疏密来表现，使得高光部分的层次过渡显得更协调、自然。而调幅网比较容易在高光和次高光区域之间的过渡出现“断层”现象。

c．适合多色印刷　为了加大印刷色域，提高印刷品对原稿的颜色复制能力，目前通常采用多色印刷的方式来实现，通常在五色到七色之间。对于传统的调幅加网来说，显然无法很好地满足角度分配问题。而调频网点作不规则分布，可避免网点相互重叠，油墨也可以尽量直接印在承印物上，故可使用较大的墨量，也可起到增加色彩饱和度的作用。

d．因为不存在网点搭角，所以在50%左右灰度表现得更平滑。

e．可用低分辨率输出设备产生高质量输出。例如，以1200dpi输出的调频图像，质量明显优于2400dpi输出的175L调幅图像。

f．调频网在带有网点的细线条和文字上也有较好的表现，如图4-5和图4-6所示。

图4-5　调幅网（AM）加网效果

Text screening

图4-6 调频网（FM）加网效果

调频网虽然有其众多优势，但也有其缺点和局限性，主要表现在以下两个方面：

a. 对材料要求较高 由于调频网点尺寸非常小，如果版材砂目太粗，分辨率不够，则难以实现1%~99%网点面积率的成功转移。同样，对印刷工序中橡皮布、纸张、油墨等材料的质量特性也有较高的要求。

b. 网点扩大率更大 在印刷过程中对水墨平衡的控制难度比调幅网要大，因而色彩的稳定性相比调幅网要差。

（3）混合加网 混合加网（Hybrid Screening）是调幅加网和调频加网的组合形式，它充分利用调幅和调频加网各自的优点，避免两者的不足，既体现了调频网点的优势，又具有调幅网点的稳定性和可操作性。目前大多数印前流程软件都拥有混合加网技术，比如海德堡公司的Prinect Hybrid、爱克发公司的Sublima、柯达的Maxtone、富士的Liso、艾思科公司的Samba等。

以海德堡公司的Hybrid Screening为例，它的网点特征是在亮调区域和暗调区域使用调频网（FM），在中间调区域则使用调幅网（AM），并且调频网点的区域范围是跟中间调AM网点所设置的网线数相关的。AM网线数设置越高，则FM网的区域范围也越大。

例如，当中间调网点设置为350L的时候，网点区域范围在0%~7%是用FM网，对应93%~100%的暗调区域也用FM网点。而当中间调设置为250L的时候，网点区域在0%~3%和97%~100%两个范围使用FM网，如图4-7所示。

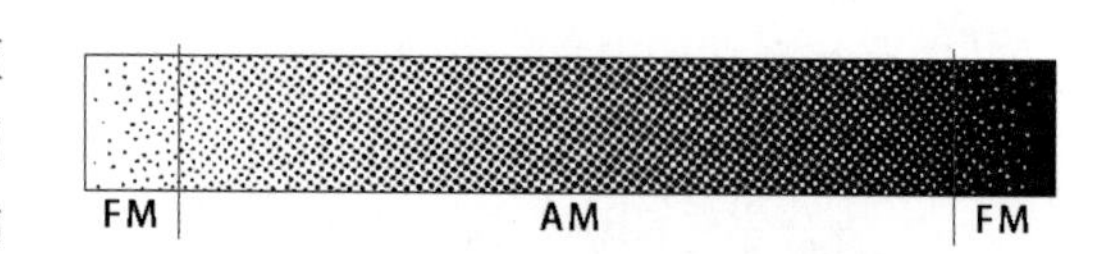

图4-7 海德堡Hybrid网点效果图

项目二 网点曲线调整（线性化和过程校准）

项目描述和要求

掌握印版的线性化校正和印刷网点补偿校正的方法及其操作。

在印刷图像的复制过程中，印版输出工序和印刷工序对网点的转移有着非线性的影响，从而对图像阶调层次的传递产生非线性的影响。为了达到稳定控制网点转移的目的，需要在这两个工序过程中进行印版的线性化校正和印刷网点补偿校正。

1. 印版的线性化校正

（1）印版线性化校正的目的　印版线性化校正的目的是使印版输出过程始终保持网点不丢失，呈线性结果。

在CTP的印版输出工序中，不同品牌的印版经过CTP曝光参数调试以及冲版参数测试后达到最佳的曝光和显影效果，既保证版面空白区域干净不起底灰，又保证网点边缘清晰不发虚。一旦这些参数确定后，往往是能要求控制在稳定状态，不轻易修改的。然而这些参数的调整，通常会引起网点的非线性化变化。例如，1bit-tiff文件中50%的网点，经过曝光显影后，可能会变为48%的网点，其他区域的网点也发生相应的变化，这就需要对它进行线性化校正，即保证输出到印版上的网点值与1bit-tiff文件中记录的网点值一致，呈线性关系。

（2）印版线性化校正注意事项

① 不同品牌的印版，通常线性化曲线是不一样的，要为它们分别建立曲线。

② 同一品牌的印版，针对不同加网线数（如200L和300L）或网点类型（如调幅网和调频网），需要设置不同的版材校正曲线。甚至同一品牌，不同型号的版材，也需要建立不同的校正曲线，这个需要根据材料进行测试后，查看数据来确定。

因此，对印版线性化曲线的命名规范建议可以按照"品牌+型号+线数"的方式命名（例如：Saphira_PN_200L）。

③ 在测试过程中，一定要保证曝光和显影参数的正确性。

④ 为了保持线性化的稳定和准确性，每天要检测印版上的网点，发现网点发生变化要及时查找原因。短时间内产生的微小变化通常通过调整显影参数就可以修正网点为线性状态，若由于显影药水使用时间过长、冲版数量太多、药力减弱而引起的网点变化，则需要更换显影药水。一般在印刷厂规定网点的最大偏差值控制在±1%以内。

⑤ 每次更换新显影药水后，建议重做线性化。

（3）印版线性化的操作步骤（以海德堡印通流程为例）

① 从拼版活件中输出任意一张颜色的印版，注意：需在拼版模板中已经添加了印版测控条标记，如图4-8所示。

图4-8　海德堡印版测控条

② 用印版测量仪器（如IC Plate II）测量测控条中未加载校准曲线的网点，即标注为"none"所对应的那一排网点，记录下所有网点的测量数据，如图4-9所示。

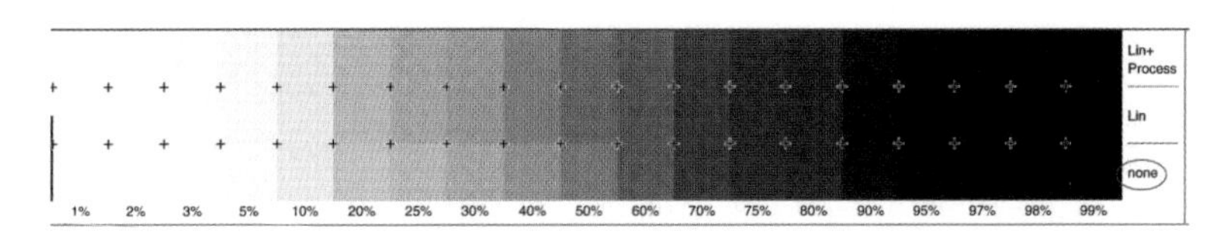

图4-9　测量测控条中未加载校准曲线的网点

③ 打开Calibration Manager软件，切换到线性化校准组，按照规范命名新建一个印版模板并设置相关参数，如Saphira_PN_200L，如图4-10所示。

④ 点击OK按钮，到线性化组下打开该曲线，在如图4-11所示的对话框中，到“测定值”那一列输入实际测量所得的网点值，输入完毕后进行“平滑”，平滑方法建议选齿条。

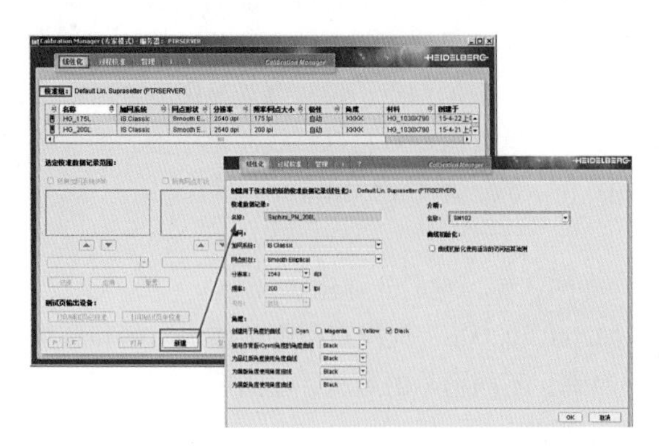

图4-10 新建一个印版模板并设置相关参数

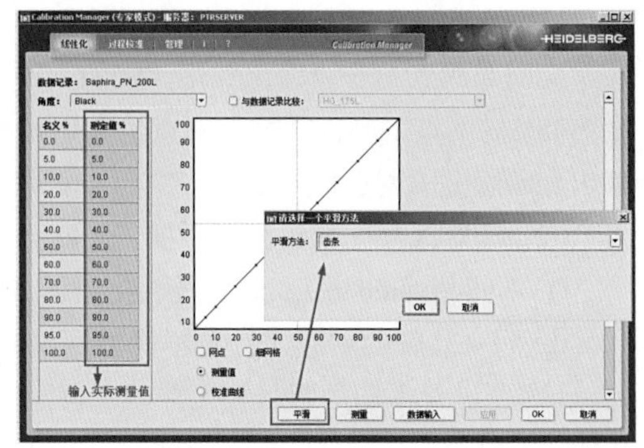

图4-11 输入实际测量所得的网点值并进行平滑

⑤ 点击“OK”保存后，新建的队列默认显示为“黄灯”状态，可选中它，点击软件左下方的绿色启动键，使它的状态为激活，如图4-12所示。

⑥ 到流程软件客户端Cockpit中，建立大版输出模板，在“校准”中勾选“线性化”参数，调用这条线性化曲线，如图4-13所示。

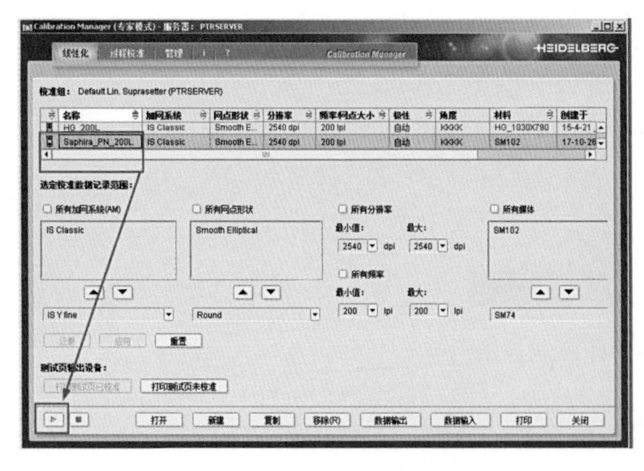

图4-12 激活新建的队列

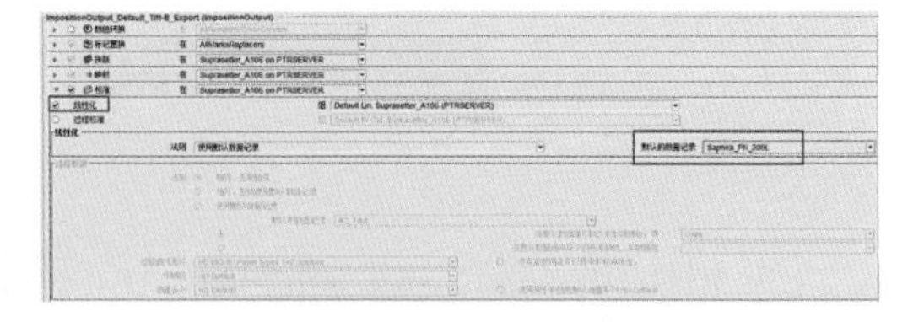

图4-13 调用线性化曲线

2. 网点增大

（1）网点增大 网点增大也叫网点扩大，它是一个重要的印刷适性，其含义是指当油墨印在纸张上时，网目调网点的大小和形状可能会发生改变，网点边缘向四周扩展，一般这种改变的结果是实际纸张上的网点面积大于文件中的网点面积值，即引起网点的增大。

（2）网点扩大值与加网线数的关系 在同等条件下，加网线数越高，同等单位面积内网点数量越多，网点扩大越大，因为更小的网点意味着在单位面积内产生更大的边缘扩散。如图4-14所示，显示了这种关系和换算结果。

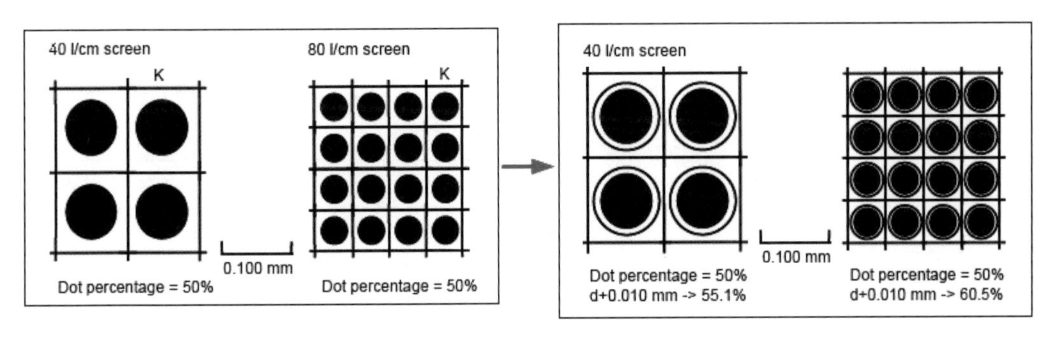

图4-14　网点扩大值与加网线数的关系

3. 网点扩大补偿校正

（1）网点扩大补偿校正的目的

网点扩大补偿校正的目的是使印刷过程的网点扩大得到合理的控制。

在印刷工序中，油墨在从墨辊→印版→橡皮布→纸张的转移过程中，由于压力的作用，网点的扩大不可避免，合理的网点增大有助于提高印刷色彩的鲜艳程度及印刷控制的稳定性。过小的网点扩大会引起画面暗淡，不够饱和；过大的网点扩大会引起层次的并级，细节的丢失。所以，需要对印刷过程中产生的网点扩大进行补偿校正，使其控制在一个合理的范围内。

（2）网点扩大率的标准参考

基于ISO12647-2，网点扩大率的参考标准如表4-1所示。

表4-1　单张纸商业胶印的色调值增幅（网点增益）1类+2类纸

色调值数据（%）	周期性加网（AM）		非周期性加网（FM）
	青品黄：13%	黑：16%	青品黄黑：28%
0	0.0	0.0	0.0
5	2.0	3.0	6.7
10	4.0	5.6	12.3
15	5.9	8.1	17.0
20	7.6	10.2	20.8
25	9.3	12.1	23.8
30	10.7	13.7	25.9
35	12.0	15.0	27.3
40	13.0	16.0	28.0
45	13.8	16.7	28.0
50	14.3	17.0	27.5
55	14.6	17.0	26.4
60	14.5	16.6	24.8
65	14.1	15.9	22.7
70	13.4	14.9	20.3

续表

色调值数据（%）	周期性加网（AM）		非周期性加网（FM）
	青品黄：13%	黑：16%	青品黄黑：28%
75	12.3	13.4	17.5
80	10.7	11.5	14.4
85	8.7	9.3	11.0
90	6.3	6.6	7.5
95	3.4	3.5	3.8
100	0.0	0.0	0.0

（3）网点扩大补偿曲线的校正步骤（在海德堡印通流程中称为“过程校准”）

① 加载线性化校正曲线，输出一套网点为线性的测试版。

② 上机印刷该线性版。将实地颜色印到所需要的实地密度或色度标准后，用印刷密度计或分光光度计测量印张上各分色的实际网点值，记录下数值。

③ 打开海德堡校准曲线管理软件Calibration Manager，切换到“过程校准”，新建一条过程校准曲线，在“过程曲线组件”中选择所要参考的网点扩大曲线，如“HD ISO 60 Paper type 1+2 positive”，如图4–15所示。

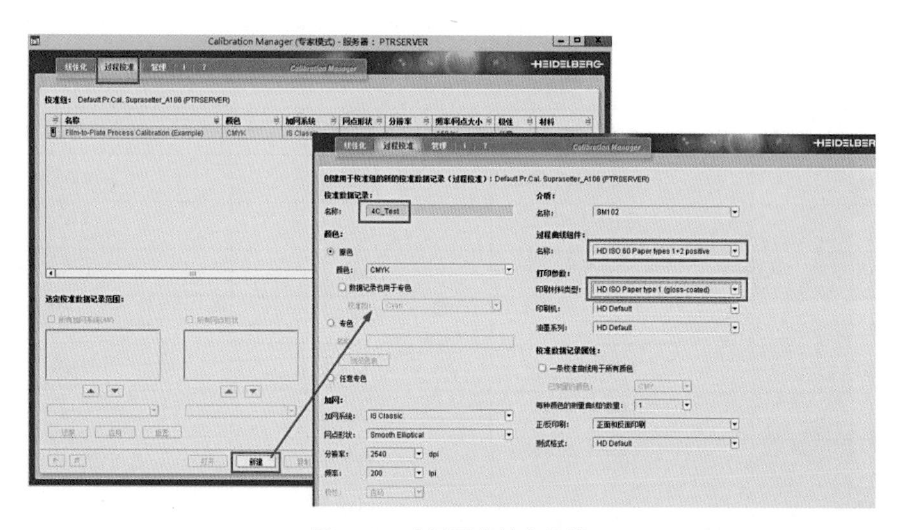

图4–15 选择网点扩大曲线

④ 设置完参数后，点击“OK”，并打开该校准曲线。在校准曲线中，选择相应的颜色，并在“测定值”中输入在印张上所测得的实际网点数值，此处“名义”列中显示的网点是印版上线性的网点值，“过程”列中显示的网点是步骤③中所选的网点扩大参考标准值，如图4–16所示。

将网点曲线图的查看方式切换到“校准曲线”，软件中将增加“校准”列的显示，此处显示的数值是软件根据“过程”列的参考标准值与“测定值”列中的实际印刷网点值自动进行计算后的印版输出网点值，如图4–17所示。

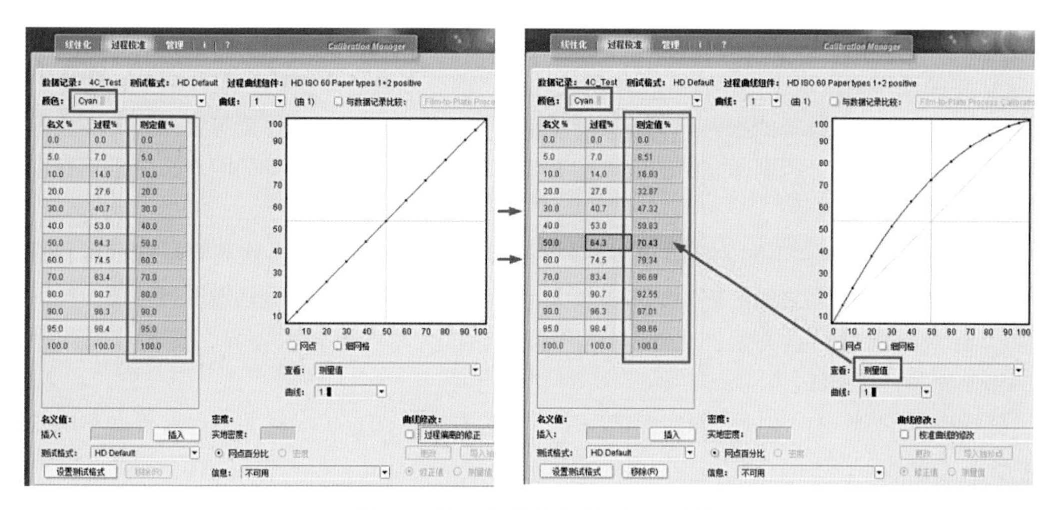

图4-16　输入测得的印张上网点数值

⑤ 用同样方法，为其他每一个分色设置好网点曲线校准后，点击“OK”按钮保存，并到“过程校准”组下选择该曲线，点击绿色三角形按钮使该曲线成激活状态，以供输出模板调用，如图4-18所示。

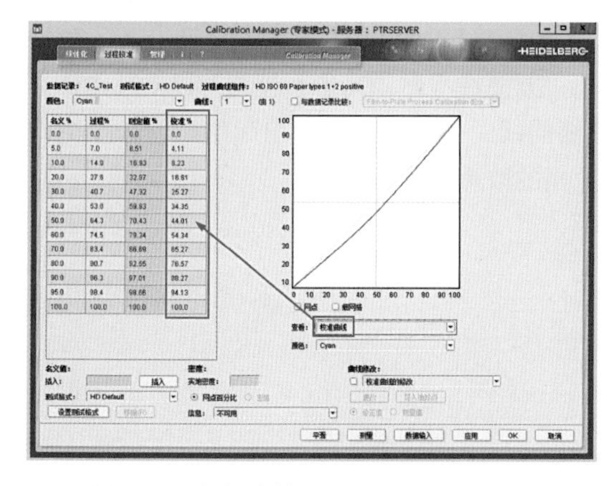

图4-17　软件计算出的印版输出网点值

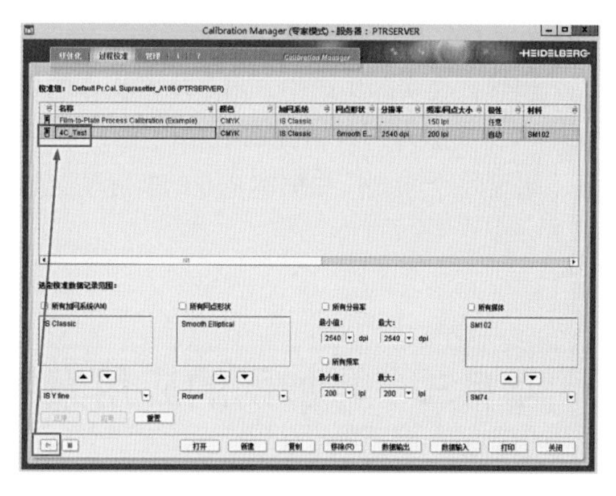

图4-18　设置好各色网点校准曲线并激活

⑥ 到流程软件客户端Cockpit中，建立大版输出模板，在“校准”中勾选“过程校准”参数并选用这条过程校准曲线，如图4-19所示。

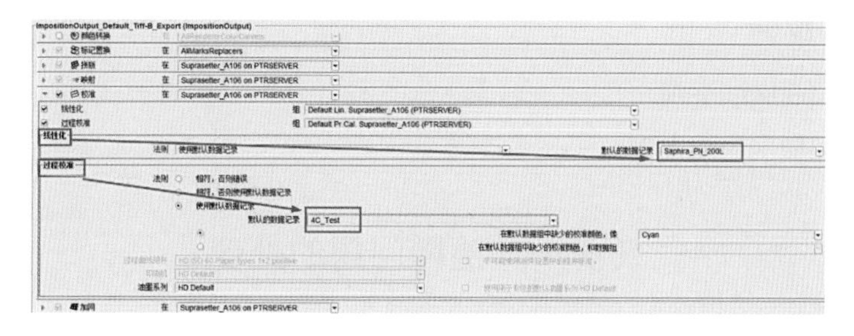

图4-19　选用网点校准曲线

（4）印刷网点补偿曲线的校准过程需要注意的事项

① 要保证印刷机状态的稳定。在印制线性版之前，要做好印刷机方面各项参数的检查和调整，这其中包括水墨辊的压力、润版液的正确配比、橡皮布衬垫的厚度等，尤其要注意印刷网点不能有重影现象，否则印刷时的网点扩大值处于变化状态，所测量的网点数值是不稳定、不可信的。

② 对于多色印刷，不同的印刷色序排列，网点扩大会有所不同。这需要根据机器和材料进行测试，若不同色序之间的扩大率差异较大，则需要针对不同色序分别做网点补偿曲线。

③ 针对不同的网点类型，比如AM和FM网点，扩大率会有较大差异，需要分别印刷测试，做不同的补偿曲线。

④ 相同网点类型，不同加网线数情况下，线数越高，网点扩大越大，也需要做不同的网点扩大补偿曲线。

⑤ 相同的网点类型、相同的加网线数，在使用不同的印刷材料（纸张、油墨）时，要根据需要设置不同的网点补偿曲线。

⑥ 针对不同的印刷设备，如果设备之间的网点测试结果差异太大，也需要分别做网点扩大补偿曲线。

综合考虑以上各项因素，建议在过程校准曲线的命名上可以参考如下形式："机器信息+网点类型信息+网线数信息+纸张类型信息+油墨信息"，例如：CD102-6_Hybrid_300L_Coated-TP1_ToyoInk。

当然，在实际生产中，出于生产操作的可行性、方便性考虑，几乎不可能为以上几个注意点中所提到的每一种情况都独立设置一条网点补偿曲线，这样反而容易引起生产管理上的混乱，需要每个印刷厂根据本企业的实际情况进行适当的取舍和修正。

项目三　加网的应用案例

项目描述和要求

1. 掌握撞网问题的处理方法。
2. 掌握局部加网的方法。

项目内容和步骤

任务一　撞网问题的处理

任务二　局部加网应用案例

任务一　撞网问题的处理

前面提到，当两种或两种以上网点相互叠加进行套印时，由于网点的分布、网点大小的变化、套印精度、承印物材料等因素的影响，相互叠加部分因遮光和透光作用而引起莫尔条纹（Moire），即我们俗称的龟纹或撞网现象。

1. 应用调频网解决撞网问题

案例相关文件：五色印刷网点测试.pdf；所用流程软件：海德堡印通流程。

如图4–20所示，文件上层①图像为CMYK四色，底层②平网图形为专色PANTONE 802C，网点百分比是30%。印刷工艺是在光银纸上用白墨印刷专色，然后在白墨上印刷四色图像。

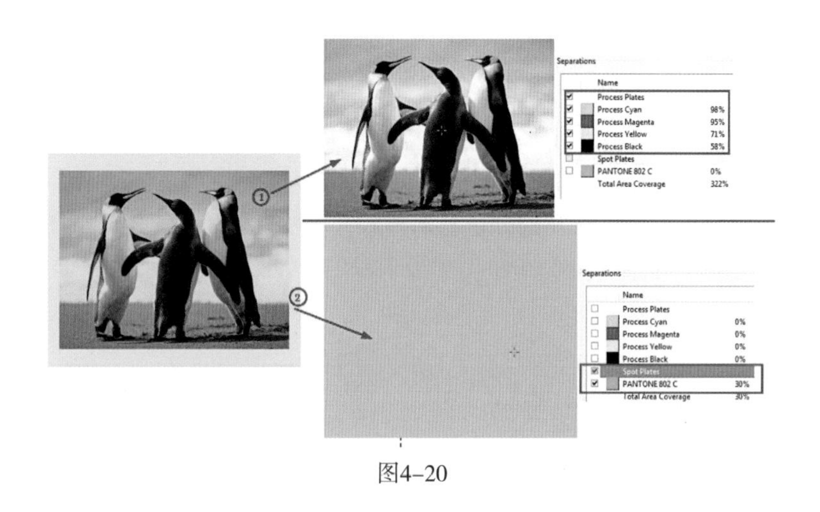

图4–20

案例处理步骤：

（1）在印通流程中，设置两个大版1bit–tiff输出模板，一个为调幅网200L，一个为调频网30μm。

① 打开印通流程客户端软件cockpit，切换到“管理”>“模板”>“序列模板”>“Imposition Output序列模板”中，新建模板，如图4–21所示，设置“加网”选项中的各项参数，保存名称为“调幅网_200L”。

② 用同样方法，设置调频网30μm的相关参数，并保存为“调频网_30u”名称，如图4–22所示。

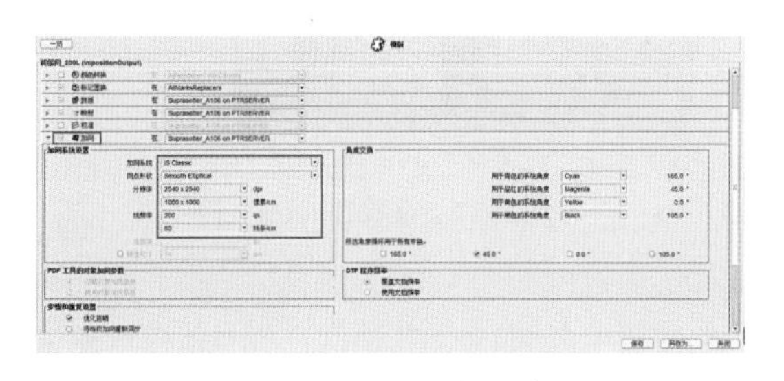

图4–21　设置调幅加网参数

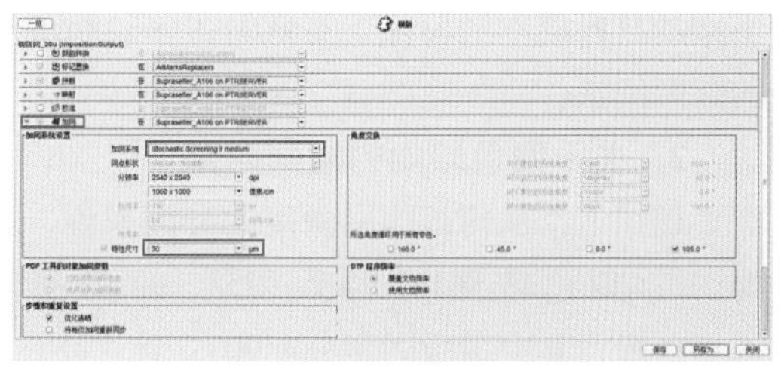

图4–22　设置调频加网参数

③ 保存两个1bit–tiff输出模板，如图4–23所示。

（2）在cockpit中创建一个活件，切换到“处理”界面，将这两个输出模板添加到该活件中，如图4–24所示（关于工作模板的详细设置及活件的创建、处理过程，请参考模块六）。

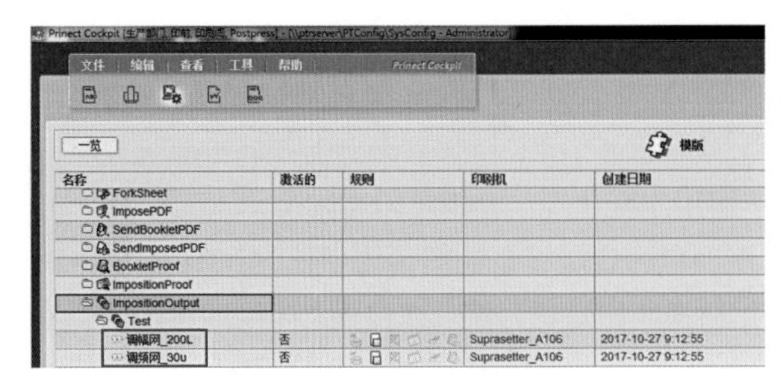

图4-23 保存输出模板

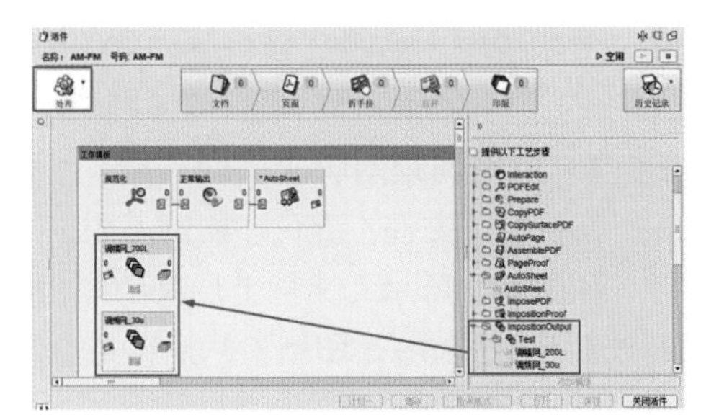

图4-24 新建活件并添加模板

（3）在“文档”界面下，加载本例文件“五色印刷网点测试.pdf”到该活件中，执行文件的规范化-转换-自动拼版过程，如图4-25所示。

（4）在印版输出界面中，切换到分色显示模式，将CMYK四色拖放到“调幅网_200L”模板中输出，将专色拖放到“调频网_30μm”模板中输出，如图4-26所示。

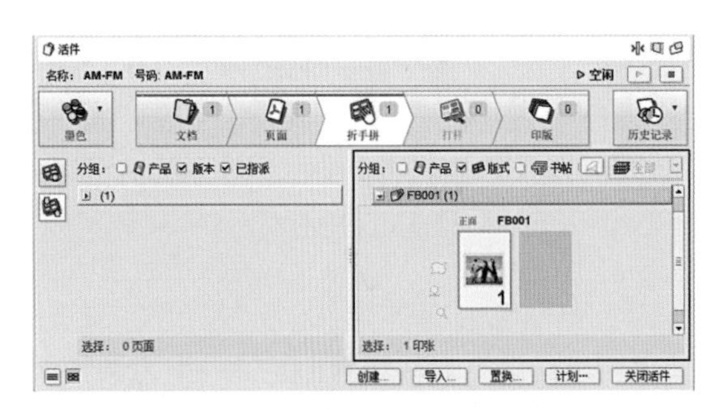

图4-25 添加文件并执行自动拼版

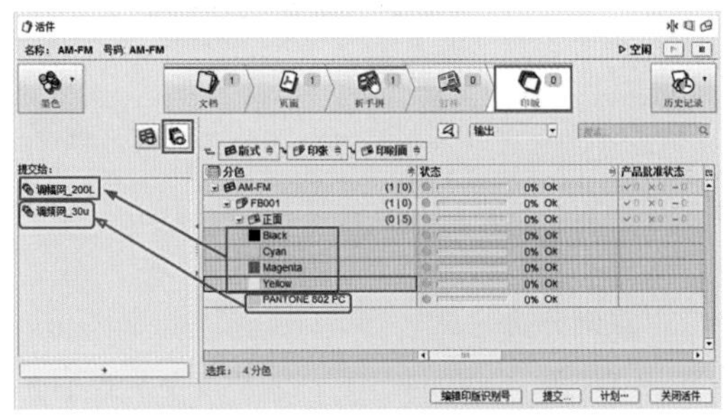

图4-26 将分色文件进行加网

（5）到输出目录下，用相关软件（如Esko Bitmap Viewer）打开查看输出后的1bit-tiff文件，如图4-27所示。

图4-27 查看1bit-tiff文件

文件按照这种方式进行加网输出处理，既能保证四色图文内容的色彩稳定控制，又能在不增加材料成本的前提下有效解决多色叠加后的撞网问题。

2. 关于四色印刷的撞网问题

理论上，从传统加网角度的分配来说，只要CMYK四色按照15°、45°、75°、90°的角度进行分配，其中黄版固定分配90°，青、品、黑三色按照主色调45°，其他两色版与他角度差为30°，就不会出现明显的龟纹视觉效果。但在实际生产应用中，即便只是四色印刷，龟纹、玫瑰斑、阶调跳跃等问题都是不可避免的，关键是如何将这样的影响减到最小。

对于四色印刷来说，引起撞网的原因很多，大致有以下几方面。

（1）图像包含重复内容的空间频率和网点的空间频率间相互作用，产生了莫尔条纹。例如一些音响产品上的网纹、布纹，一些纺织品或衣服表面的纹理，远景下的草地等，这类图像文件易由于不同色版间的遮光和透光作用产生条纹或斑点效果。

对于这类原因引起的撞网效果，在不使用调频网解决方案的情况下，可以尝试以下几种方法进行处理，以尽量将撞网降为最低。

① 更换别的加网系统。包括网点形状、网点角度的改变，例如在海德堡印通流程中，可以选择加网系统“IS Classic+7.5°”，以区别于传统的四个角度，如图4–28所示。也可以交换其中两个色版的角度，甚至可以只改变其中一个颜色的角度，比如将原来的M45°改为M52.5°输出，保留其他颜色角度不变。

图4–28　更换加网系统

② 改变加网线数。为了错开色版之间网点叠加因素的影响，可以尝试改变其中某一个色的加网线数，通常在撞网效果最明显的两个色之间选择一个色来修改，比如青色和黑色撞网效果最明显，则可以尝试将青色保留为200L，黑色改为150L输出，通过错开网点的空间分布来达到降低撞网效果的目的。

（2）图像是通过扫描加过网的图像得到的，由于扫描线与原稿中有规律排列网点图案相互作用而产生龟纹，而在图像处理时没有很好地做去网处理，即原稿本身就有撞网效果。这种情况必须在印前文件制作环节就做好去网处理工作。

（3）印刷条件引起的撞网，比如橡皮布起脏、印刷套印不准、重影等问题，也会使网点叠加部分看起来起“格子”类的撞网效果。

任务二　局部加网应用案例

局部加网（object screening，也称为对象加网），是针对版面内容的不同区域，分别以不同的加网方式进行RIP加网。其中可以包括网点类型、加网线数、加网角度、网点形状的变化，以达到某些特殊效果或防伪目的。

由于在同一印版上存在多种加网方式，每种加网方式需要加载不同的网点校正曲线，所以此种加网方式会加大流程软件在RIP过程的运算工作量，比单一的加网方式解释速度要慢。

案例　如图4–29所示，在同一个页面上，要求将左侧区域的色块和中间的图片设置为调幅网输出，右侧区域的色块设置为调频网输出。

案例相关文件：局部加网测试文件.pdf

相关应用软件：Adobe Acrobat Pro、海德堡的PDF插件“PDF Toolbox”、海德堡印通流程。

操作步骤如下：

（1）在Acrobat软件中打开本案例相关文件“局部加网测试文件.pdf”，然后打开PDF Toolbox软件，选择其Screening Selector功能，如图4–30所示。

图4-29　目标文件

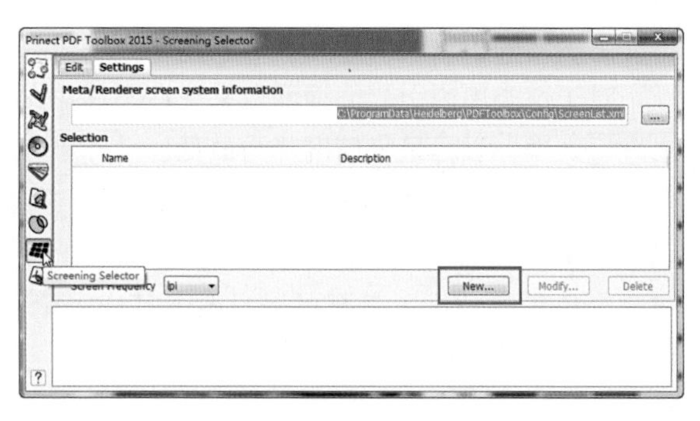

图4-30　打开Toolbox软件并选择Screening Selector功能

（2）设置需要用到的加网参数　在Screening Selector的Settings界面下，点击“New”，在弹出的对话框中设置多个不同的加网参数并保存，以供后续对同一页面中的不同图文元素进行各自网点类型的设置。此处分别演示设置150L、圆形、调幅网点和尺寸为30μm的调频网点。

① 如图4-31所示，设置调幅网150线圆形网的加网参数，命名为“IS-150L-Round”并保存。

② 如图4-32所示，设置调频网30μm的加网参数，命名为“FM-30u”并保存。

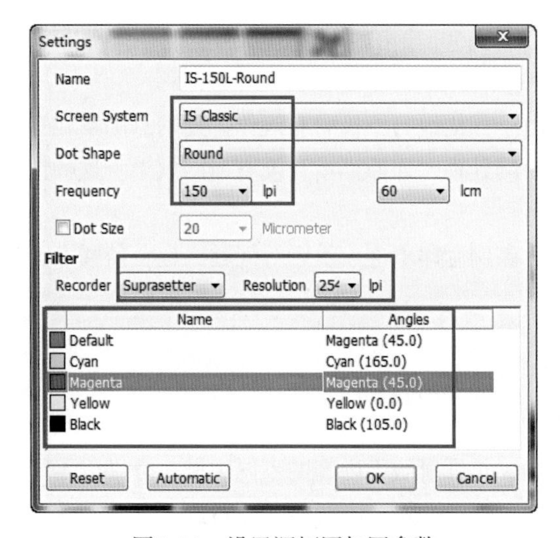

图4-31　设置调幅网加网参数

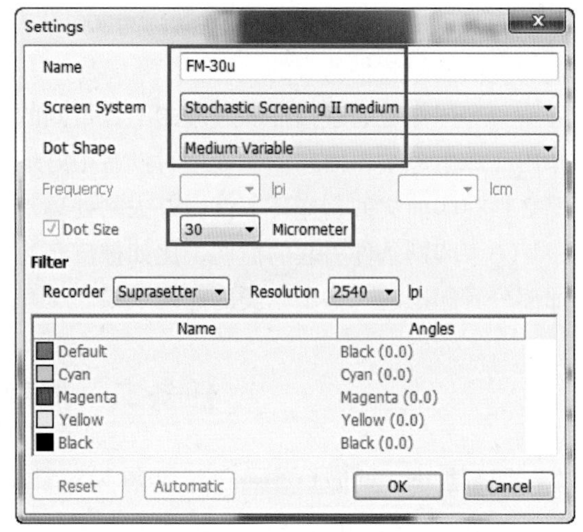

图4-32　设置调频网加网参数

③ 设置完毕后，在列表中可以看到这两个加网参数，如图4-33所示。

若想为页面内容应用其他类型的加网方式，按照同样方法进行各网点参数的设置即可。

（3）为页面中的元素设置加网参数

① 切换到Screening Selector的“Edit”界面，用鼠标框选左侧区域的色块和中间的图像，在软件界面中，会提示选中的内容信息，此时可以在下拉菜单中选择参数“IS-150L-Round”，即可指定所选择的这142个内容的加网方式，如图4-34所示。

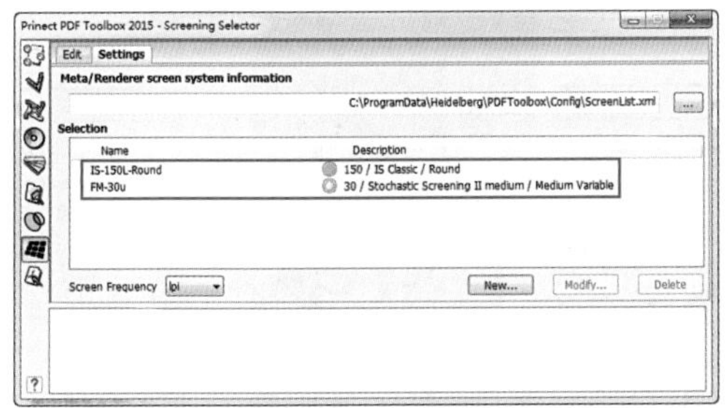

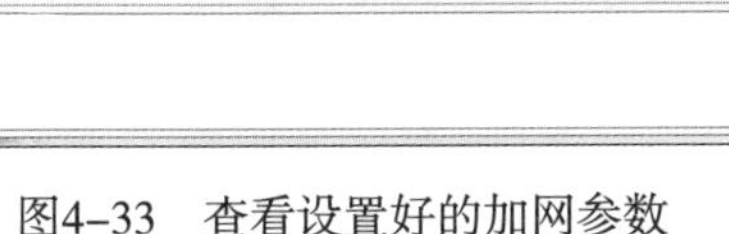

图4-33　查看设置好的加网参数

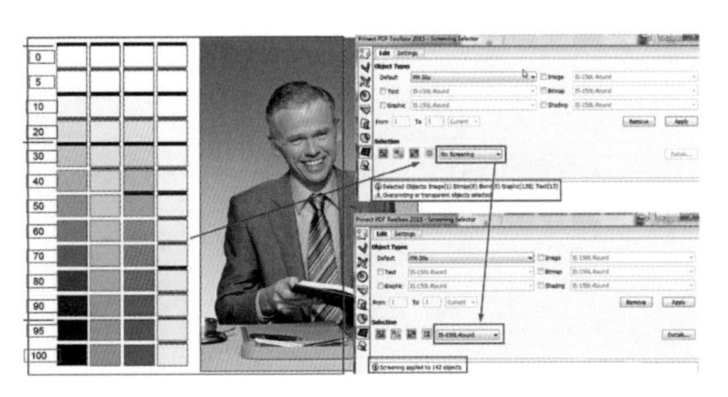

图4-34　设置左侧区域色块和中间图像的加网方式

② 同样的方法，用鼠标框选右侧区域的所有色块，并指定它们的加网方式为“FM-30u”，如图4-35所示，然后保存该PDF文件。

（4）设置局部加网模板　到印通流程客户端cockpit中，设置一个“局部加网”序列模板（Imposition Output），这里主要注意两个位置的设置。

一是在校准曲线的设置上，在选取线性化或过程校准曲线时，“法则”这里要选择“相符”，否则错误。因为对于150L的调幅网点和30μm的调频网点来说，它们的线性化曲线和网点扩大补偿曲线一定是不同的，此选项的意义在于软件将会自动寻找对应的曲线去应用到相对应的网点类型上。二是在加网参数的设置上，要选用“使用对象加网信息”，以使用PDF中针对不同对象所指定的加网信息，如图4-36所示。

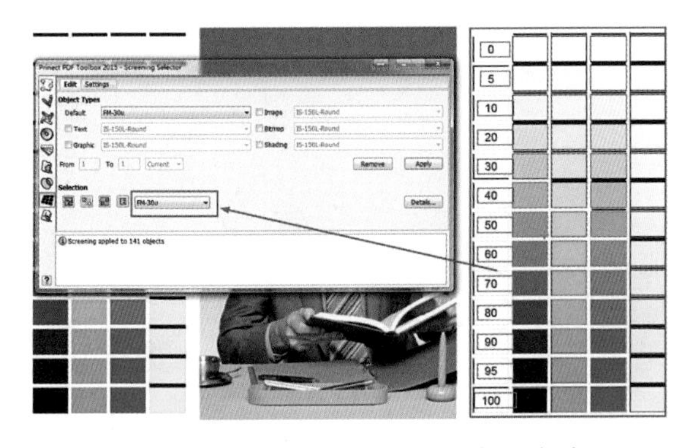

图4-35　设置右侧区域色块的加网方式

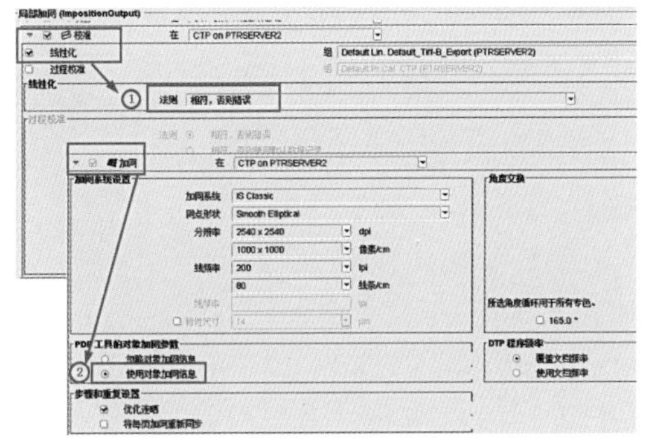

图4-36　需注意的两个设置

（5）输出1bit-tiff文件　在cockpit中创建新活件，添加设置好局部加网信息的“局部加网测试文件.pdf”文件到活件中，并加载“局部加网”模板，输出1bit-tiff文件，如图4-37所示。

（6）检查局部加网效果　打开1bit-tiff文件，检查局部加网的网点效果，如图4-38所示。

局部加网的设置方法在印刷线性版、测试网点扩大值时非常实用。比如，需要在铜版纸上印刷测试200L、250L及调频网的网点扩大率，传统的加网方式需要出三套线性版，分别上机印刷。而按此方式，只需要出一套线性版文件，上机印刷时将这几个区域同时印相同的实地密度，就可以同时取得不同区域、不同加网类型的网点扩大值，既缩短了印刷时间，又节约了耗材成本。

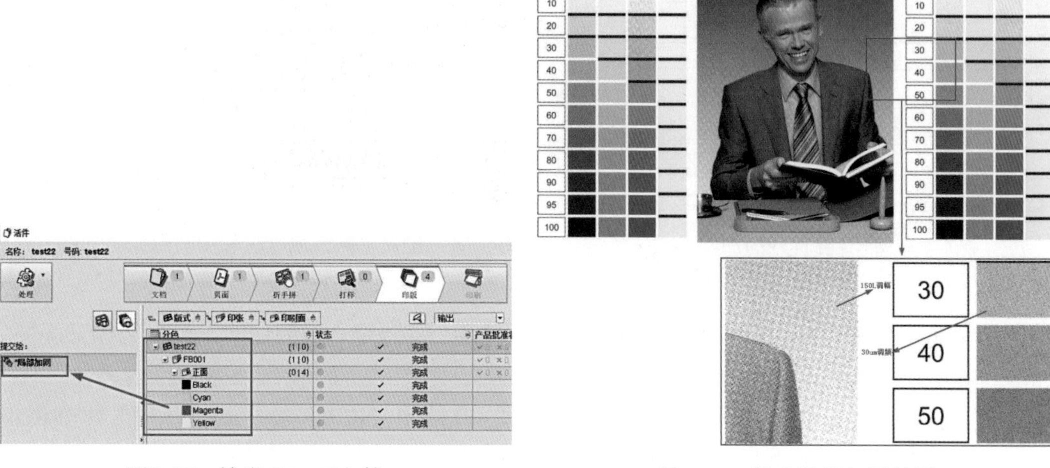

图4-37　输出1bit-tiff文件

图4-38　检查局部加网效果

印版输出质量控制

印版输出是印前的最后环节，前面做的所有工作，最终转换为1-bit-tiff文件传输给CTP进行曝光输出。本章中，我们学习如何去检查1-bit-tiff文件，设置曝光参数、冲版参数，并学习如何检查印版的质量，如何存储印版。

项目一　检查1-bit-tiff文件

项目描述和要求

掌握1-bit-tiff文件检查的要点和方法。

将1-bit-tiff文件传到CTP输出印版前，需要对文件再次进行检查，以保证文件准确无误。检查的项目有：

（1）查看分色是否正确，是否有烂图，颜色交接处是否有白线。

（2）检查牙口尺寸是否与机台要求相符。

（3）检查拼版标记是否齐全。

（4）检查陷印与叠印是否正确。

（5）检查是否加载了正确的出版曲线。

案例　使用Bitmap Viewer检查文件“1Bit检查练习”是否有误

（1）用Bitmap Viewer软件打开1-bit-tiff文件“1Bit检查练习”。

（2）使用放大/缩小工具，检查图案是否有白线、烂图；查看拼版标记是否完整；查看印版控制条上的信息；检查输出曲线是否正确。

（3）点击右边通道面板上的眼睛图标，如图5-1所示，可以关闭或打开相应的通道显示，检查颜色的陷印是否正确；点击通道面板上颜色前面的色块，调出通道颜色面板，可以修改输出通道的显示颜色，方便检查颜色间的陷印。

（4）查看信息面板，检查文件尺寸是否与版材尺寸相符，如图5-2所示。

（5）使用度量工具中的标尺，测量成品线到版边的距离，看是否与要求的牙口尺寸相符，如图5-3所示。

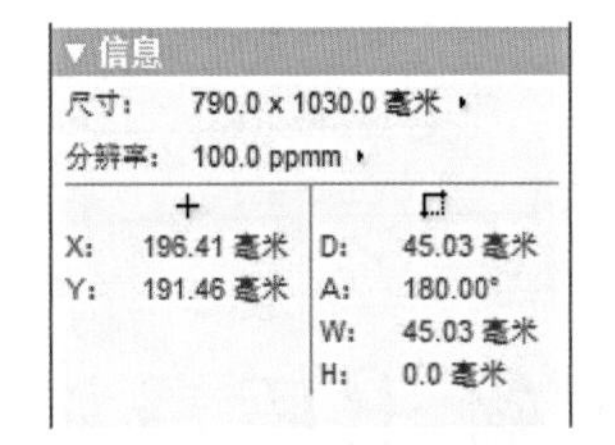

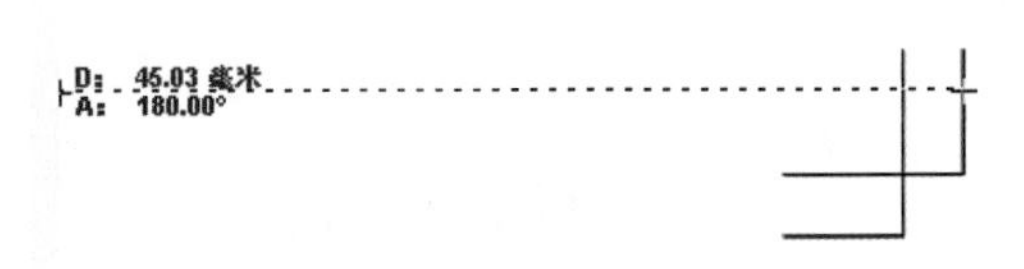

图5-1 通道面板　　图5-2 检查文件尺寸　　图5-3 测量成品线到版边的距离

（6）使用网点百分比测量工具，在图案的网点处选一个面积范围，计算出该范围内的每个颜色的网点百分比（选择的面积越大，误差越小），如图5-4所示。

（7）使用网线测量工具，在图案的网点处框选一个面积范围，计算出该范围内的每个颜色的加网线数，如图5-5所示。

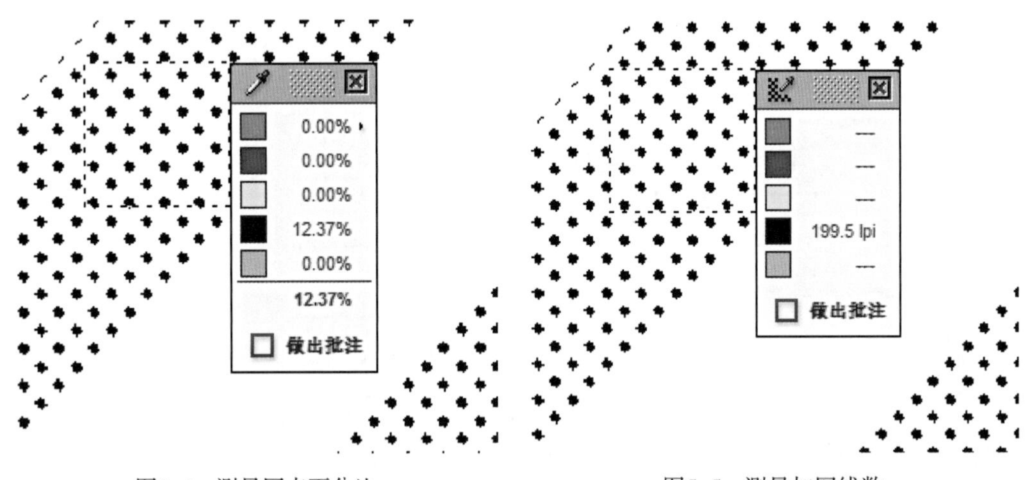

图5-4 测量网点百分比　　图5-5 测量加网线数

（8）使用条形码检测工具，在条形码的上框选，检测条形码的类别、读数、放大率和条宽缩放量，如图5-6所示。

（9）点击启用差别视图工具，如图5-7所示，选择两个1-bit-tiff文件,两个文件不同之处会用红色高亮显示，该工具可用于对比修改前与修改后的文件，检查修改的位置。

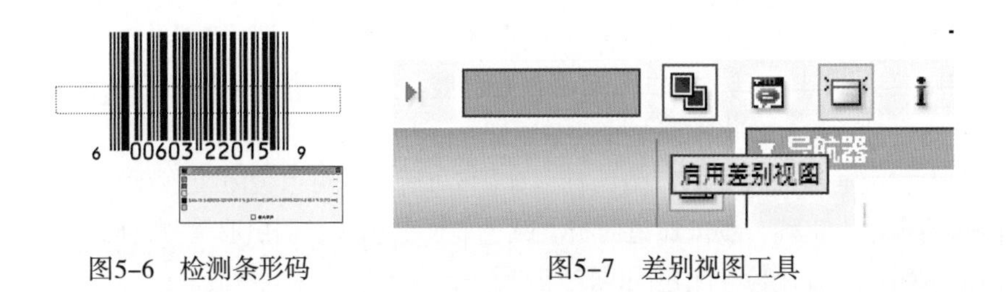

图5-6 检测条形码　　图5-7 差别视图工具

（10）文件检查完成后，将1-bit-tiff文件拷贝到对应的输出文件夹，将文件导入prinect shooter printmanager。

项目二　印版的输出

项目描述和要求

掌握CTP设备的操作和印版输出。

项目内容和步骤

任务一　海德堡CTP的启动
任务二　印版的输出与保存
任务三　印版的质量检测
任务四　显影参数的调节

任务一　海德堡CTP的启动

开启CTP的操作步骤如下：

（1）制版系统分为输出控制电脑、曝光机、空压机三个部分，开机顺序为：先开空压机，再打开电脑，最后打开CTP机。CTP的启动必须严格按照启动顺序，否则会出现数据连接不上、设备无法输出等现象。

（2）启动电脑shooter工作站，输入用户名和密码进入系统。

（3）将CTP出版机的电源开关打开，然后按机器上方的电源启动键，等待机器自检。

（4）等CTP前面的信号指示灯亮后，启动电脑上的CTP User Interface软件，等待机器启动，查看软件下方的设备状态栏，记录设备与激光模块前面的绿色点里面的问号消失，绿点由小圆点变为大圆点，如图5-8所示，CTP启动完成。

（5）打开Prinect Shooter Service Control软件，按运行按钮（绿色三角形），如图5-9所示，启动shooter后台服务，待界面上显示“系统在运行”，如图5-10所示，启动完成。

（6）打开prinect shooter printmanager软件，查看作业列表，如图5-11所示，准备输出印版。

（7）冲版机开机前要检查补充液、印版保护胶是否足够，然后打开冲版机电源，启动机器。

（8）待显影温度达到预设的温度后，即可开始冲版。

图5-8　CTP启动完成

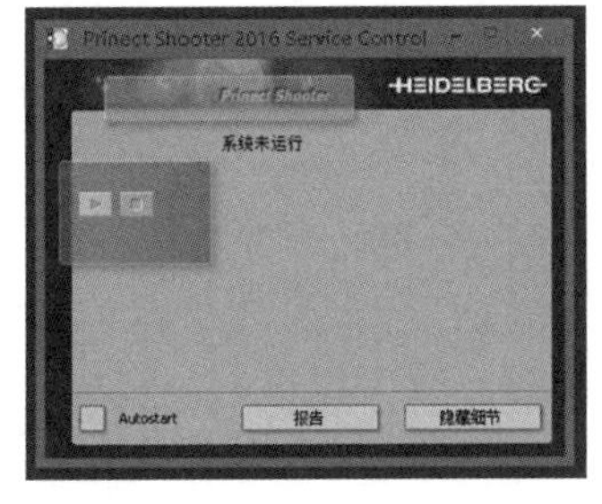

图5-9　启动shooter后台服务

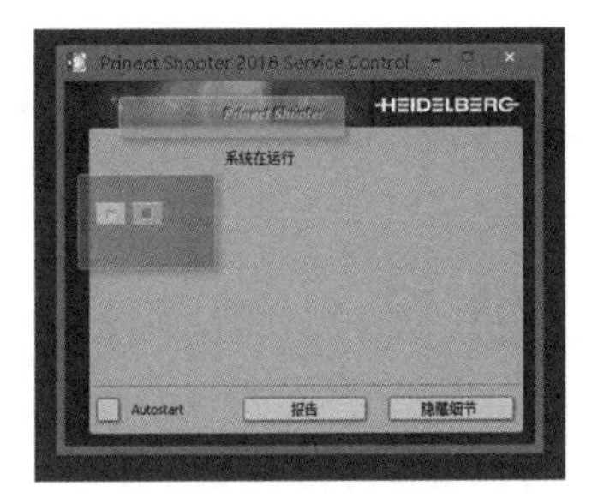

图5-10　系统正常运行

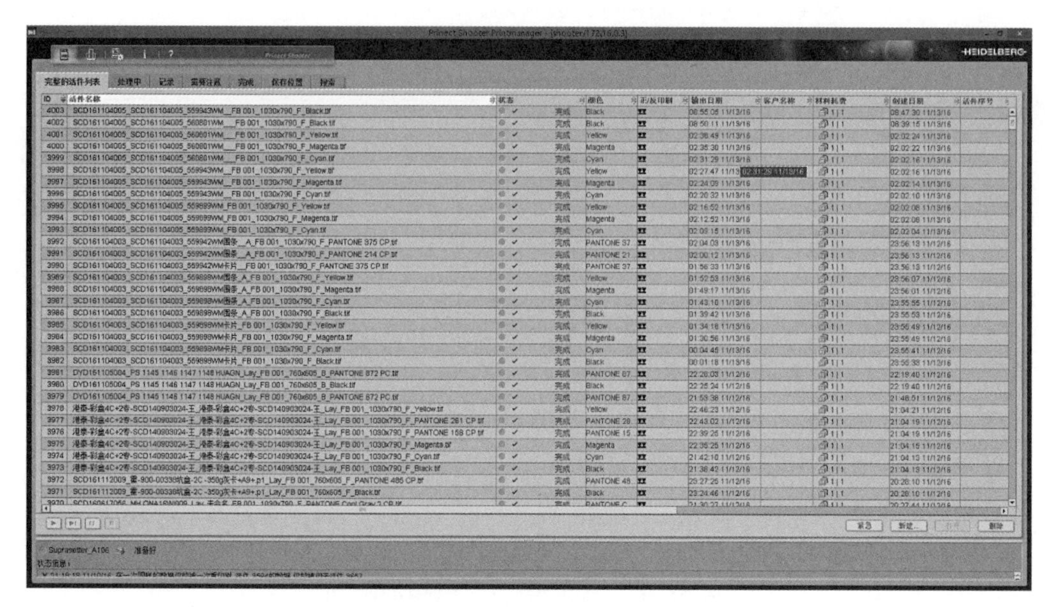

图5-11　查看作业列表

（9）在冲印版之前，要把胶辊和上胶部分用湿布擦拭干净，然后冲三张废版。

任务二　印版的输出与保存

输出印版的操作步骤如下：

（1）在prinect shooter printmanager中选择需要输出的印版作业，点击左下角的开始按钮。

（2）待机器发出装版提示音后，按照弹出对话框提示，选择规格合适的CTP版装入。

（3）放置版材要药膜面朝上，左右居中，版边平行机器的进版口。

（4）按下机器右边的进版按钮，版材就会自动吸入机器进行曝光。

（5）曝光完成后，印版由过桥机传送到冲版机显影，若是分体式冲版机，需手工拿到冲版机。

（6）在冲版机会依次进行显影、水洗、上胶、烘干，最后自动收到放版架上，轻轻取下印版放在检验台上。

（7）检查印版后，在版与版之间放入隔纸，再将版放在版架上，切忌将版弯曲或折叠。

（8）印版需要放置在恒温、恒湿、无尘的空间中，温度最好保持在20~26℃，湿度保持在40%~70%之间。

任务三　印版的质量检测

印版输出后，我们需要对其检查合格后，才能交给印刷车间。为了方便印版的质量检测，每张印版在输出时都需要在牙口位置添加印版检测条，如图5-12所示。

检查印版时，除了对表面进行检查，还要对检测条上显示的各项制版、冲版指标进行检查，检查内容如图5-13所示。

（1）用菲林尺测量成品线到版边的距离，检测牙口是否正确。

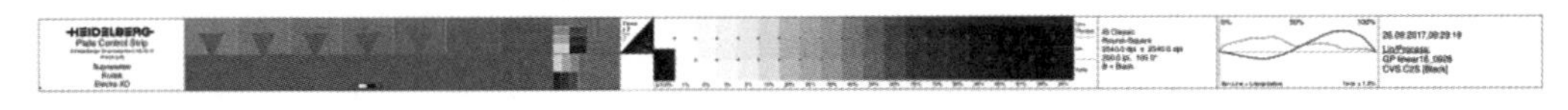

图5-12 海德堡印版检测条

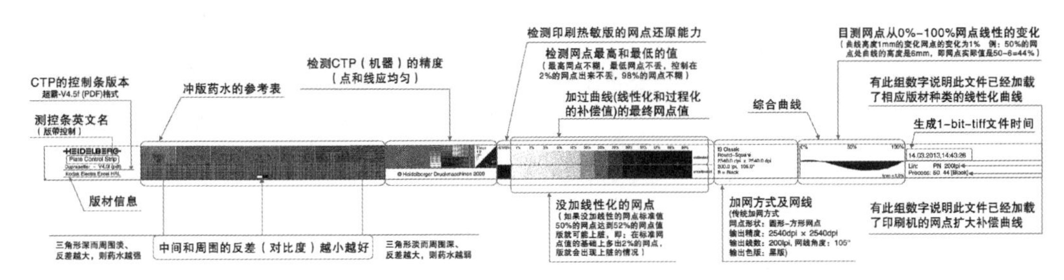

图5-13 CTP印版检测条说明

（2）查看版面上的十字线、色版记号等标记，检测是否有缺漏。

（3）用100倍放大镜查看印版检测条上的网点，检测网点周围是否清晰均匀，有无残缺或虚边。

（4）重点查看2%和98%的位置，检查2%的位置是否还能看见网点，98%的位置是否还能看见空位。

（5）检查印版检测条上的细线区，查看细线是否有断线。此处是检测CTP机曝光状态，正常状态下点和线的分布在应是均匀的。

（6）观察整个版面，检测印版有无刮痕、条纹或局部印纹异常。

（7）观察整个版面上的空白位置，转换观察角度，检测版面上有没有脏点和发光类小点。

（8）观察整个版面上的空白位置，看空白部分是否有残留了药膜颜色，若不确定，用酒精滴一滴在空白区域，如果没有印纹区，则版面干净，没有药膜残留。

（9）检测药水浓度，将印版与眼睛成90°角，垂直目测观察检测条有7个三角形的部分，如果下边的箭头偏左则说明药水浓度强，偏右则表示药水浓度弱。

（10）查看网线、网角、加网方式、网点形状、CTP机分辨率是否正确；查看线性化曲线形状以及版材类型及是否有线性化校准曲线等信息。

（11）用icplate2对印版网点进行测量，对于版材的线性化来说，要求数据相差不能超过1%，每天分时段进行检测与记录。对于印刷曲线，要查看测量值与标准值是否相符，误差也不能超过1%。

任务四　显影参数的调节

显影是影响印版网点还原率的最大因素，因此，管控与记录显影参数，是保证印版稳定的重中之重。需要记录的参数有以下几个，如图5-14所示。

（1）显影温度　显影温度越高，药水活性越大，版材药膜越容易冲掉，一般设置温度为23~26℃。

（2）显影时间　显影时间越长，药膜反应越多，空白处越干净，但是如果时间过长，图文处药膜会泛白，印刷不上墨，一般设置的时间为20~40s。

（3）电导率　电导率是检查药水浓度的一个重要指标，随着显影次数的增加，显影液导电率会不断下降，当导电率下降到一定程度时，需要更换新药水。

（4）静态显影补充　显影液接触空气会逐渐氧化，导致活性下降，因此需要按时间进行补充。

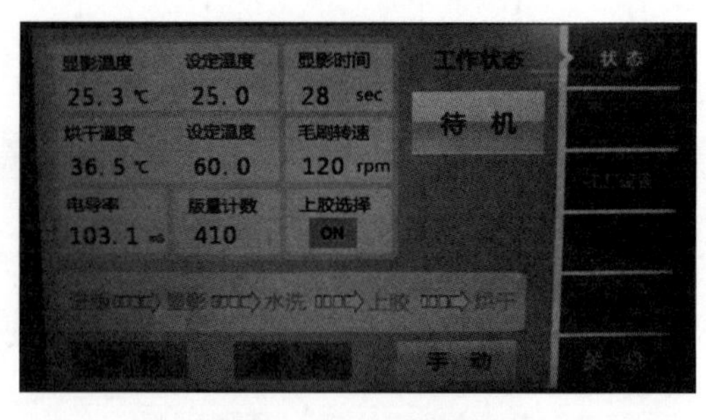

图5-14　显影参数

（5）动态显影补充　每次冲版后，需要补充消耗掉的显影液，可以设置每平方补充量，冲版机就会按版材尺寸进行补充。

（6）烘干温度　以输出印版时版面上的胶水充分干燥为宜。

以上的数据需要根据每种版材与冲版药水确定一个合理的数值，在每天的生产过程中需要分时段进行点检与记录，对于异常的数据要及时分析原因处理，这样才能保证冲版质量的稳定。

海德堡印通流程的应用

项目一 海德堡印通工作流程相关知识

项目描述和要求

掌握数字化工作流程概念和功能模块。

1. 数字化工作流程概念

数字化工作流程是以数字化的生产控制信息将印前处理、印刷、印后加工三个过程整合成一个不可分割的系统，使数字化的图文信息完整、准确地传递，并最终加工制作成印刷成品。

广义的数字化工作流程包括图文信息流和控制信息流两大部分。

图文信息流是需要印刷传播给公众的信息，诸如：由客户提交复制的文字、图形、图像等，解决的是“做什么”的问题。

控制信息流是使印刷产品正确生产加工而必要的控制信息，例如：印刷成品规格信息（版式、尺寸、加工方式 、造型数据等）、印刷加工所需要的质量控制信息（印刷机油墨控制数据、印后加工的控制数据等）、印刷任务的设备安排信息等（PPF、PJTF、JDF）。控制信息流解决的是“如何做”、“做成什么样”的问题。

目前国内的主流数字化工作流程有海德堡的印通（Prinect）、柯达的印能捷（Prinergy）、网屏的汇智（Trueflow）、爱克发的爱普及（Apoge）、方正的畅流（ElecRoc）等，这些都是基于PDF的印前工作流程，支持大量不同格式的输入文件（如PS、PDF、EPS 、TIFF等），同时，支持多种不同格式的文件输出以用于打样、出胶片和制版（如PDF 、JPEG、1Bit-TIFF等）。在工作模式上，数字化工作流程大多采用客户端/服务端的模式，即在一台服务器上安装流程软件，在多台客户机上同时操作流程客户端软件的模式。

2. 数字化工作流程的功能模块

根据客户的不同需求，数字化工作流程中的功能模块的种类数量有所差异，其主要功能一般包括文件的检查和转换（也可称为精炼或规范化处理）、拼大版和输出这三大模块。其中每一个模块又包含不同的功能参数，某些功能参数对流程软件供应商来说是作为选配功能提供给客户的，以满足不同客户的实际需求。用户在购买印前工作流程软件时，应结合自身业务特点来选择流程功能模块，比如专业做书刊画册印刷的客户，就无需配置包装拼版模块。在流程软件的应用上，客户可以选择已有的工作流程模版，也可以自定义工作流程参数。

（1）规范化　PDF工作流程中的规范化处理器通常称为Normalizer，它包含文件的各项预检查工作，如对文件容易引起输出问题的各个项目内容进行检查，包括图像分辨率、颜色模式、细线条 、字体、白色叠印等，并在流程软件中，以生成PDF报告文件、警告、报错信息提示的方式，反馈给印前工作人员，以便及早发现问题。

（2）文件转换　对于规范化检查后的PDF文件，各品牌厂家的工作流程一般可以对文件进行常见的错误修正。通常包含颜色的转换、陷印（即补漏白）的转换、叠印模式的转换处理等。例如，将100%非叠印模式的黑转成叠印模式，将0%白色叠印转成非叠印模式。

（3）拼大版　在大多数工作流程中，可以在流程客户端中以交互式的方式调用拼大版软件，按照用户的要求对同尺寸、规则的或不同大小、不规则的页面进行排列组版，并以PJTF或JDF文件格式返回嵌入到流程客户端中。例如，在柯达流程中，流程客户端Workshop和拼大版软件Preps的交互使用；在海德堡印通流程中，流程客户端Cockpit和拼大版软件SignaStation的交互使用。

（4）输出　输出功能模块通常包含打样、分色加网、CIP3/4数据的输出功能等。每个输出功能模块又包含不同的功能参数，例如，加网功能通常又分为调幅网、调频网、混合加网等不同类型的加网输出功能。

项目二　工作模版的设置和管理

项目描述和要求

掌握数字化工作流程中模版的创建与应用。

项目内容和步骤

任务一　设置序列模版
任务二　设置组模版

在数字化工作流程中，通常可以设置一个或多个符合用户生产需求的工作模版，在进行活件的处理过程中，就可以根据需要调用相应的工作模版来完成各工序的处理。不同品牌厂家的流程软件中，设置工作模版的方式略有不同，但基本上都是按照项目一中提到的各功能模块分别进行参数设置，然后，将不同的模块按照一定顺序组合成一个完整的工作模版。

在海德堡印通工作流程中，每个独立的模块我们称之为“序列模版”，将不同的序列模版按照一定顺序组合后，保存的模版称为“组模版”。

任务一　设置序列模版

以管理员权限登录cockpit客户端软件，切换到“管理”＞“模版”＞“序列模版”中，如图6–1所示，按照以下步骤，设置各项序列模版参数。

1. 设置Qualify序列模版（文件规范化）

在“序列模版”＞“Qualify”中，新建模版并设置相关参数，主要设置以下三个参数，如图6–2所示。

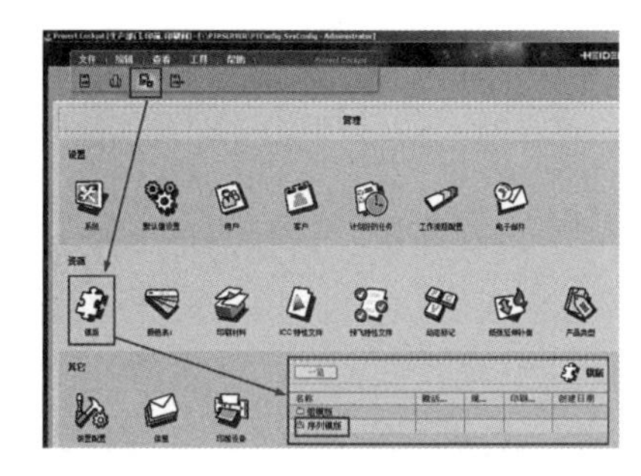

图6–1　打开序列模版

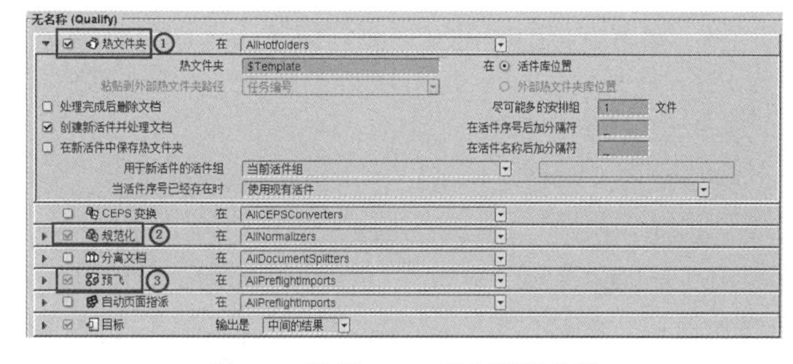

图6–2　设置Qualify序列模版参数

① 热文件夹。在设置自动化操作模式时才选用此选项，对于手动创建活件的工作模式时，不用勾选此选项。

② 规范化。设置PDF文档兼容性、图像是否进行压缩、字体是否进行嵌入等处理。

③ 预飞。设置各项检查项目，由流程对文档各项内容进行自动检查，包括图像分辨率 、字体、墨色等，同时，生成PDF格式的预检报告，并在cockpit中生成警告、报错等提示信息。

2. 设置Prepare序列模版（文件转换）

在“序列模版”＞“Prepare”中，新建模版并设置文件转换相关参数，主要设置颜色转换和陷印这两个参数，如图6–3所示。

① 颜色转换。对文件的颜色转换进行参数设置（如RGB到CMYK的转换、专色到四色的转换、CMYK到CMYK色域的转换等），也可以对叠印模式进行自动转换（如将100%K自动设置为叠印），如图6–4所示。

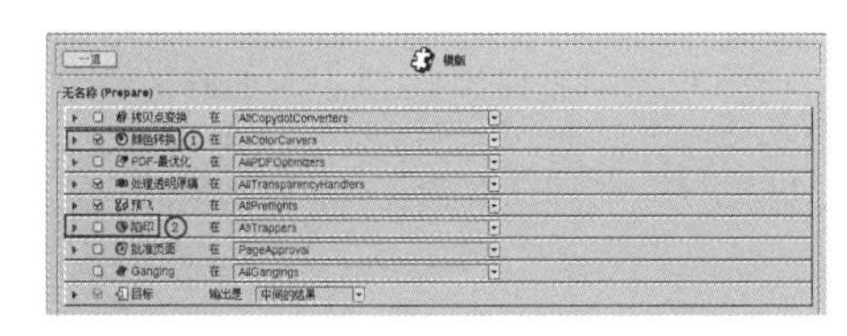

图6–3　设置Prepare序列模版参数

图6–4　设置颜色转换

② 陷印。即“爆肥”、“补漏白”。这里定义陷印规则，由流程对PDF文件中的对象进行自动补漏白操作，如图6–5 所示。

3. 设置AutoSheet序列模版（自动拼版）

在“序列模版”＞“AutoSheet”中，设置版式准备参数，如图6–6所示，选择软件自带的

“F1-1 1x1-PageSize.jdf”版式，该序列模版可根据PDF文件大小，自动创建与PDF文件尺寸一致的大版版式，用于后续的打样及印版 CIP3/4输出工作，设置并保存该模版名称为“1P自动版式”。

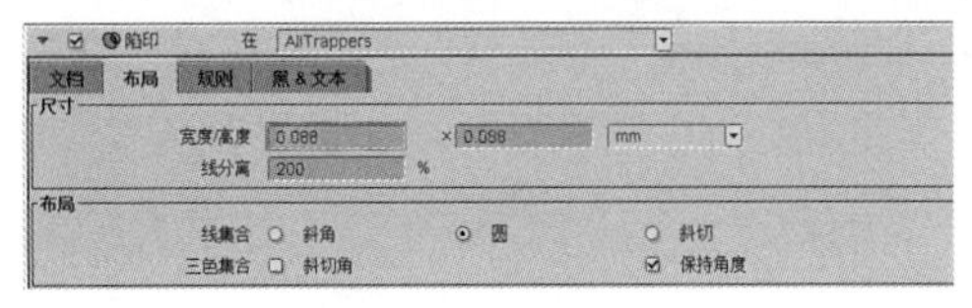

图6-5　设置陷印

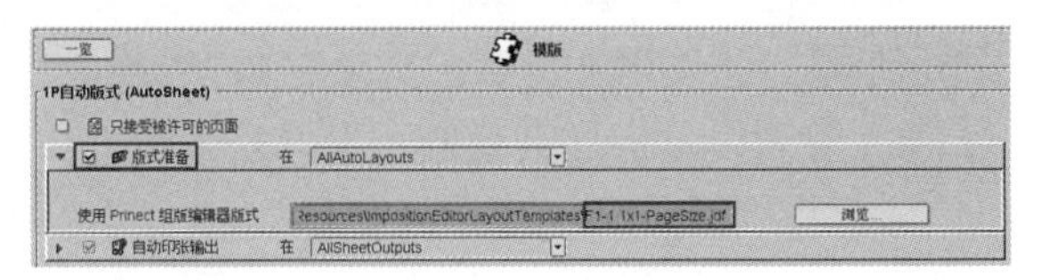

图6-6　设置AutoSheet序列模版参数

4. 设置ImpositionProof序列模版（大版打样输出）

在“序列模版”>“ImpositionProof”中，根据各打印机，设置各自的打样输出模版参数，主要设置以下两个参数，如图6-7所示。

① 拼版。在拼版参数中，可以设置打印方向、裁切尺寸、缩放比例、添加测控条信息等，如图6-8所示。

② 映射。参考《模块三打样输出处理》的项目三（“数码/蓝纸打印输出工作流程”>“设置数码打印模版”）中的设置。本例针对Epson7908打印机，设置参数并保存模版名称为“Epson7908_铜版”。

图6-7　设置ImpositionProof序列模版参数

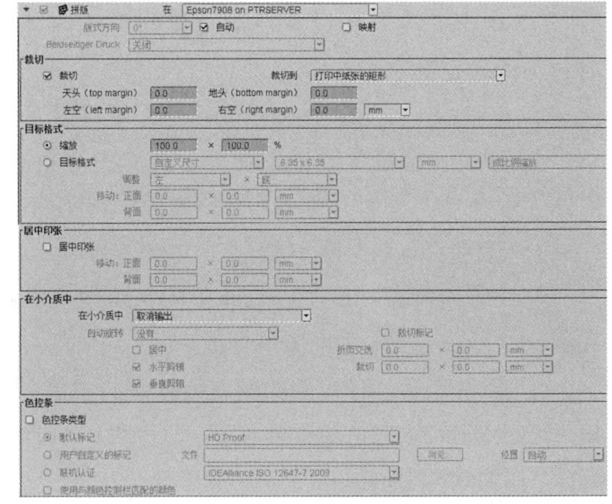

图6-8　设置拼版参数

5. 设置ImpositionOutput序列模版（大版1Bit-TIFF及CIP3/4数据输出）

在“序列模版”>“ImpositionOutput”中，设置加网输出模版，主要设置以下几个参数，如图6-9所示。

① 映射。设置材料信息，如购买“纸张延伸补偿”功能，还可以设置补偿参数以弥补印刷散尾问题，如图6-10所示。

② 校准。调用相应的线性化曲线和过程校准曲线，如图6-11所示，曲线的创建方法参照《模块四 RIP加网处理》章节内容。

③ 加网。设定加网系统、网点形状、加网线数、网点角度等信息，本例设置一个200L的调幅加网参数，如图6-12所示。

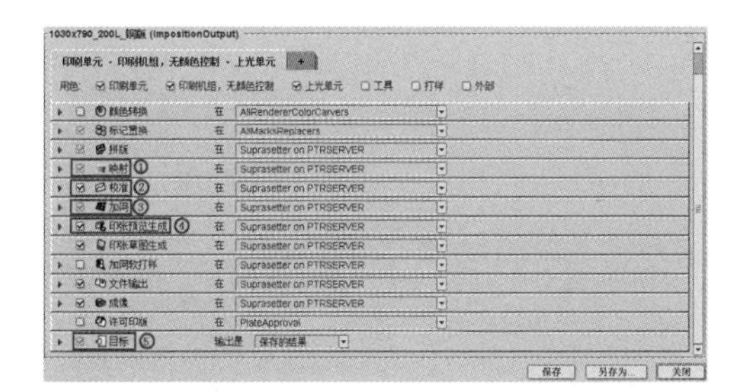

图6-9　设置ImpositionOutput序列模版参数

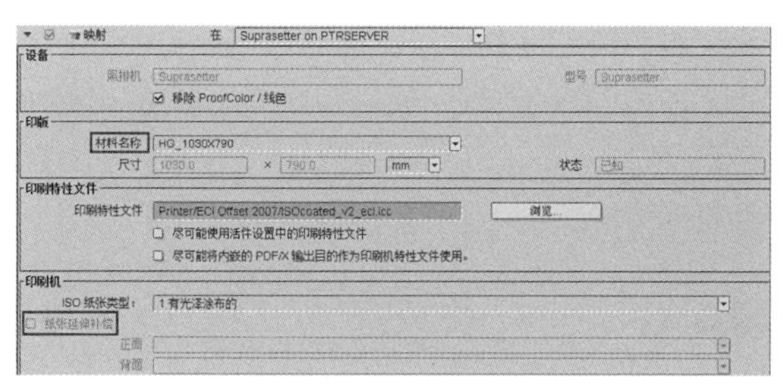

图6-10　设置映射参数

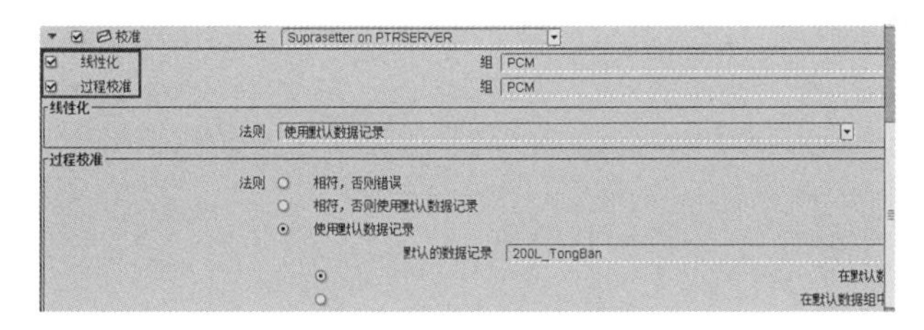

图6-11　调用校准曲线

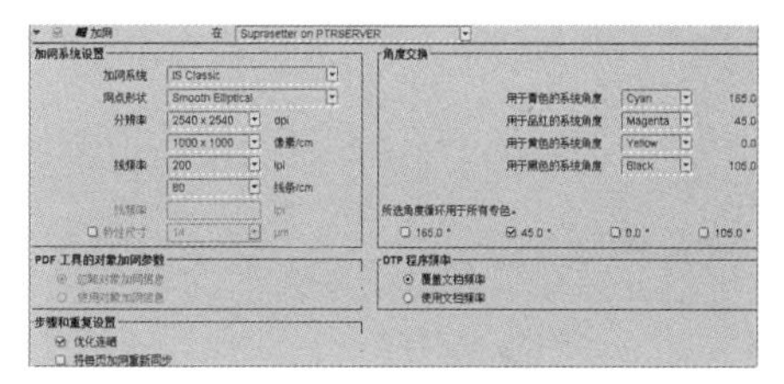

图6-12　设置加网参数

④ 印张预览生成。设置印张数据（通常包含工单信息、墨色信息、幅面信息、图文位置信息等）的输出格式，选择CIP4是以JDF数据格式与后工序作连接，选择CIP3则是以PPF数据格式与后工序作连接，输出给第三方PPF数据转换软件时可选择“CIP3-简易PPF”，如图6-13所示。

⑤ 目标。设置1Bit-Tiff文件及PPF文件的生成路径，如图6-14所示。

本例设置调幅200L加网方式，选择CIP3 HEIDELBERG-PPF输出格式，保存模版名称为“1030x790_200L_铜版纸”。

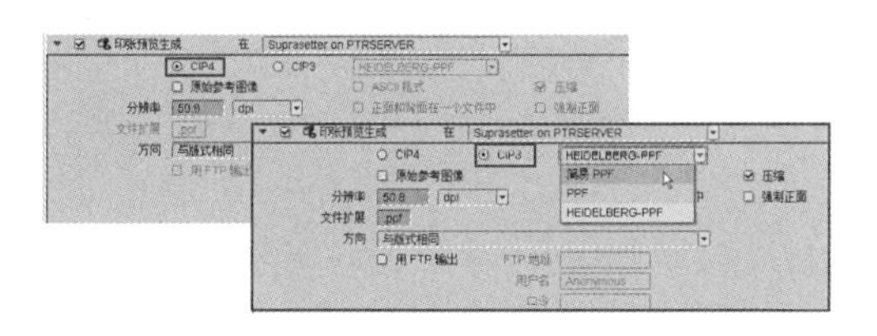

图6-13　设置印张数据

图6-14　设置生成路径

任务二　设置组模版

在任务一中设置好五个基本的序列模版后，可以将它们组合成为一个常用的组模版，用于生产流程，操作步骤如下：

1. 建立一个热文件夹工作方式的“自动化工作流程”组模版

① 在cockpit中，切换到“管理”>“组模版”，新建组模版，在弹出的对话框中，将任务一中的几个序列模版拖放到“组模版”区域，如图6-15所示。

② 将所有序列模版添加完毕后，可将它们自动排列整齐（快捷方式Ctrl+U），并将所有需要自动化处理的步骤，通过在序列模版之间添加线条连接的方式串联起来，如图6-16所示。

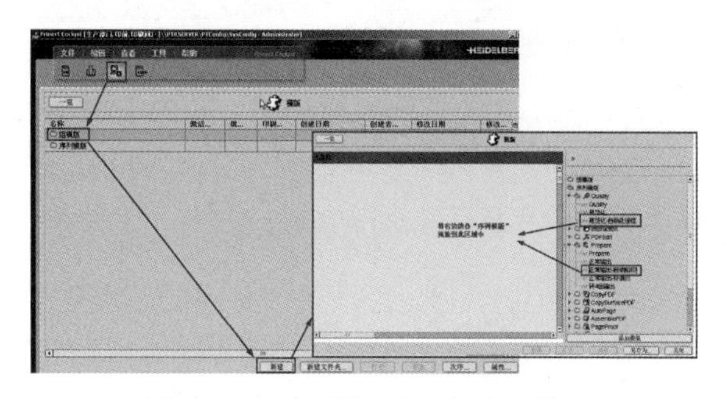

图6-15　新建组模版并添加序列模版

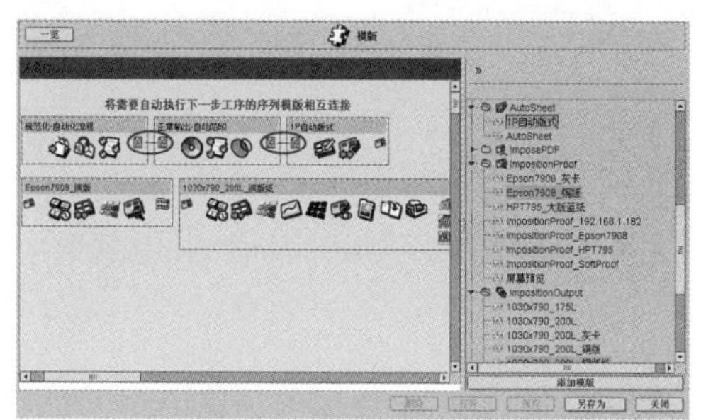

图6-16　串联序列模版

③ 保存组模版，并命名为“自动化工作流程”，如图6-17所示。

一览　　模版

名称	激活...	规...	印刷...	创建
组模版				
工作模版	否			2015-
自动化工作流程	否			2017-
序列模版				

图6-17　保存组模版

项目三　工单的创建、拼版和输出

项目描述和要求

运用组模版进行工单的创建和拼版。

根据序列模版不同的参数设置，以及组模版中序列模版不同的组合方式，有很多种方法创建工单和处理。

案例　将项目二的任务二中创建的组模版“自动化工作流程”，进行工单的自动创建和拼版。练习文件：1030mm×790mm_单页面自动拼版.pdf。

操作步骤如下：

（1）在流程客户端cockpit的活件组中新建活件，定义活件序号和活件名称，如图6-18所示。

（2）点击“下一步”，切换到“处理”步骤，此处添加名称为“自动化工作流程”的组模版，作为该活件的处理模版，如图6-19所示。

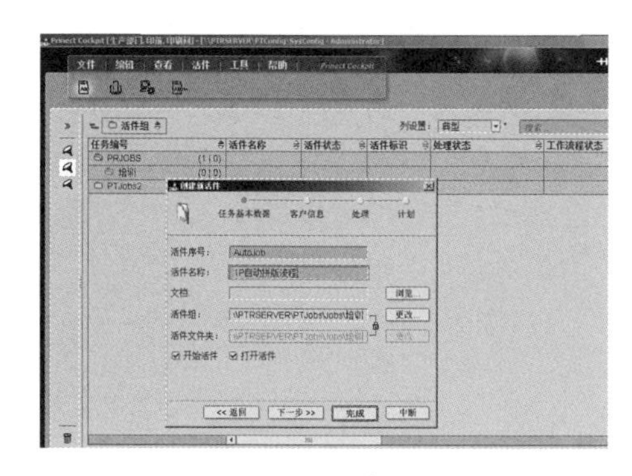

图6-18　新建活件

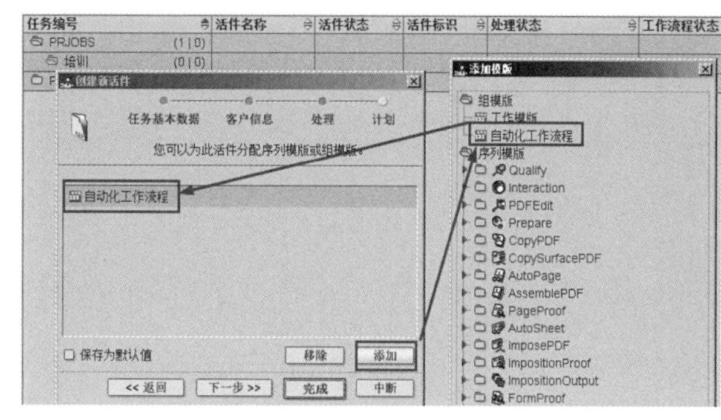

图6-19　添加组模版

（3）点击“完成”即创建成功。注意查看活件，应处于启动状态，如图6-20所示。

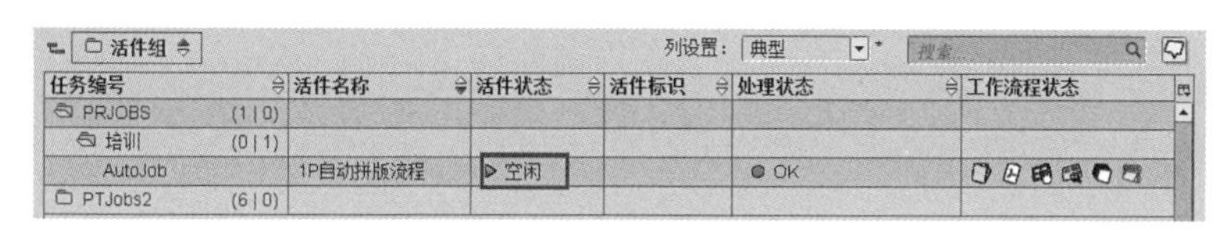

图6-20　查看状态

（4）选中活件，点击右键，选项中选择“浏览”（快捷键Ctrl+B），即可浏览到该活件所在目录，切换到Hotfolders文件夹，把该活件所调用的热文件夹“规范化-自动化流程”发送快捷方式到桌面上，如图6-21所示。

（5）把本例文件“1030mm×790mm_单页面自动拼版.pdf”复制到该热文件夹中，流程将自动按照序列模版“规范化-自动化流程”中热文件夹的定义规则，自动进行工单的创建和处理，如图6-22所示。

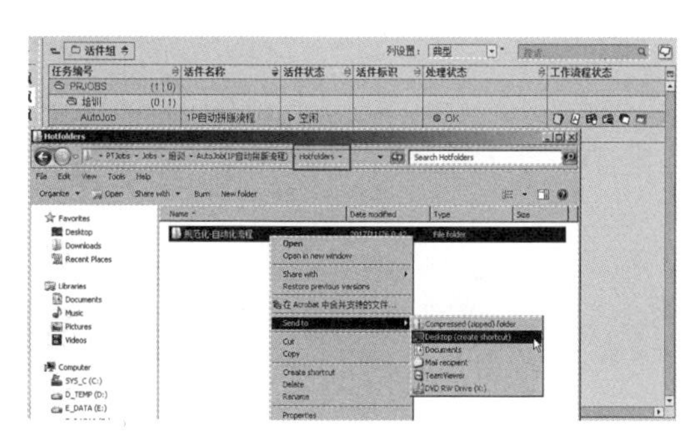

图6-21　将热文件夹建立快捷方式

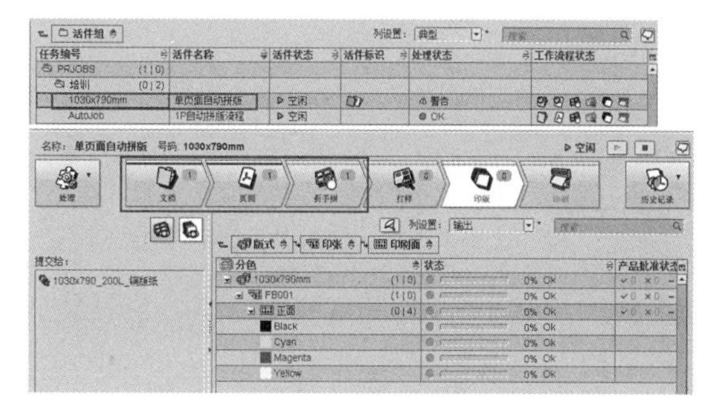

图6-22　工单的自动创建和处理

参考文献

[1] 郝晓秀. 制版工艺 [M]. 北京：印刷工业出版社，2009.

[2] 刘艳　纪家岩. 印刷数字化流程与输出 [M]. 北京：文化发展出版社，2015.

[3] 万晓霞. 数字化工作流程标准培训教程 [M]. 北京：文化发展出版社，2009.